U0394684

普通高等教育“十二五”规划教材

电工学实验

第2版

主　编　杨　风

副主编　郎文杰　宋小鹏　任爱芝

参　编　龙达峰　李世伟　郝　骞　李　晶

　　　　温晶晶　贾秀梅　李墅娜

主　审　毕满清

机 械 工 业 出 版 社

本书是以教育部高等学校电子电气基础课程教学指导分委员会制定的电工学教学基本要求为依据，结合多年的教学实践经验编写的，以适应不同专业的教学需要。

全书共10章，包括电工测量与非电量电测、直流电路实验、交流电路实验、时域分析实验、电动机控制实验、PLC与组态软件实验、模拟电子技术实验、数字电子技术实验、仿真软件及仿真实验、课程设计等内容。

本书可作为高等学校工科非电类本科、高职高专及成人教育的教材或参考书，也可作为相关学科工程技术人员的实用参考书。

图书在版编目（CIP）数据

电工学实验/杨风主编. —2版. —北京：机械工业出版社，2013.8（2023.6重印）

普通高等教育“十二五”规划教材

ISBN 978-7-111-43325-5

Ⅰ.①电… Ⅱ.①杨… Ⅲ.①电工实验-高等学校-教材 Ⅳ.①TM-33

中国版本图书馆CIP数据核字（2013）第158408号

机械工业出版社（北京市百万庄大街22号 邮政编码100037）
策划编辑：贡克勤 责任编辑：贡克勤 徐 凡
版式设计：霍永明 责任校对：李锦莉
责任印制：郜 敏
北京富资园科技发展有限公司印刷
2023年6月第2版·第8次印刷
184mm×260mm·14.75印张·359千字
标准书号：ISBN 978-7-111-43325-5
定价：29.80元

电话服务 网络服务
客服电话：010-88361066 机 工 官 网：www.cmpbook.com
010-88379833 机 工 官 博：weibo.com/cmp1952
010-68326294 金 书 网：www.golden-book.com
封底无防伪标均为盗版 机工教育服务网：www.cmpedu.com

前　　言

“电工学实验”是高等工科院校本科非电类各专业共同开设的一门重要的技术基础实验课，其目的是使学生掌握电工技术、电子技术必要的基本理论、基本知识和基本技能，为学习后续课及今后的工作打下一定的基础。本课程在培养学生认真严肃的工作作风和创新精神、抽象思维能力、实验研究能力、分析解决实际问题的能力等方面具有重要意义。

本书是在第1版的基础上，结合使用过程中的教学实践经验重新修订的，以适应不同层次和专业的教学需要。本次修订，以知识体系为单元编写实验项目；每章都补充一些和实际紧密相连或是加深学生理解掌握的实验项目；增加了MCGS监控软件在控制三相异步电动机运行中的应用。

全书包括电工测量与非电量电测、直流电路实验、交流电路实验、时域分析实验、电动机控制实验、PLC与组态软件实验、模拟电子技术实验、数字电子技术实验、仿真软件及仿真实验、课程设计等内容。本着因材施教、循序渐进和能力培养的要求，每个实验项目体现了由浅到深、由易到难、不同层次的训练思想；深入挖掘每一个实验涉及的知识点，把每一个实验设计成一个循序渐进的过程，体现由浅入深的一个教学过程；将计算机仿真技术与硬件调试有机结合；实验内容尽量不受具体的设备型号限制，体现通用性。

本教材由杨风教授任主编，郎文杰、宋小鹏、任爱芝任副主编，龙达峰、李晶、李世伟、郝骞、温晶晶、贾秀梅、李墅娜参编。其中杨风编写绪论、第1章；郎文杰编写附录；宋小鹏编写第10章题目1～7；任爱芝编写第10章题目8～14；龙达峰编写第7章；李晶编写第2章；李世伟编写第6章；郝骞编写第9章；温晶晶编写第4、5章；贾秀梅编写第3章；李墅娜编写第8章。

由于编者的水平有限，书中难免有不妥和疏漏之处，敬请批评指正。

编　者

目　　录

绪　论

实验课是培养科学技术人员的重要环节，通过实验可提高实验的基本技能和解决实际问题的能力，巩固所学的理论知识，培养良好的科学作风。电工学实验是高等工科院校非电类专业共同开设的一门重要的技术基础实验课，其目的是使学生掌握电工技术、电子技术必要的基本理论、基本知识和基本技能，为学习后续课及今后的工作打下一定的基础。

0.1　实验的基本技能及要求

（1）了解常用电工仪表、电子仪器的结构原理、测试功能。掌握正确的使用方法和安全操作规范。

（2）会正确选择电工仪表的类型、量程范围、精度等级。

（3）会正确读取数据，了解产生误差的原因以及减小测量误差的方法。具有分析测量结果的能力。

（4）具有初步分析、排除电路故障的能力。

（5）了解安全用电常识。

（6）通过有计划的训练达到能独立开出电路实验的目的。包括：

1）实验电路的拟定，实验原理的论证。

2）实验步骤的编排。

3）数据记录图表的拟定。

4）正确地连接电路。

5）正确地读取数据、观察波形、描绘曲线。

6）科学地进行数据处理和误差分析。

7）实验结果的论证。

8）撰写实验报告。

0.2　实验的环节

实验包括课前预习、正式实验和撰写实验报告三个阶段。

0.2.1　实验预习

实验课能否顺利进行和收到预期的效果，在很大程度上取决于预习和准备是否充分。要求学生在实验前一定要认真阅读实验教材和有关的参考资料，了解有关实验的目的、原理、接线，明确实验步骤及注意事项；对实验所用的仪器设备及使用方法作初步了解；对实验结果进行预估，明确测量项目，设计原始记录表格；做出预习报告。

预习报告主要包括下列内容：

1）实验目的。

2）实验内容。

3）实验电路图。

4）必要的预习计算。

0.2.2　实验操作

实验操作包括熟悉、检查及使用实验器件与仪器仪表、连接实验电路、实际测试与数据的计录及实验后的整理工作等。

首先合理安排元器件、仪表的位置，达到接线清楚、容易检查、操作方便的目的。其次，合理选择量程，力求使电表的指针偏转大于2/3满量程。因为在同一量程中，指针偏转越大读数越准确。

在测试过程中，应及时对数据做初步分析，以便及时发现问题。实验数据应记录在预习报告拟订的数据表格中，并注明被测量的名称和单位。实验做完以后，不要忙于拆除实验电路，应先切断电源，待检查实验测试没有遗漏和错误后再拆线。全部实验结束后，应将所用仪器设备放回原位，将导线整理成束，清理实验桌面。

0.2.3　撰写实验报告

撰写实验报告是实验课不可缺少的重要环节，是实验课的全面总结。实验报告应包括下列内容：

1）实验数据的处理。

2）合理选择曲线坐标的比例尺，作出实验曲线、图表、相量图等。

3）实验中发现的问题、现象及事故的分析、实验的收获及心得体会等。

0.3　实验技能初步

对于初做电路实验的同学来说，往往感到处处有困难，首先碰到的是电路不会连接，故障不会排除。下面简要介绍这方面的经验。

0.3.1　接线技巧

1）首先要看懂电路图，对整个实验要胸有全局，设备要合理布置，做到桌面整体美观，便于检查，操作方便，保证安全。

2）测量仪器的安排主要考虑能方便地进行观察和读取数据且应离开强干扰源。

3）其他器件应尽量按电路的顺序安排。

4）弄清电路图上连接点与实际元器件接线点的对应关系。

5）接线顺序要抓住电路结构特征，如串联关系、并联关系、主回路和辅助回路的关系，同时要注意测试点的安排。确定了连接顺序后逐步连接，一般是先串后并，先分后合，先主后辅。

6）接线要牢靠，避免脱落造成短路事故。

7）要考虑导线的长短、粗细，大电流用粗导线，短距离用短导线。

0.3.2　故障的排除

电路的故障多发生在下列几种情况：

1）电路连接不可靠，遇上偶然的原因使电路某处断开。

2）由于元器件损坏造成短路或开路。

3）由于偶然的原因造成电源短路或过载使电源自动切断。

电路连接错误，电路工作不正常，但不会造成断电或器材损坏的情况。

检查故障的方法一般遵循下列原则：

（1）宏观检查，观察电路连接是否正常。

（2）用仪表检查一般有两种方法：一是在断电情况下用欧姆表检查电路各支路是否相通；二是通电情况下用电压表检查电路各点电位是否正常。后者可事先选好一个电位参考点，而后检查其他各点电位，从中找出故障原因。例如图0-1的荧光灯电路，若接通电源后灯管不亮，可先从宏观检查，若电路正常，则再用电压表作如下检查：

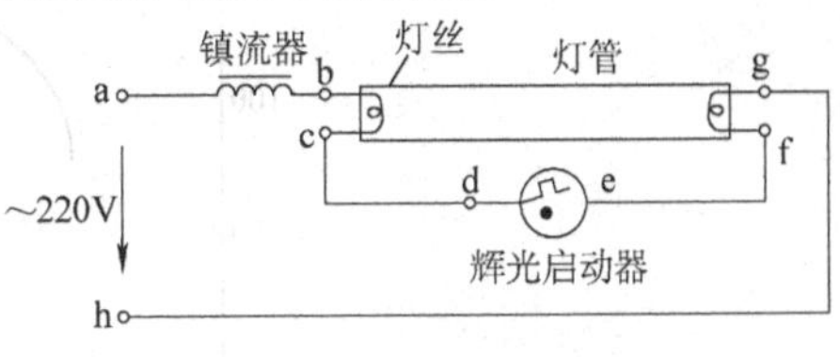

图0-1　荧光灯电路

1）用电压表测量a、h端电压，看电源是否接通。

2）选h点为电位参考点，而后顺序测量b、c、d、e、f、g各点的电位。

3）例如发现b点电位为220V，而c点电位为零。那么可以肯定在bc点间出现故障，不是灯丝断了便是灯脚没有接上，可以取下灯管用欧姆表测量灯丝是否相通，这样就可以断定故障的原因了。

4）实践中电路的种类繁多，故障也多种多样，检查的总原则是看电路的各部分是否正常地通断；各支路是否能得到正常的工作电压；各点的电位是否正常。

0.3.3　曲线、波形的绘制

实验报告中的波形、曲线均应按工程要求绘制，波形、曲线一律画在坐标纸上，比例要适当，坐标轴上要注明物理量的符号、单位、比例；图形下要注明波形曲线的名称。

特性曲线是根据测试所得的一些数据的坐标点连成线的。由于测试误差，这些点可能偏上或偏下，连成线时应注意画成光滑的曲线，而不应画成折线。如图0-1中打“×”的点为测试所得的点。连成图0-2a的直线是正确的；若连接成图0-2b的折线是不正确的。

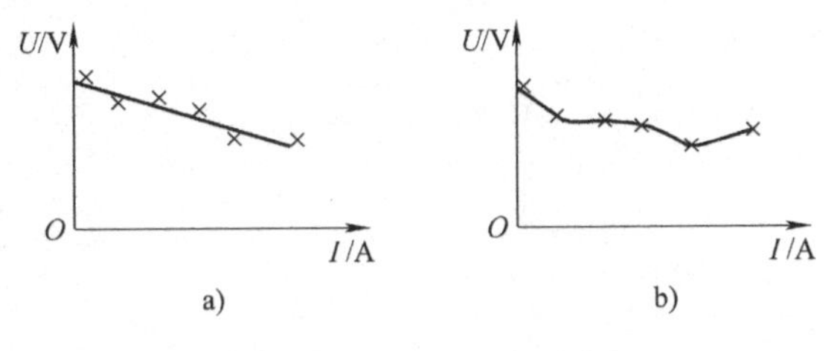

图0-2　电源的伏安特性

在绘制某些特性曲线时会遇到坐标幅度变化很大的情况。为了使图面幅度不致太大，常常使用对数坐标，即对坐标值取对数后再标在坐标轴上。对数坐标分作两种：

1）半对数坐标——只对一个坐标值取对数。

2）全对数坐标——对两个坐标值都取对数。

例如欲画放大器的幅频特性曲线（放大倍数和信号频率的关系），由于信号的频率范围很宽，就可采用半对数坐标，即只对频率取对数表示在横轴，纵轴直接表示放大倍数，如图0-3 所示。

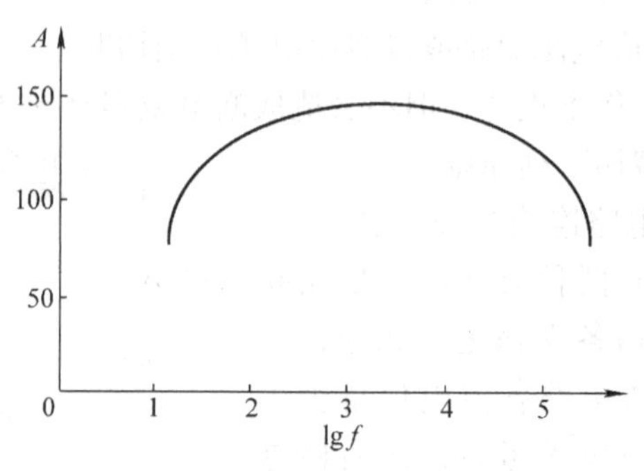

图 0-3　放大器的幅—频特性曲线

第1章　电工测量与非电量电测

人们认识客观事物只有从定性感知推进到定量研究才能使人的认识进一步深化，所以“测量”是人们在生产和科学实验中认识客观事物的重要过程。测量的过程就是将被测量与标准计量单位进行比较的过程。目前电磁测量体系已经确立，已经建立起电流、电动势、电阻、电容、电感、磁场强度、磁通和磁矩等电磁计量基准。

1.1 常用电工仪表

1.1.1 电工测量仪表、仪器的分类

1. 度量器

度量器是复制和保存测量单位用的实物复制体，如标准电池是电动势单位“伏特”的度量器；标准电阻是电阻单位“欧姆”的度量器。此外还有标准电容、标准电感、标准互感等。

2. 较量仪器

较量仪器必须与度量器同时使用才能获得测量结果，即利用它将被测量与度量器进行比较后得到被测量的数值大小，诸如电桥、电位差计等都是较量仪器。由于使用场合不同，较量器有不同的测量精度和比较精度。如 ±0.5%、±0.1%、±0.05%、±0.02%、±0.01%、±0.005%、±0.002%、±0.001%、±0.0005%级等。工业测量或一般实验室测量用低精度即可。

3. 直读式仪表

能直接读出被测量大小的仪表称为直读式仪表。传统的测量仪表是指针式指示的。这类仪表在测量过程中无需再用度量器就可直接获得测量结果。此类仪表是利用电流的磁效应、热效应、化学效应等作为仪表的结构基础。按仪表的结构原理分类有磁电系、电磁系、电动系、静电系、感应系等。

随着电子技术的发展，数字仪表已经发展到较高水平，测量精度可达 ±0.05%、±0.01%、±0.001%、±0.0001%，灵敏度一般为 1μV 或更高水平。今后数字仪表无疑是测量仪表的主流。学习数字仪表需要有电子技术的基础知识。

直读式仪表种类虽然比较繁多，但是基本原理都是用被测物理量 x 付出一定的微小能量，转换成测量机构的机械转角 α 或数字表的数字显示用来表示被测量的大小。即示值（转角 α 或数字）是被测量的函数

$$\alpha = f(x)$$

由此可见，老式的指针式仪表本身是一个电机能量转换装置。它的结构分作测量电路和测量机构两部分。测量机构是实现电/机能量转换的核心部分。指针式仪表的测量机构都包含有驱动装置、控制装置和阻尼装置三个部分。测量电路的作用是把被测量，如电流、电

压、功率等物理量变换成测量机构可以直接接受并作出反应的电磁量。总之，测量机构和测量线路的关系可以用图 1-1 的框图表示出来。

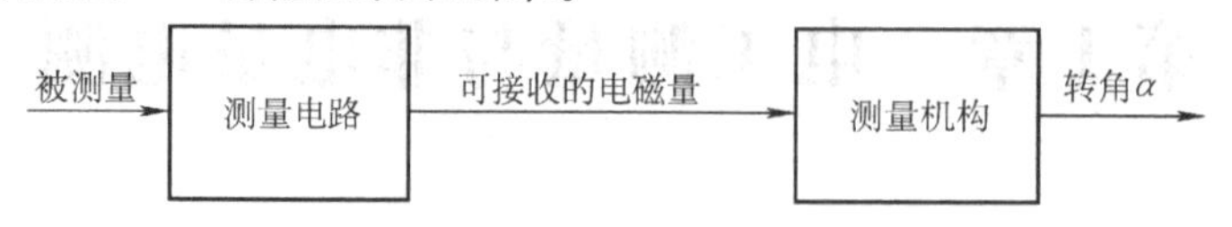

图 1-1　电工测量仪表的组成框图

1.1.2　磁电系测量仪表

1. 磁电系测量仪表的工作原理

指针式仪表的驱动装置是产生转动力矩的装置。通过能量转换使仪表的活动部分产生偏转。磁电式仪表的驱动原理是利用载流导体在磁场中受力作用，像直流电动机那样形成电磁转矩而驱使指针偏转。因此，磁电系测量机构不论是用来测电压还是测电流，它所能直接接受的电磁量是电流。为了减小驱动装置的能量消耗，输给它的电流应尽量小（微安或毫安级），图 1-2 说明磁电系仪表的结构和工作原理图。图 1-2a 是 C31—A 型电流表的构造图。它的固定部分包括永久磁铁、极掌 NS 及圆柱铁心等。极掌与铁心之间的空气隙均匀，能产生均匀的磁场。仪表的转动部分包括转动线圈和指针。线圈上下由两根吊丝支撑，同时支撑着指针。线圈的两头各与吊丝的一端相接。吊丝的另一端固定，由此导入、导出电流。吊丝的另一个作用是当线圈、指针转动时因吊丝扭曲形成反转矩，使指针能稳定在某个转角。磁电系测量机构的电磁作用原理示于图 1-2b 中。若线圈中通以图中所示的电流 I 时，便产生顺时针方向的电磁转矩：

$$T = \frac{BNS}{9810}I \tag{1-1}$$

式中，B 是空气隙的磁感应强度，单位为 Gs（$1\text{Gs} = 10^{-4}\text{T}$）。若永久磁铁用性能优良的硬磁性材料制成，则磁感应强度 B 能持久地保持常数；N 是线圈的匝数；S 是线圈包围的面积，单位为 cm^2；I 是通过线圈的电流。

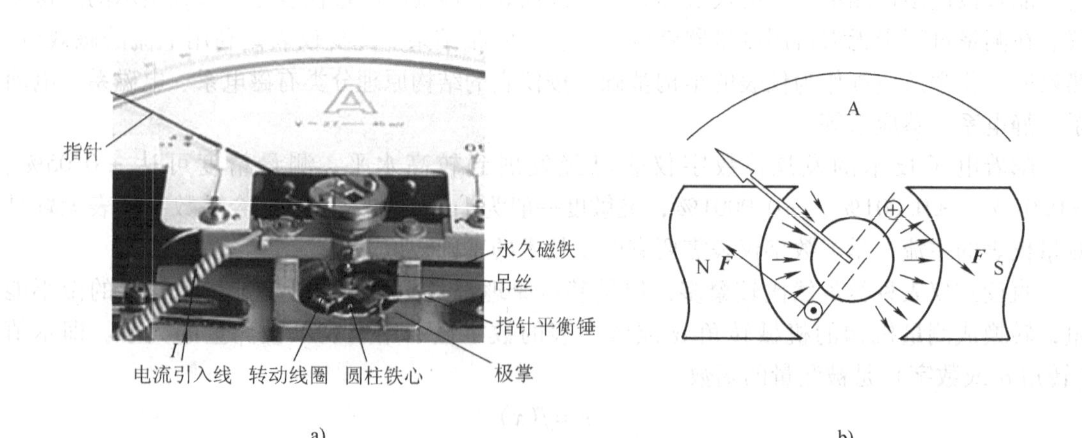

图 1-2　磁电系仪表的结构和工作原理

从式（1-1）可见，驱动转矩与电流成正比。指针与线圈固定为一体，两者一起转动。欲使指针能确切指示出电流的大小，要靠控制装置产生反转矩而制止线圈旋转。当驱动转矩与控制反转矩平衡时，指针停止转动而指示出转角 α。转角 α 示出电流的大小。

产生控制反转矩的方法一般分为4种：

1）利用游丝的弹力。

2）利用吊丝或张丝的弹力。

3）利用活动部分的重力。

4）利用涡流的反作用力。

其中前两种较常用。图1-2的机构中用吊丝作为控制装置。其一端固定在支架上，另一端周定在转轴上。所以线圈带动转轴转动时吊丝便产生反转矩。

$$T_\alpha = W\alpha \tag{1-2}$$

式中，W 是吊丝的弹性系数，单位为 g . cm/rad；α 是活动部分的转角。

当驱动转矩与反转矩平衡时

$$T = T_\alpha \tag{1-3}$$

此时指针的转角

$$\alpha = \frac{BNS}{9810W}I = S_1 I \tag{1-4}$$

式中，S_1 是不随电流而变的，称作磁电系仪表的灵敏度。

作为测量机构的第三个组成部分的是阻尼装置，由于活动部分向最后平衡位置的运动过程中积蓄了一定的动能，会冲过平衡位置形成往返振荡，较长时间才能停止下来而不便于读取数据，阻尼器是为了消除这些振荡而设置的。常用的方法有：

1）磁电式阻尼器。

2）空气阻尼器。

3）磁感应阻尼器。

图1-2的机构中应用了磁电式阻尼器。缠绕电流线圈的框架是用轻金属制成的封闭环，它在转动时会切割磁力线产生感应电流。该电流在磁场中形成的电磁转矩总是与线圈的转动方向相反，能促使指针尽快停下来，只要指针摆动则阻尼力矩总是存在。

上述便是磁电系测量机构的工作原理，概括起来，磁电系测量机构有下列特点：

1）有高的灵敏度，可达 10^{-10}A/分格或更高。

2）由于磁感应强度分布均匀，误差易于调整，可以制成高精度仪表。目前，准确度可突破0.1级到0.05级。

3）测量机构的功耗小。

4）由于吊丝不仅有产生反转矩的作用，决定着仪表的灵敏度和准确度，同时又是线圈驱动电流的引入线，故此类仪表的过载能力差，容易烧毁。

驱动电流是正弦交流电时，驱动转矩的平均值等于零，因此磁电系仪表不能直接用来测交流电。欲测交流电时需附加整流电路，称为整流系仪表。由于晶体管特性的非线性及分散性，使得仪表度盘分度不均匀，降低了仪表的准确度。

2. 磁电系电流表量程的扩展

由上述可知，磁电系测量机构可以直接用来测量直流电流。但由于线圈的导线很细而且电流是通过游丝引入的，两者都不允许流过大的电流。为了扩大量程，需在线圈上并联分流电阻 R_d。电路模型画在图 1-3 中。设指针满度偏转时线圈电流为 I_P，线圈的电阻为 R_P，流入接线端钮电流 I 时：

$$I_P = I\frac{R_d}{R_d + R_P}$$

则电流量程的扩展倍数为

$$n = \frac{I}{I_P} = \frac{R_d + R_P}{R_d} \tag{1-5}$$

$$R_d = \frac{1}{n-1}R_P \tag{1-6}$$

多量程电流表分流电阻的计算方法可通过图 1-4 的双量限电流表说明。带“ * ”号的端钮为公共端，设“1”端钮的电流量程扩展倍数为 n_1。则有

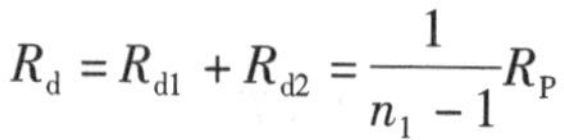

$$R_d = R_{d1} + R_{d2} = \frac{1}{n_1 - 1}R_P$$

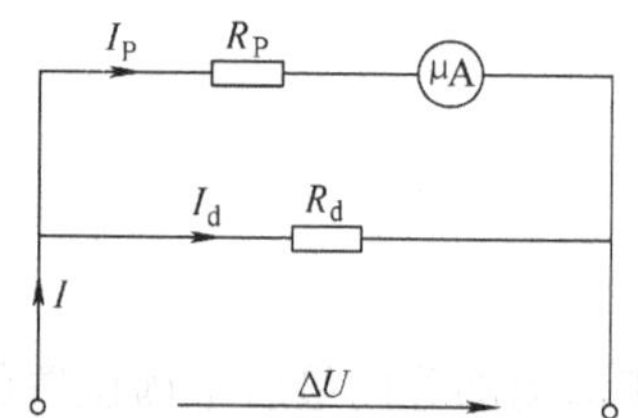

图 1-3　电流表量程的扩展

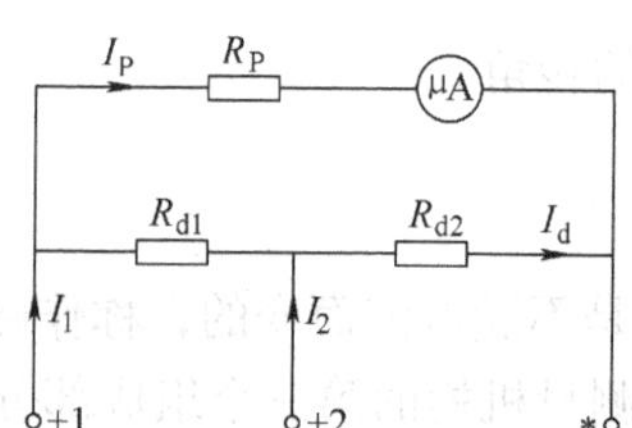

图 1-4　双量程电流表

设“2”端钮电流量程的扩展倍数为 n_2，则有

$$n_2 = \frac{R_{d1} + R_{d2} + R_P}{R_{d2}} = \frac{R_d + R_P}{R_{d2}}$$

所以

$$R_{d2} = \frac{R_d + R_P}{n_2} \tag{1-7}$$

依此类推，不难看出多量限电流表分流电阻的计算方法。

3. 磁电系电压表量程的扩展

因为磁电系测量机构的指针偏角与电流成正比，故当线圈的电阻一定时指针偏角正比于两端电压，所以磁电系仪表也可以做成电压表。由于线圈电阻并不大，所以指针满偏时其两端电压较低，仅仅在毫伏级。为了测量较高电压，必须在线圈上串联倍压电阻 R_m。图 1-5 为磁电系电压表。设指针满偏时电流为 I_P，对应于满偏时被测电压为 1V，则总回路电阻为

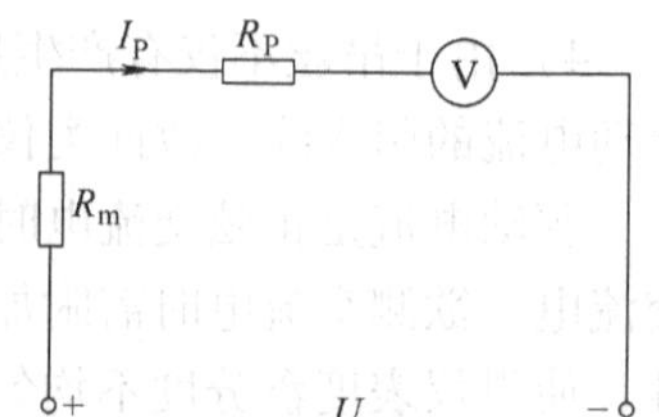

图 1-5　磁电系电压表

$$R_1 = \frac{1\text{V}}{I_P}$$

即每伏满偏电阻为R_1。则量程为U时的总电阻为

$$R_u = \frac{R_1}{V}U \tag{1-8}$$

外接倍压电阻为

$$R_m = R_u - R_P \tag{1-9}$$

1.1.3　电磁系测量仪表

1. 电磁系测量仪表的工作原理

电磁系测量机构的驱动装置是利用了电流的磁效应。当被测电流通过线圈形成磁场时，利用磁极的吸引和排斥作用使指针偏转。这是一种简单可靠的测量机构。下面以吸引式测量机构为例说明其工作原理。图1-6中，当被测电流由电流引入线流入线圈时产生磁场，对软铁片产生吸引力。因为动铁片偏心地安装在转轴上，所以在吸动软铁片时使转轴、指针一起转动。其转角大小取决于吸引力，即取决于电流大小，所以表盘刻度可直接显示电流。游丝一端固定，另一端安在转轴上，由它来产生反转矩。当驱动转矩与反转矩平衡时，指针稳定下来指示出被测电流大小。

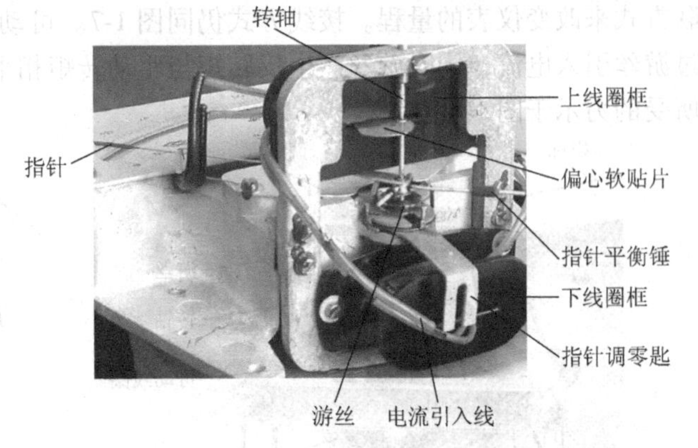

图1-6　吸引式电磁系测量机构

2. 电磁系电流表、电压表的量程扩展

电磁系测量机构的电流线圈是固定的，可以直接与被测电路相接，无需经过游丝引入电流而且线圈导线也可以很粗，所以不需设置分流器，可直接做成大电流表。

这种仪表常把线段做成两段式，通过改变线圈的串并联方式达到改变量程的目的。图1-7是双量程电流表接线图，AB和CD分别是两个电流线圈端钮。按图1-7a的接线方式是把两个线圈串联起来，其量程是I；按图1-7b的方式接线是把两个线圈并联起来，量程为$2I$。

不管用什么测量机构测量电压，总是希望从被测回路索取的能量愈小愈好，故要求电压表的内阻愈大愈好。因此，用电磁系测量机构做电压表时，电流线圈用很细的导线绕制，匝数也增多。为了扩大量限同样采用串联倍压电阻的办法，形式与图1-5相同。

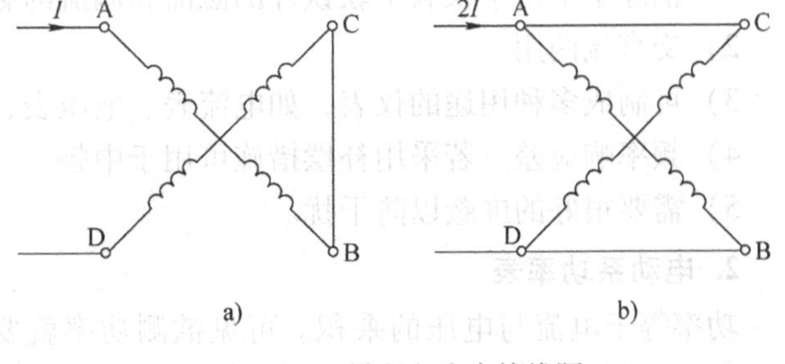

图1-7　双量程电流表接线图

3. 电磁系仪表的特点

1）结构简单，过载能力强，直通电流可达400A，而无需附加分流器。

2）电流方向改变而磁性吸力依然存在，故可制成交直流两用仪表。

3）转矩与被测电流不成正比，故刻度不均匀，指针偏转小时测量误差大。

4）磁滞、涡流及外磁场将影响仪表的准确度，必须设置完善的屏蔽措施。

5）频率响应差。

6）消耗的功率大。

1.1.4　电动系测量仪表

1. 电动系测量仪表的工作原理

图 1-8a 是电动系测量机构的结构图。这种机构的特点是利用了一个固定线圈和一个可动线圈之间的相互作用驱动可动线圈旋转，可动线圈安装在转轴上从而带动指针指示出被测量的大小。在构造上固定线圈做得比较大，导线也粗，往往是两个线圈重迭起来，变更串并联方式来改变仪表的量程。接线方式仍同图 1-7。可动线圈做得比较小，导线也比较细，通过游丝引入电流，同时游丝产生反转矩与驱动转矩相平衡。阻尼器多用空气式的。可动线圈所受的力示于图 1-8b。

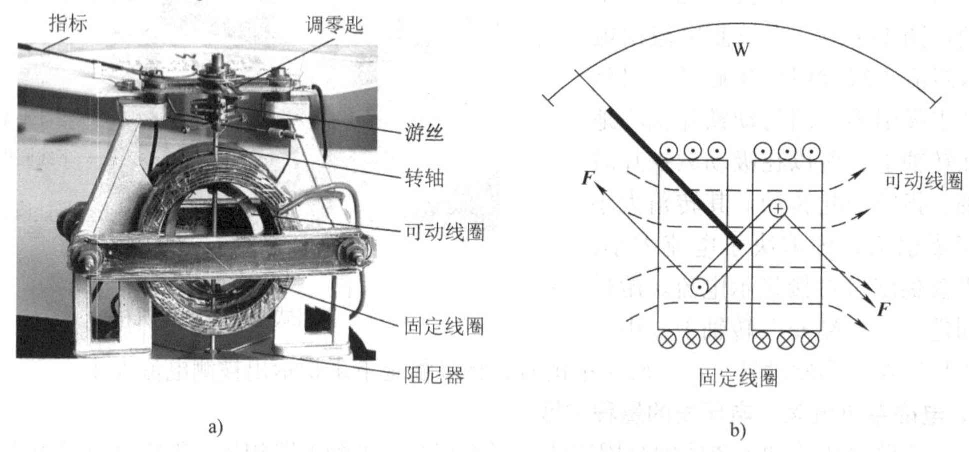

图 1-8　电动系测量机构的结构和工作原理

电动系测量机构的特点是：

1）消除了电磁系仪表中软铁片的磁滞和涡流的影响，所以有较高的准确度。

2）交直流两用。

3）可制成多种用途的仪表，如电流表、电压表、功率表、频率计、相位计等。

4）频率响应差。若采用补偿措施可用于中频。

5）需要很好的屏蔽以防干扰。

2. 电动系功率表

功率等于电流与电压的乘积。可见欲测功率就要求测量机构能同时对两个变量作出反应。而电动系仪表正好具备这样的特性。如图 1-9 所示，圆圈内的横粗线表示固定线圈，把它串在负载中，反映了负载电流 I_L 的大小，因此这个线圈称为电流线圈。圆圈内的竖实线表示可动线圈，它串上倍压电阻后与电源并联，流过这个线圈的电流正比于电源电压。

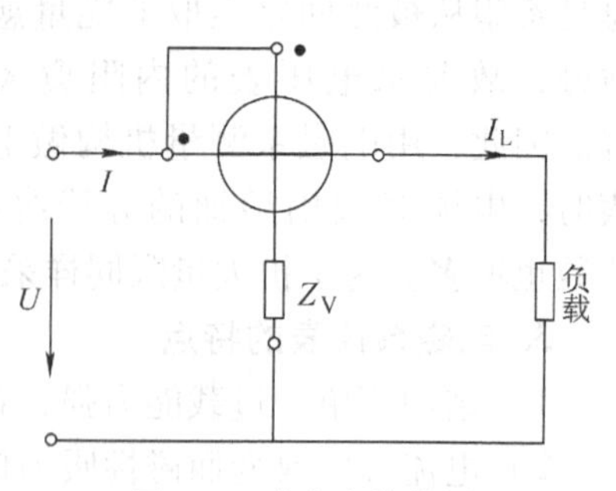

图 1-9　功率表接线图

$$I_V = \frac{U}{Z_V}$$

所以把这个线圈称为电压线圈。Z_V 是电压线圈的总阻抗。在倍压电阻很大的情况下，可近似认为 Z_V 是电阻性的，所以 I_V 与 I_L 的相位差便是负载电压与负载电流的相位差 φ，指针偏角正比于负载的有功功率。即

$$\alpha = KUI\cos\varphi \tag{1-10}$$

这样的功率表称为有功功率表，即瓦特表。

功率表的电流线圈做成多量程的，电流线圈分作两段，用串并联组合改变量程。电压线圈可串接不同的倍压电阻组成几个量程。例如 D26—W 型电动式功率表，它的电流量程为 0.5/1A，电压量程为 125/250/500V。功率表的表盘是按瓦特刻度的，在读数时必须注意所用的电流、电压线圈的量程。两者的乘积与刻度相比较决定读数的倍率系数。例如所用的电流线圈的量限为 1A，电压线圈的量限为 250V，则满量程为 250W。因满刻读只有 125 分度，故倍率系数为 2。

电动系测量机构驱动转矩的方向是由两个电流方向共同决定的，接线时需要把两线圈打“°”号端连在一起，否则指针会反转。图 1-9 是正确的连接。

1.1.5　万用表

万用表是一种多功能的测量仪表。它是实验室及电工人员必备的仪表。万用表的指示器是磁电式仪表，用来测量直流电流、直流电压很方便，往往做成多量程用转换开关选择，其量限很宽。如常用的电流量限从几十微安到几十个安培分作若干挡；电压量限从几伏到几百伏分作几挡，有的能上千伏。万用表还可以测量交流电流、交流电压、电阻、电感、电容等，所以称作万用表。万用表测量直流量的原理与磁电式仪表相同，此处不作详述。下面重点介绍如何用万用表测量直流电阻和交流量。

1. 直流电阻的测量

用磁电式微安表头测量直流电阻的原理是直接利用欧姆定律。即在恒定电压的作用下流过电阻的电流与电阻成反比，所以电流表头可以刻成电阻刻度。图 1-10a 是最简单的原理图；图 1-10b 是表盘的电阻刻度。图中 R_x 是被测电阻，R_P 是表头电阻，R_1 是固定电阻，则流过表头的电流为

$$I_P = \frac{U}{R_P + R_1 + R_x} = \frac{U}{R_x + R_i} \tag{1-11}$$

式中，R_i 称作表头的内阻。

可见在电压一定条件下，I_P 只随 R_x 而变化。当 ab 端开路时意味着被测电阻等于无穷大，此时 $I_P = 0$ 指针不偏转。此时的刻度值应为“∞”。当 ab 间短路时，意味着 ab 间的外接电阻 $R_x = 0$，此时 I_P 最大。可以适当选择 R_i，使得在 $R_x = 0$ 时让电表指针正好指向满度。此刻表头刻度为“0”。故欧姆表的刻度从左到右为从“∞”到“0”。显然，表头刻度是很不均匀的，如图 1-10b 所示。从式（1-11）可见，当 $R_x = R_i$ 时指针正好指在标尺的中央，故 R_i 称作欧姆表的中心电阻。

实际的欧姆表中常用干电池作为电源，用久后端电压有所下降，会给测量结果带来误差。为克服这一弊病，实用电路增设有欧姆调零电路。原理图示于图 1-11 中。其中 RP 是欧

姆调零电位器（阻值为 R_P），它有一部分串在分流支路；一部分与 R_P 相串。当电池的电压有所变化时，调整 RP 以改变分流比来补偿电压的降低。因此，在使用欧姆表之前，首先应在 $R_x=0$ 的条件下调整 RP，使指针指向零位。

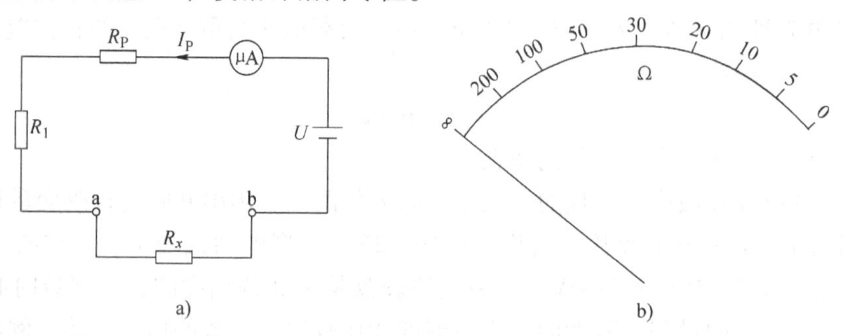

图 1-10　欧姆表的原理图

从图 1-10b 可见，要在有限的标尺上刻出从 0 ~ ∞ 的电阻值是不可能的。被测电阻大时，阻值变化引起的指针偏转角很微小，阻值的分辨率太低，实际上已没有使用价值。一般情况下指针偏转角在满偏的 20% ~70% 时误差是比较小的。例如 MF—30 万用表的中心电阻是 25Ω，则被测电阻在 100Ω 以内是可以读数的。要想拓宽测量范围，需要按 1/10/100/1k/10k 的比率更换中心电阻值。所以用万用表测电阻时一般分作 5 挡，各挡倍率分别为 ×1、×10、×100、×1k、×10k 等。则被测阻值为

$$R_x = 读数 \times 倍率$$

还应注意，测量同一阻值可以选不同倍率，但准确度差别大。只有指针靠近中心阻值时测量结果较为准确。这与使用电流表、电压表时的误差分布规律不同。

2. 用万用表测量交流量

万用表表头属磁电系仪表，它是不能直接测量交流量的。需把交流量转换成直流量才能被磁电系表头反映出来。这时就改称为整流系仪表了。通常把表头接成图 1-12 的半波整流形式。再接入二极管 VD_2 的目的是为了消除 VD_1 反向电流的影响，同时也避免了 VD_1 的反向击穿。

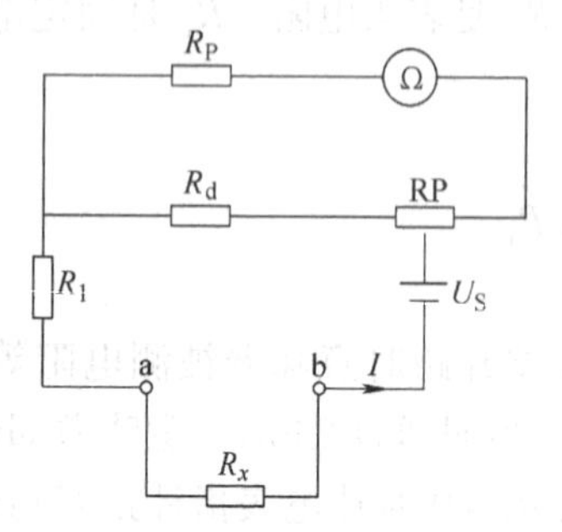

图 1-11　欧姆表的调零电路

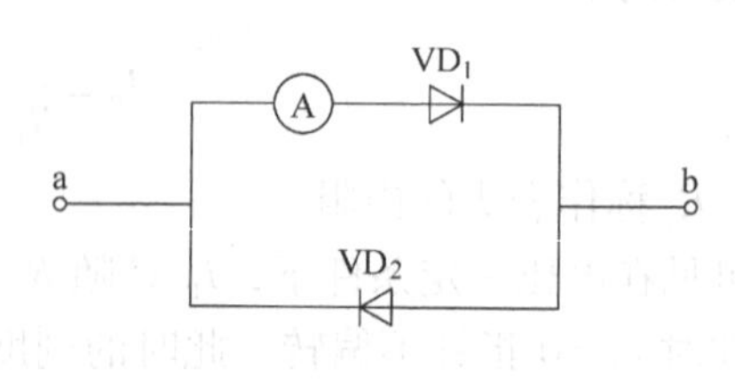

图 1-12　整流系仪表表头

由于指针有惯性，其偏转角取决于平均转矩，即取决于电流的平均值。实际刻度是把平均值换算为有效值进行刻度的，故有如下的关系：

$$I_{\mathrm{cp}} = \frac{1}{T}\int_0^{\frac{T}{2}} i\mathrm{d}t = 0.45I \tag{1-12}$$

$$I = 2.22I_{\mathrm{cp}} \tag{1-13}$$

3. 使用万用表的注意事项

1）每次测量电阻时，一定要先校零点。

2）万用表是一种多功能、多量程的仪表，使用之前一定要选准功能选择开关及合适的量程，否则会造成损坏仪表的事故。所以要养成一个良好的习惯，操作之前一定要先检查功能开关及量程是否正确。

3）测完电阻后若不把功能开关拨离电阻档，长此下去将消耗电池电能。

4）由于以上原因，不论测完电阻还是电流或者是低电压，测完后都要把功能选择开关拨到高电压档去。这样下次使用时出现错误操作也不致于损坏仪表。

5）在用万用表测量电路参数时，如果需要改换测量档位，之后，再重新测量，否则会损坏万用表。

1.1.6　绝缘电阻表

欲测量电气设备的绝缘电阻，用前述的欧姆表已经无能为力了，必须改用绝缘电阻表，即绝缘电阻表。在绝缘电阻表中需用的电源常用手摇发电机供给，故在工程上把这种表称作摇表，即绝缘电阻表。手摇发电机以120r/min或稍高的速度转动，可以发出100V或更高的电压。常用的有100V、500V、1000V、2500V等几种产品。

1. 绝缘电阻表的作用原理

绝缘电阻表中的测量机构常为磁电式流比计。它是一种特殊的磁电式仪表。图1-13a是交叉式流比计结构图。流比计的磁路部分包括永久磁铁、极掌和椭圆形截面的铁心。铁心和极掌之间的空气隙中磁感应强度B的分布不均匀，图1-13b用曲线描述了它的分布情况。在空气隙狭窄地方磁感应强度高。测量机构的活动部分由两个线圈交叉50°或60°固定在转轴上，它将带动指针一起转动。

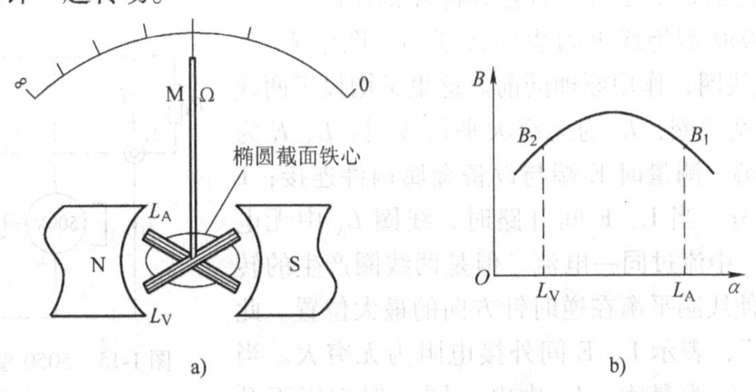

图1-13　交叉线圈式流比计示意图

两个线圈的电流由手摇发电机供电，用两根导流丝引入；再由一根导流丝将两电流导出。因游丝的转矩很小可忽略不计，当线圈不通电时，其上没有转矩的作用，它可以停留在任意位置，这是流比计的显著特点。

流比计的电路原理图如图 1-14 所示。在手摇发电机的作用下，电流线圈 L_A 通过电流 I_A；电压线圈 L_V 通以电流 I_V。两电流分别产生转矩

$$T_A = KI_A B_1(\alpha)$$
$$T_V = KI_V B_2(\alpha) \tag{1-14}$$

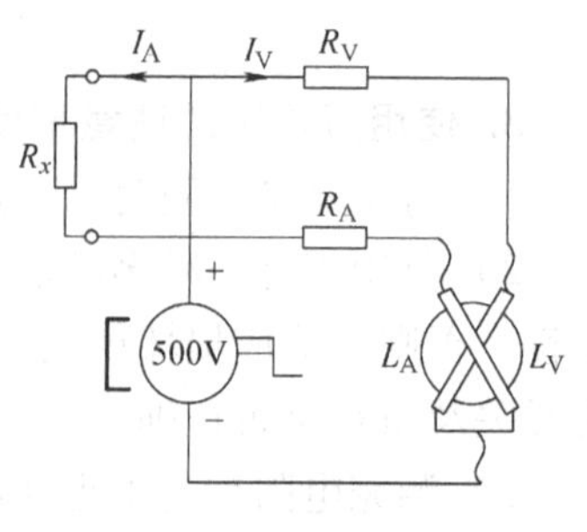

图 1-14　交叉式流比计电路原理图

而且必须满足让两个电流产生的转矩方向相反，T_A 沿顺时针方向，T_V 沿反时针方向。不难看出，发电机手柄不摇时 T_A、T_V 等于零，指针可停在任意位置。相反，当手柄摇动时，两电流分别产生转矩。当 $T_A = T_V$ 时，指针静止在平衡位置，这时有

$$KI_A B_1(\alpha) = KI_V B_2(\alpha)$$

$$\frac{I_A}{I_V} = \frac{B_2(\alpha)}{B_1(\alpha)} \tag{1-15}$$

式（1-15）为流比计的转矩平衡条件。因为磁感应强度是转角 α 的函数，所以 I_A 与 I_V 的比值决定了指针的转角 α，故此称作流比计。又因为两线圈由同一电源供电，所以 I_A 与 I_V 之比又取决于两支路电阻之比，故有

$$\alpha = f\left(\frac{I_A}{I_V}\right) = f\left(\frac{R_V}{R_A + R_x}\right) \tag{1-16}$$

可见，R_x 发生变化时，两电流比值将发生变化。两线圈转矩不再平衡而引起转动，所以两线圈所处位置的磁感应强度 B 的比值也必然变化。因此，随着线圈转动两转矩趋向新的平衡。假如在 R_{x1} 的情况下指针停在图示的中央位置，如果出现 $R_x > R_{x1}$ 时，I_A 减小。此时 T_A 减小而 T_V 保持原值，所以指针沿反时针方向转动。随之 $B_1(\alpha)$ 增大而 T_A 增大、T_V 却减小，两力矩趋向新的平衡。这时 α 角减小了，显然线圈 L_A 中的电流 I_A 随被测电阻 R_x 而变化；把线圈 L_V 中的电流做成固定的，那么不同的 R_x 值将使指针静止在不同位置，指示出不同的被测电阻值。事实上，手摇发电机不能保证 I_V 固定不变，但是 I_A、I_V 是由同一电源供电，所以它们的比值是不变的，不会影响测量结果。

图 1-15 是 5050 型绝缘电阻表的接线图。图中 L_A 及 L_V 是两个主测量线圈，作用原理同前。这里又增设了两线圈，L_2 为零点平衡线圈；L_1 为无穷大平衡线圈。L、E 为被测电阻的接线端，测量时 E 端与设备金属构件连接；L 端接电路导体部分。当 L、E 间开路时，线圈 L_A 中无电流，只有 L_V 和 L_1 中流过同一电流。但是两线圈产生的转矩方向相反，能使线圈平衡在逆时针方向的最大位置。此时指针指着“∞”，表示 L、E 间外接电阻为无穷大。当 L、E 间短路时，I_A 为最大，L_V 中电流同前但作用不及 I_A，因此 I_A 能使指针沿顺时针方向偏转。靠 I_V 的作用使指针平衡在顺时针方向的最大位置。此时指针指着“0”，表示 L、E 间的被测电阻为零。当 R_x 为任意值时，指针停留的位置是由 I_A/I_V 的比值决定的。I_A 取决于 R_x，故 R_x 可由指针偏角 α 刻度。

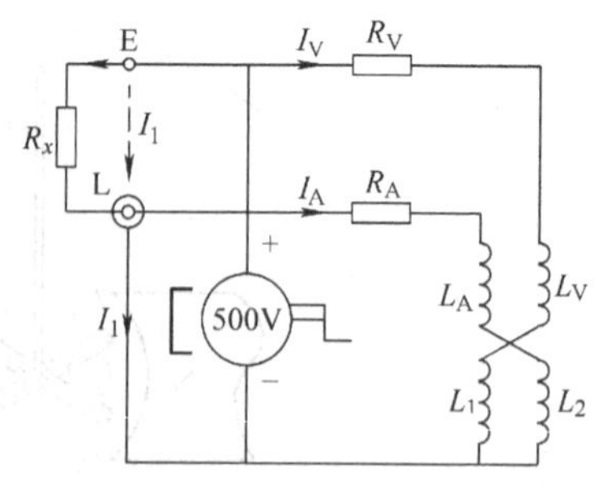

图 1-15　5050 型绝缘电阻表的接线图

值得注意的是绝缘电阻表往往用来测量电气设备的绝缘电阻，这时仪表本身的两个接线

端钮 L、E 之间的绝缘电阻与被测电阻是并联的，在高压作用下，仪表绝缘表面漏电流是不可忽视的。如图 1-15 所示，流过线圈 L_A 的电流是流过被测电阻电流和漏电流 I_1 的总和，它会影响测试误差。为了克服这一弊病，可在 L 端的外围套一个铜环，此时漏电流 I_1 直接流向发电机的负极而不再经过测量电路了。

2. 使用绝缘电阻表应注意的问题

1）要正确选择绝缘电阻表的工作电压，低压绝缘电阻表用来测量低压设备的绝缘电阻而不能用高压绝缘电阻表，否则有可能损坏绝缘。测高压电气设备的绝缘电阻用高压绝缘电阻表，否则用低压绝缘电阻表不能鉴别高压设备的绝缘好坏。

2）检查电气设备的绝缘电阻时首先应断开电源并进行短路放电。

3）测量用引线要用绝缘良好的单根线，不要扭在一起，不要和地及设备接触。

4）使用前应对绝缘电阻表先作一次开路和短路试验。短路试验时将 L、E 端子轻轻碰一下即可，不可久摇。

5）接线时要认清接线端子，E 端按设备金属构件；L 端接电路导体，不可接错。

6）手柄转速保持在 120r/min 左右。

7）检查大电容的绝缘时，检查完毕先断开引线而后停止摇动手柄，否则电容器所储存的电能会通过绝缘电阻表放电损坏仪表。

8）用绝缘电阻表检查完的电气设备要进行放电，尤其是检查完电容器务必放电。

1.2　电工仪表的误差及准确度

影响测量误差的因素比较多，概括起来来源于三个方面：一是仪表本身不准确带来的误差；二是测量方法的不完善带来的系统误差；三是一些偶然因素引起的误差。本节专门论述仪表本身的误差。

仪表的误差和准确度是两个不同的概念。仪表的误差是仪表指示值与实际值（真值）之间的差异；而准确度是说明示值与实际值符合的程度。当然，误差与准确度有一定关系，误差愈小准确度愈高。

1.2.1　误差的表示方法

1. 仪表误差的分类

（1）基本误差

基本误差是指仪表在规定工作条件下进行测量时产生的误差。是由仪表的设计原理、结构条件和制造工艺不完善引起的。仪表规定的正常工作条件为

1）仪表经过了校准，使用时对零点作了校正。

2）正确的工作安放位置。

3）在规定的环境温度和湿度条件下测试。

4）除地磁外，没有外来的电磁场。

5）对于交流仪表则被测量的波形是正弦的，频率为正常的工作频率。

（2）附加误差

附加误差是除基本误差外，仪表不按规定条件工作带来的误差，比如温度高低、安放位

置不正确等带来的误差。

2. 仪表误差的几种表示形式

（1）绝对误差

绝对误差又称真误差。它等于仪表指示值与真值之差，常表示为

$$\Delta = A - A_0 \tag{1-17}$$

式中，A 为仪表指示值，在不同场合有其具体的含义。在测量时它为测定值，在检定仪表时它为被检刻度点的示值，在近似计算时它为近似值；A_0 为真值，所谓真值是与基准度量器相比较确定的量值，这在工程测量中是得不到的。

在仪表的检定工作中采用了较低级的由基准度量器传递来的标准器或工作度量器作为计量基准，而且准确度分不同等级。当标准的误差与被检对象的误差相比小于 1/3 ~ 1/20 时标准误差可以忽略。此时由标准所确定的值即可作为相对于被检对象的真值。

除绝对误差外，在实际测量中还常用到修正值这个概念，它的定义为

$$C = A_0 - A \tag{1-18}$$

即修正值与真误差等量反号。例如被检定的某电流表其示值为 1A 时的真值为 1.02A，绝对真误差为

$$\Delta I = (1.00 - 1.02)\ \text{A} = -0.02\text{A}$$

而修正值为

$$C_1 = -\Delta I = 0.02\text{A}$$

修正值为正号时的意义表明

$$\text{真值} = \text{示值} + \text{修正值}$$

在高准确度的电气仪表中常给出修正曲线或修正值，可对测试结果进行修正以消除误差的影响。

综上所述可以看出，绝对误差（或修正值）具有确定的大小、正负号及量纲。数值大小表明示值偏离真值的多少；+、-号表明偏离真值的方向；它们的量纲相同。

（2）相对误差

采用绝对误差的概念比较直观地反映出误差的情况，但不足以说明测量结果的准确程度，所以在工程测量中常采用相对误差的概念。其定义为绝对误差与真值之比，通常用百分数表示，是一个无量纲的量。相对误差的表达式为

$$\gamma = \frac{A - A_0}{A_0} \times 100\% = \frac{\Delta}{A_0} \times 100\% \approx \frac{\Delta}{A} \times 100\% \tag{1-19}$$

例如用同一电压表测得示值为 100V 的电压，其真值是 99.5V，而测得另一示值为 20V 的电压其真值为 19.5V。两者的绝对误差数相同，都为 0.5V。然而这两个测试结果的准确程度相差很大，可以通过相对误差体现出来。第一个测试结果的相对误差为

$$\gamma_1 = \frac{100 - 99.5}{99.5} \times 100\% = +0.5\%$$

而第二个测试结果的相对误差为

$$\gamma_2 = \frac{20 - 19.5}{19.5} \times 100\% = +2.5\%$$

可见前者测试结果的准确度高，相对误差愈小则准确度愈高。

1.2.2　电工仪表准确度的表示方法

相对误差虽然可以说明测量结果的准确性，但不足以评定一个仪表准确度的高低。因为从上例看，如两个电压是用同一电表的同一量程测量的，结果相对误差差别也很大。像磁电系仪表，其绝对误差在整个刻度范围内变化不大（因磁电系仪表指针偏角与电流之间的关系基本上是线性的，读数的的分辨率是相同的）。可见指针在满偏时相对误差最小，指针偏角愈小相对误差愈大。所以一个仪表，其测试值的相对误差并非定数，相对误差不能用来评定仪表的准确度。这里再引入一个引用误差的概念，即把测试点的真误差与仪表的满量程之比定义为该测试点的引用误差：

$$\gamma_{\mathrm{N}}=\frac{\Delta}{A_{\mathrm{m}}}\times 100\% \tag{1-20}$$

因为仪表在不同测试值时其误差不尽相同。有大有小，有正有负。取其中最大真差与量程上限之比定义为最大引用误差：

$$\gamma_{\mathrm{Nm}}=\frac{\Delta_{\mathrm{m}}}{A_{\mathrm{m}}}\times 100\% \tag{1-21}$$

按照国家标准规定，在规定的正常工作条件下，用仪表的最大引用误差表示仪表的基本误差。按照这个原则，国家标准对电流、电压、功率表规定了11个准确度等级，如表1-1所示。

表1-1　仪表的准确度等级

仪表的准确度等级	0.05	0.1	0.2	0.3	0.5	1	1.5	2	2.5	3.0	5.0
基本误差α(%)	±0.05	±0.1	±0.2	±0.3	±0.5	±1	±1.5	±2	±2.5	±3	±5

刻度盘上已把该仪表的基本误差，即最大的允许误差告知了使用者。已知量程后不难求出最大的真差为

$$\Delta_{\mathrm{m}}=\alpha\% A_{\mathrm{m}} \tag{1-22}$$

当被测量为A时的相对误差为

$$\gamma=\frac{\Delta_{\mathrm{m}}}{A}\times 100\%=\alpha\%\frac{A_{\mathrm{m}}}{A} \tag{1-23}$$

从式（1-23）可知，测试结果的准确性取决于两个方面的因素：一是仪表的基本误差；二是选择合适的量程。测试值越接近满量程，测试结果越准确。因此，使用者不要盲目地单方面追求仪表的准确度等级。

例　某被测电压为90V，今用0.5级0～300V和1.0级0～100V的两个电压表分别测试，求测量结果的最大相对误差。

解

（1）
$$\gamma_{\mathrm{m1}}=\alpha\frac{A_{\mathrm{m}}}{A}=\pm 0.5\%\times\frac{300}{90}=\pm 1.67\%$$

（2）
$$\gamma_{m2}=\alpha\frac{A_m}{A}=\pm1.0\%\times\frac{100}{90}=\pm1.1\%$$

从该例可见，用 1.0 级 100V 量程的仪表反而要比用 0.5 级 300V 量程的仪表为好。在一般情况下，应使指针指在满度的 2/3 以上才有较好的测试结果。即测试误差不会超过准确度等级的 1.5 倍。根据这个道理，在用高精度仪表检定低精度仪表时，两种仪表的量程应选得尽可能相等。

1.3 电桥法比较测量

用电桥测量电阻、电感、电容等参数是一种比较测量的方法。它是将被测量与标准度量器相比较得出测量结果的。

1.3.1 用直流电桥测量电阻

1. 测量原理

用电桥测量直流电阻的方法如图 1-16 所示。电桥平衡时检流计指示零，平衡条件是相对臂的电阻乘积相等，即

$$R_2R_x=R_1R_S \tag{1-24}$$

所以

$$R_x=\frac{R_1}{R_2}R_S \tag{1-25}$$

式中，R_x 为被测电阻；R_S 为步进式标准电阻；R_1、R_2 为比例臂。

当调节 R_S 使电桥平衡时，由标准臂读出被测电阻。影响测量精度的因素有标准电阻的准确度、比例臂电阻的准确度和检流计的准确度。

2. 电桥法减小测量误差的方法

（1）替代法

如图 1-17 所示，图中 R_x 为被测电阻。当调节 R_S 达到平衡后，以准确度高一级的标准电阻 R_N 通过开关 S_2 替代被测电阻。其他测试条件不变，只调节 R_N 再度使电桥平衡，此时 R_N 的示值即为被测电阻值。这种方法能消除电桥比例臂的误差和标准电阻 R_S 的误差。测量误差只取决于检流计的灵敏度和标准电阻 R_N 的准确度。

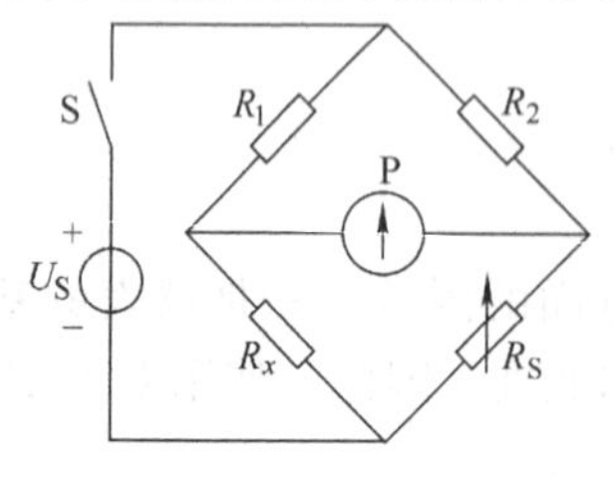

图 1-16　直流电桥

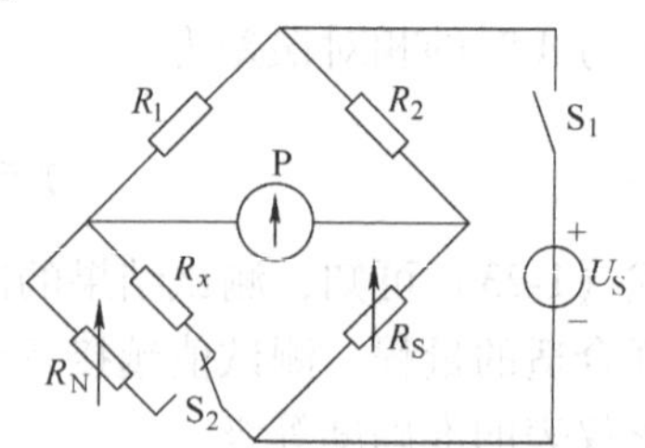

图 1-17　替代法测量电阻

（2）换位抵消法

换位抵消法是适当安排测量方法使测量误差出现一次正误差和一次负误差，使二者相互抵消，如图 1-18 所示。按图 1-18a 测得

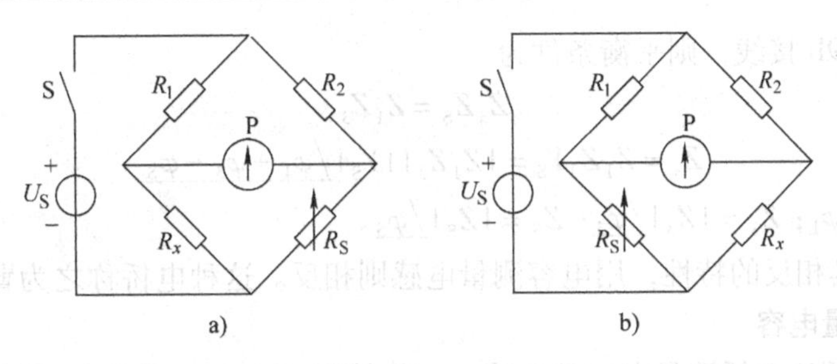

图1-18　换位抵消法测量电阻

$$R_x' = \frac{R_1}{R_2}R_S'$$

然后按图1-18b接线，把 R_x 与 R_S 调换位置，重新调节电桥平衡，测得

$$R_x'' = \frac{R_2}{R_1}R_S''$$

则得最终测量结果为

$$R_x = \sqrt{R_x'R_x''} = \frac{R_x' + R_x''}{2}$$

1.3.2　用交流电桥测量电感、电容

1. 交流电桥的平衡原理

交流电桥的原理如图1-19所示，它与直流电桥不同之处在于交流电桥通常由50Hz、400Hz、1000Hz的正弦交流电源供电，而4个桥臂基于复阻抗进行讨论。按图1-19a接线其平衡条件为

$$Z_2Z_x = Z_1Z_S \tag{1-26}$$

$$Z_x = \frac{Z_1}{Z_2}Z_S = \left|\frac{Z_1}{Z_2}\right| |Z_S| \underline{/\varphi_1 - \varphi_2 + \varphi_S} \tag{1-27}$$

式中 $Z_1 = |Z_1|\underline{/\varphi_1}$，$Z_2 = |Z_2|\underline{/\varphi_2}$，$Z_S = |Z_S|\underline{/\varphi_S}$。

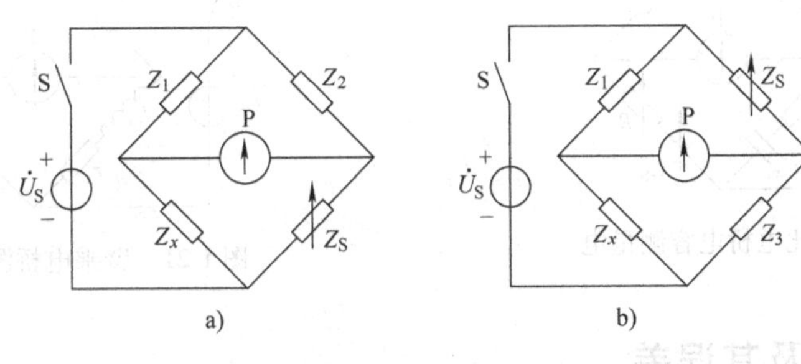

图1-19　交流电桥

可见交流电桥的平衡条件有两个方面，即参数模的平衡条件和阻抗角的平衡条件。如果臂比实数，则 Z_x 与 Z_S 必具有同一特性。可以同是电感或同是电容。这种电桥称之为臂比电桥。

如果按图 1-19b 接线，则平衡条件为

$$Z_x Z_S = Z_1 Z_3 \tag{1-28}$$

$$Z_x = Z_1 Z_3 Y_S = |Z_1 Z_3||Y_S| \underline{/\varphi_1 + \varphi_3 - \varphi_S} \tag{1-29}$$

式中，$Z_1 = |Z_1| \underline{/\varphi_1}$；$Z_3 = |Z_3| \underline{/\varphi_3}$；$Z_S = |Z_S| \underline{/\varphi_S}$。

此时 Z_x 与 Z_S 必具相反的特性，用电容测量电感则相反。这种电桥称之为臂乘电桥。

2. 用电桥测量电容

图 1-20 是用臂比电桥测量电容的电路。一般情况下，电容器是有损耗的，用电阻 r_x 表示。所以在标准电容桥臂里串联标准电阻 R_S。根据式（1-28）有

$$r_x + \frac{1}{j\omega C_x} = \frac{R_1}{R_2}\left(R_S + \frac{1}{j\omega C_S}\right) = \frac{R_1}{R_2}R_S + \frac{R_1}{R_2}\frac{1}{j\omega C_S}$$

所以平衡条件必须满足

$$\left.\begin{aligned} r_x &= \frac{R_1}{R_2}R_S \\ C_x &= \frac{R_2}{R_1}C_S \end{aligned}\right\} \tag{1-30}$$

在测量时需反复调节 R_S 和 C_S 以达到电桥平衡。

3. 用电桥测量电感

类似上述方法可以用标准电感来测量未知电感，但以标准电容来测量电感的臂乘电桥用得更多一些，接线如图 1-21 所示。按照式（1-29）电桥平衡时应满足

$$(r_x + j\omega L_x) = R_1 R_3\left(\frac{1}{R_S} + j\omega C_S\right)$$

$$r_x = \frac{R_1 R_3}{R_S}$$

$$L_x = R_1 R_3 C_S$$

反复调节 R_S 和 C_S 使电桥达到平衡，在 R_S 和 C_S 的刻度盘上读出被测值。

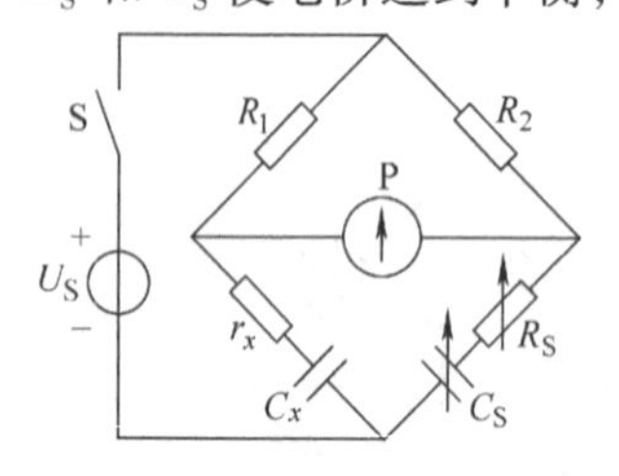

图 1-20　臂比电桥电容测量电

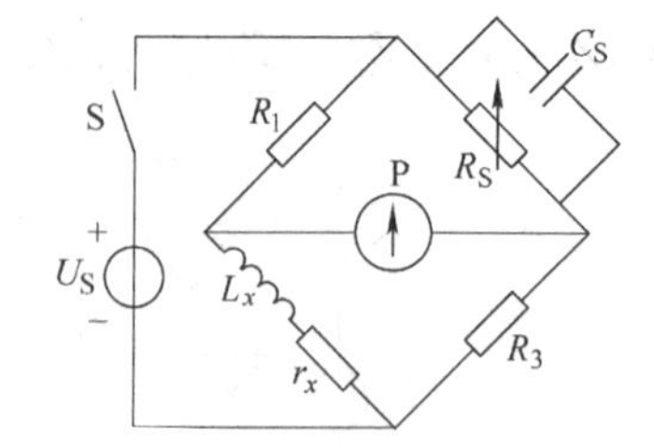

图 1-21　臂乘电桥测量电感

1.4　工程测量及其误差

这里再一次提到误差，但有新的概念。名为“测量误差”有它特定的内涵，这是未读下文而应先领悟的地方。上节讲的是测试仪表本身所固有的误差，这里讲的“工程测量误差”是指实际测量中产生的误差，将涉及到影响测量结果误差的诸多因素。

1.4.1　测量方式

测量的过程就是把被测量与同种单位量进行比较的过程。在具体测量时首先应了解被测对象，明确测量的目的和要求，而后选择恰当的测量方式和仪表。测量方式概括起来可分为4类：

1. 直接测量

凡是测量结果可由仪表测量机构直接显示的测量方式均属此类，如用电流表测量电流；用电压表测量电压。这是一种最简单的工程测量方法。

2. 间接测量

如果几个物理量间有确切的函数关系，可以先测出几个相关量，然后用函数式计算出未知的被测量，这叫做间接测量。如用电流、电压法测量电阻，首先测出电阻两端的电压，而后测出流过电阻的电流，最后用殴姆定律计算出被测电阻。

3. 组合测量

组合测量比间接测量更复杂一些。先直接测出几个相关量，再通过解联立方程才能求出被测量的方法叫做组合测量。

4. 比较测量

根据测量准确度的要求，有时从前述三种测量方式是不能达到目的的，需要用准确度较高的测量仪器才能满足要求，如用电桥测量电阻，用电位差计测量电压、电动势等。这种测量方法设备复杂，操作也比较麻烦。

1.4.2　测量误差

1. 系统误差

在相同条件下多次测量同一量时，由统计规律决定的误差和绝对值在正负号保持恒定、或在条件变化时误差将按确定的规律变化，此类误差称为系统误差。当把测量仪表接入被测电路后，仪表本身有一定电阻，要向电路索取一点能量，因此仪表与被测电路共同组成一个测试系统，或者说组成一个包括仪表在内的电路整体。此时仪表所承受的被测量不仅取决于被测电路本身，而且还与系统的诸多因素有关（包括仪表的因素），因此称为系统误差。系统误差是可以计算出来的，它体现出系统误差具有恒定性或变化时的固定规律性。

系统误差的来源有以下几个方面：

（1）工具和环境条件误差

这种误差来源于测量用具（包括：量具、仪表、仪器和辅助设备的基本误差以及没有按规定的正常工作条件去测试带来的附加误差）。

（2）方法（或理论）误差

由于测量方法、原理的不完善，或采用了近似公式，都能使测量结果产生误差，所以称作方法（或理论）误差。

例如用低内阻电压表去测量高阻电路的电压，由于电压表内阻的分流影响，将使仪表的示值降低。如图1-22所示电路，把电源电压和电阻值是准确的，电压表看成是理想的，其内阻等于无穷大，则ab两端的电压为3V。欲测此值不妨用两种类

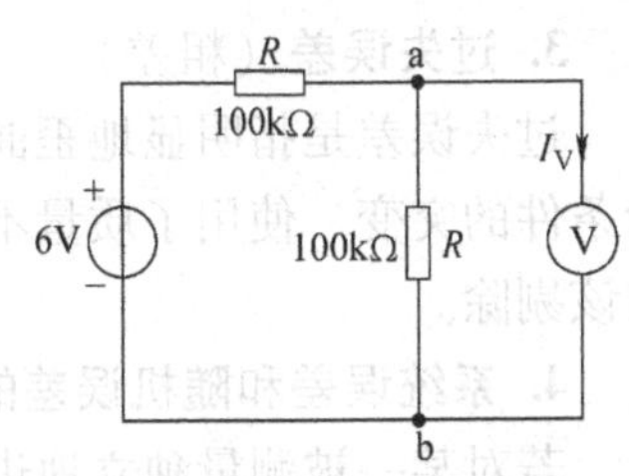

图1-22　电压表的分流影响

型的电压表去测量。

1）用数字万用表测量。已知仪表内阻为 10MΩ，把仪表接上后 ab 间的等效电阻为

$$R'_{\mathrm{ab}}=\frac{100\times10^{3}\times10\times10^{6}}{100\times10^{3}+10\times10^{6}}\Omega=99009.9\Omega$$

$$U'_{\mathrm{ab}}=6\times\frac{99009.9}{99009.9+100000}\mathrm{V}=2.99\mathrm{V}$$

$$\gamma_1=\frac{2.99-3}{3}\times100\%=-0.33\%$$

2）用普通万用表测量时，一般内阻为 20kΩ/V，若用 5V 量程时，其内阻为 100kΩ，则接上电表后 ab 间的等效电阻为

$$R''_{\mathrm{ab}}=\frac{100\times100}{100+100}\times10^{3}\Omega=50\times10^{3}\Omega$$

则此时 U''_{ab} 的示值为

$$U''_{\mathrm{ab}}=6\times\frac{50}{100+50}\mathrm{V}==2\mathrm{V}$$

此时的测量误差为

$$\gamma_2=\frac{2-3}{3}\times100\%=-33.33\%$$

该误差大得惊人，已失去了测量的意义。但是这种误差的性质是属于方法误差，不能归罪于仪表本身了。这仅为一例，但在电压测试中是极普遍的问题。为了减小这种系统误差，关键在于正确地选择仪表，或者对测试结果加以修正。另外影响系统误差的因素很多，在推导测试结果的表达式中往往反映不出来，如测量装置的漏电流、热电动势、引线电阻、接触电阻、平衡电路的灵敏度阈值等都会影响方法误差，这在精密测量时是不能忽视的。

（3）人员误差

人员误差为由于实验者生理上的分辨能力、感觉器官的生理变化、反映速度或固有的习惯等引起的误差。

2. 随机误差（偶然误差）

在相同条件下多次测量某一值，其结果也不完全一致，误差的绝对值及 +、- 号均可能改变但是没有一定规律性，不能事先预计到，这种误差称为随机误差。产生随机误差的原因很多，如电源电压的波动、电磁场的干扰、电源频率的变化、地面的振动、热起伏、操作人员感觉器官的生理变化等，都可能对测量结果带来影响，但是互不相干。虽然随机误差不能预计，但可在多次重复测量的情况下使其符合统计规律。

3. 过失误差（粗差）

过失误差是指明显地歪曲了测量结果造成的误差，如操作者的粗心、不正确的行动、实验条件的突变、使用了质量不好的仪表、读错、记错、算错等。当然这些不正确的测量结果应该剔除。

4. 系统误差和随机误差的数学定义

若对某一被测量独立地进行 n 次等精度测量，得到测定值为

$$x_1,x_2,x_3,\cdots,x_n$$

测定值的算术平均值定义为

$$\bar{x}=\frac{x_1+x_2+\cdots+x_n}{n}=\frac{\sum_{i=1}^{n}x_i}{n} \tag{1-31}$$

当测量次数趋向无穷大时，算术平均值的极限被定义为测定值的总体平均值，或称数学期望。

$$\alpha_x=\lim_{n\to\infty}\bar{X}=\lim_{n\to\infty}\frac{\sum_{i=1}^{n}x_i}{n} \tag{1-32}$$

总体平均值 α_x 与真值 x_0 之差被定义为系统误差 ε。即

$$\varepsilon=\alpha_x-x_0 \tag{1-33}$$

在 n 次测量中任一次测定值 x_i 与总体平均值 α_x 之差被定义为随机误差 δ_i

$$\delta_i=x_i-\alpha_x\Big|_{i=1-n} \tag{1-34}$$

将式（1-33）和式（1-34）相加得

$$\Delta x_i=\varepsilon+\delta_i=x_i-x_0 \tag{1-35}$$

Δx_i 为任一次测量时的真差。它等于系统误差与本次测量的随机误差 δ_i 的代数和。

为了更直观地了解系统误差、随机误差和粗差对测量结果的影响，可以用图1-23加以说明。

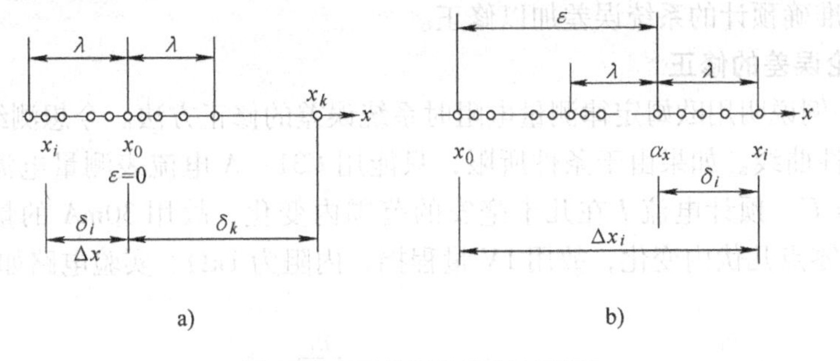

图1-23　测量误差的图解说明

图中用一维坐标表示被测量 x。其真值定在 x_0；各次测量值为 x_i。若 x_i 与 x_0 不重合就认为有测量误差存在，则真差 Δx_i 为 x_i 与 x_0 之间的距离。

应注意图1-23a与图1-23b的区别。在图1-23a中，各次测量值 x_i 密集在 x_0 的两侧。这就是说 x_i 没有系统误差的影响。各次测量值相互离散是由于随机误差造成的。随机误差的极限 λ 称为随机不确定度。在图中特别标了一点 x_k，其误差 δ_k 大于 λ。这是由于过失误差造成的，在数据处理时应把它剔除。在图1-23b中表示出系统误差的影响结果，此时各次测量值密集在 x_0 的某一边。

从以上分析可以看出：

1）系统误差愈小则测量愈准确。

2）随机误差的不确定度 λ 说明了测量的精密度。测量数据愈离散则测量的精密度愈低。

3）真差反映了系统误差与随机误差的综合影响。

4）一个精密测量结果未必是正确的，只有消除了系统误差之后，精密测量才是有意义的。

1.4.3　系统误差的估计和处理

任何方式的测量，要得到正确的测量结果，测量者应对产生测量误差的各种可能性有个基本估计，而后加以正确处理，这是测量取得成效的关键。比较一下产生系统误差的两个方面的原因；作为仪表一方，只要它是合格的，其误差一般情况下多不过百分之几，甚至才千分之几，但是作为测量方法一方的误差原因，对于初学者来说，往往意识不到它的严重性。

问题虽然严重，但是系统误差有一定规律可循，是可以检定或计算出来的。测量者应该做的工作，一是估计一切可能产生系统误差的根源并设法消除它；二是对测量结果加以修正。概括起来应注意以下几点：

1）所用的全部仪表、量具应该是经过检定的，精密测量时还应知道它们的修正值，包据附加误差的修正公式、曲线、表格。

2）测量之前必须仔细检查全部仪表、量具的安放情况，如水平、零位的调定，有无相互干扰，是否便于观察，有无视差等。

3）测量工作应在比较稳定的条件下进行。

4）采取一些特殊的测量方法消除系统误差。

5）对可以准确预计的系统误差加以修正。

1. 方法理论误差的修正

这里仅举一例说明用欧姆定律测量电阻时系统误差的修正方法。今想测绘一个非线性元件的 $i=f(u)$ 特性曲线。如果由于条件所限，只能用 C31—A 电流表测量电流 I；用 C75—V 电压表测量电压 U。预计电流 I 在几十毫安的范围内变化，故用 30mA 的量程挡，内阻为 1.45Ω。电压在零点几伏内变化，故用 1V 量程挡，内阻为 1kΩ。实验电路如图 1-24 所示。

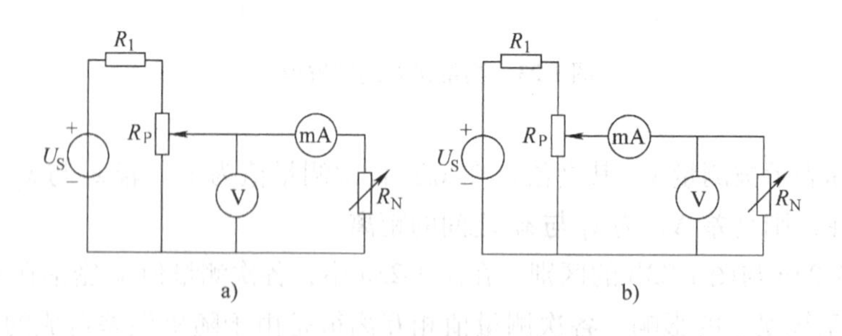

图 1-24　用欧姆定律测量电阻的接线图

若按图 1-24a 电路连接，由于毫安表的内阻压降大，电压表示值存在很大误差；若按图 1-24b 电路连接，电压表的分流作用大，电流表示值存在很大误差，但是知道了仪表内阻后就可对测试结果进行修正。如果选用图 1-24a 的电路时，电阻电压的真值应为

$$U_{R0}=U-R_{A}I$$

可用该式对各测试点电压进行修正。

如果选用图 1-24b 的电路进行测量，则电流表的真值为其示值减过电压表的分流值，即

$$I_{R0}=I-\frac{U}{R_V}$$

用该式对各测试点电流进行修正。

2. 对仪表误差的估计

（1）基本误差

例如 C31—A 型安培表，准确度等级为 0.5 级。用 150mA 量程挡进行测量时示值为 50mA，此时的基本误差为

$$\gamma=\alpha\frac{A_m}{A}=\pm0.5\%\times\frac{150}{50}=\pm1.5\%$$

（2）附加误差

该仪表保证准确度的环境温度为 20℃ ±2℃，每超过 10℃引起的附加误差为 ±0.5%。今在 30℃条件下工作，温度超过标准值将近 10℃。那么在上例中，把这个误差也考虑进去，总的误差为

$$\gamma=(\pm0.5\%\pm0.5\%)\times\frac{150}{50}=\pm3\%$$

又知该仪表工作位置倾斜 5°时的误差为 ±0.5%。如果倾斜度达到这种程度时，总的误差可能达到

$$\gamma=(\pm0.5\%\pm0.5\%\pm0.5\%)\times\frac{150}{50}=\pm4.5\%$$

由此看出，一个仪表的使用条件对测试误差产生多大的影响，不能光看表盘刻度所标注的准确度等。

1.5　非电量电测

非电气物理量诸如温度、压力、流量等的检测用电学量反映出来的方法叫做非电量电测。其中最关键的技术是把非电量转换成电学量的器件，俗称传感器。非电量电测是发展很快、内容非常广泛的科学技术，它涵盖了很多学科。可以用“想则有道”4 个字来形容它的发展和前景。本节仅介绍工业生产中的一些非电量电测技术。

1.5.1　传感器的基本概念

传感器是将非电量转换成与之有确定对应关系之电量或电参数的装置。它在信息检测系统中相当甚至于超乎人的“感官”功能。它能用于各中技术领域，包括物理的、化学的、生物的等信息检测。传感器技术是一门综合技术，囊括检测原理、材料和加工工艺等诸多技术。传感器的组成有三个部分，如图 1-25 所示。

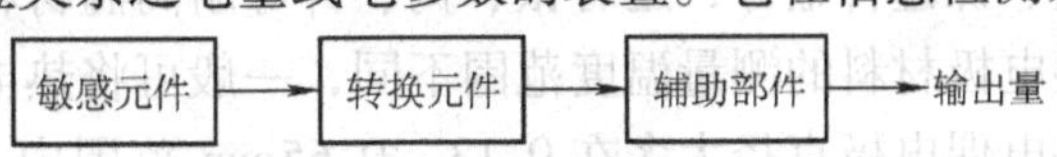

敏感元件 → 转换元件 → 辅助部件 → 输出量

图 1-25　传感器的组成

传感器的种类非常多，按检测原理分，有磁电式、电阻式、电容式、电感式、热电式、应变式等。电阻式传感器是目前应用最广的一种传感器，有应变电阻、光敏电阻、热敏电阻、压敏电阻等。通过这些敏感电阻的变化，把其感受量转换成电信号的输出。电容、电感

式传感器是使感受量导致电容或电感的变化，通过辅助电路转换成电信号的输出。它主要用于检测位移、振荡等。

按输入量类别分，有压力、位移、温度、流量、振荡等传感器。这些量都是传感器的感受量。

1.5.2　温度的检测

将温度的变化转换为电阻或电动势的变化是目前工业生产和控制中应用最为普遍的方法。其中，将温度变化转换为电阻变化的称为热敏电阻传感器，将温度变化转换为热电动势变化的称为热电偶传感器。另外，半导体集成温度传感器中利用热释电效应制成的感温元件在测温领域中也得到越来越多的重视。这里只介绍工业上常用的热电阻和热电偶传感器。

1. 热电偶的测温原理

热电偶是用两种不同的导体熔接而成的一种温度传感器，如图 1-26 所示。a、b 是两种不同的导体。它所用导体多为铜、锰白铜（亦称康铜）、镍铬合金等或一些非金属导体和半导体。在两导体的连接处 T 称为接点。它放在被测温点，称为热端。另一端与仪表相连，称为冷端。由于热激发，在两种不同导体的冷端两点处产生热电动势。这种现象称为热电效应。热电动势的产生有两个原因：一是接触电动势；二是温差电动势。所谓接触电动势是两种自由电子浓度不同的导电材料在接触处，由于自由电子的扩散作用在两导体间形成电势差；所谓温差电势是指同一导体的两端由于温度不同，在导体两端形成电势差。这两种电势与温度有密切的关系。温度愈高，热电动势愈高。借此把温度的高低转换成电动势的高低，再配以电子放大器把所对应的温度显示出来。

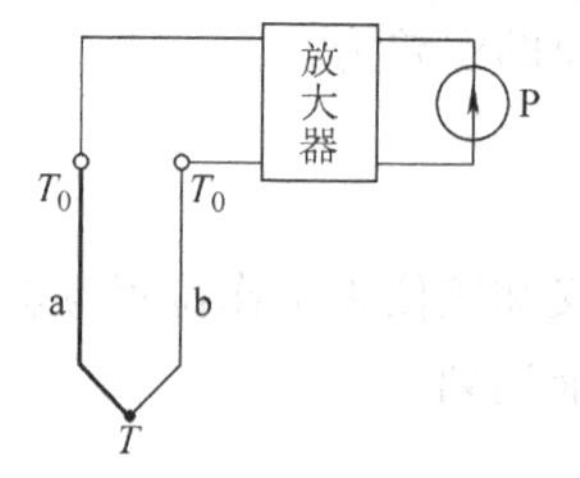

图 1-26　热电偶温度计

根据热电偶的原理，只要是两种不同金属材料都可以形成热电偶。但是为了保证工程技术中的可靠性以及足够的测量精度，一般说来，要求热电偶电极材料具有热电性质稳定，不易氧化或腐蚀，电阻温度系数小、电导率高、测温时能产生较大的热电动势等要求；并且希望这个热电动势随温度单值地线性或接近线性变化；同时还要求材料的复制性好、机械强度高，制造工艺简单、价格便宜、能制成标准分度等。

应该指出，实际上没有一种材料能满足上述全部要求，因此在设计选用热电偶的电极材料时，要根据测温的具体条件来加以选择。目前，常用热电极材料分贵金属和普通金属两大类，贵金属热电极材料有铂铑合金和铂；普通金属热电极材料有铁、铜、锰白铜、镍铬合金、镍硅合金等，还有铱、钨、锌等耐高温材料，这些材料在国内外都已经标准化。不同的热电极材料的测量温度范围不同，一般可将热电偶用于 0 ~ 1800℃ 范围的温度测量。贵金属热电偶电极直径大多在 0.13 ~ 0.65mm 范围内，普通金属热电偶电极直径为 0.5 ~ 3.2mm。热电极有正、负之分，在其技术指标中会有说明，使用时应注意到这一点。

2. 热电阻测温原理

导体（或半导体）的电阻值随温度变化而改变，通过测量其电阻值推算出被测物体的温度，这就是电阻温度传感器的工作原理。电阻温度传感器主要用于测量 -200 ~ 500℃ 范围内的温度。

纯金属是热电阻的主要制造材料，热电阻的材料应具有以下特性：

1）电阻温度系数要大而且稳定，电阻值与温度之间应具有良好的线性关系。

2）电阻率高，热容量小，反应速度快。

3）材料的复现性和工艺性好，价格低。

4）在测量范围内化学物理性能稳定。

常用热电阻材料有

（1）铂电阻

铂电阻与温度之间的关系接近于线性，在0～630.74℃范围内可用下式表示：

$$R_t = R_0(1+\alpha t+\beta t^2) \tag{1-36}$$

在-190～0℃范围内为

$$R_t = R_0(1+\alpha t+\beta t^2+\gamma(t-100)t^3) \tag{1-37}$$

式中，R_0、R_t分别为温度为0℃及t(℃)时铂电阻的电阻值；t为任意温度；α、β、γ为温度系数，可由实验得到：

$\alpha=3.96847\times10^{-3}℃^{-1}$；$\beta=-5.847\times10^{-7}℃^{-2}$；$\gamma=-4.22\times10^{-12}℃^{-4}$。

由以上两式看出，当R_0值不同时，在同样温度下其R_t值也不同。目前国内统一设计的一般工业用标准铂电阻R_0值有100Ω和500Ω两种，并将电阻值R_t与温度t的相应关系统一列成表格，称其为铂电阻的分度表，分度号分别用Pt100和Pt500表示，但应注意与我国过去用的老产品的分度号相区分。

铂易于提纯，在氧化性介质中，甚至在高温下其物理、化学性质都很稳定。但它在还原气氛中容易被侵蚀变脆，因此一定要加保护套管。

（2）铜电阻

在测量精度要求不高，且测温范围比较小的情况下，可采用铜做热电阻材料代替铂电阻。在-50～150℃的温度范围内，铜电阻与温度呈线性关系，其电阻与温度的函数表达式为

$$R_t = R_0(1+\alpha t) \tag{1-38}$$

式中，α为铜电阻温度系数，$\alpha=4.25\times10^{-3}$～$4.28\times10^{-3}℃^{-1}$；R_0、R_t分别为温度为0℃和t(℃)时铜的电阻值。

铜电阻的缺点是电阻率较低，电阻的体积较大，热惯性也大，在100℃以上易氧化，因此，只能用在低温及无浸蚀性的介质中。

我国以R_0值在50Ω和100Ω条件下，制成相应分度表作为标准，供使用者查阅。

（3）热敏电阻

热敏电阻是利用半导体材料做成的。它的导电性能对温度变化十分敏感。故可以用它来做成热敏电阻以实现温度的测量。其主要特点是：

1）灵敏度高。一般金属当温度变化1℃时，其阻值变化0.4%左右，而半导体热敏电阻变化可达3%～6%。

2）体积小。珠形热敏电阻的探头的最小尺寸达0.2mm，能测热电偶和其他温度计无法测量的空隙、腔体、内孔等处的温度，如人体血管内的温度等。

3）使用方便。热敏电阻阻值范围在10^2～10^5Ω之间可任意挑选，热惯性小，而且不像热电偶需要冷端补偿，不必考虑电路引线电阻和接线方式，容易实现远距离测量，功耗小。

4）热敏电阻的缺点是所测量的温度范围比较小，取决于热敏电阻的材料，一般在

−100～350℃之间。

热敏电阻一般可分为负温度系数（NTC）热敏电阻器、正温度系数（PTC）热敏电阻器和临界温度电阻器（CTR）三类。通常所说的热敏电阻一般是指NTC热敏电阻器。它是由某些金属氧化物的混合物制成。如氧化铜、氧化铝、氧化镍、氧化铼等按一定比例混合研磨、成型、锻烧成块，然后采用不同封装形式制成珠状、片状、杆状、垫圈状等各种形状。改变这些混合物的配比成分就可以改变热敏电阻的温度范围、阻值及温度系数。

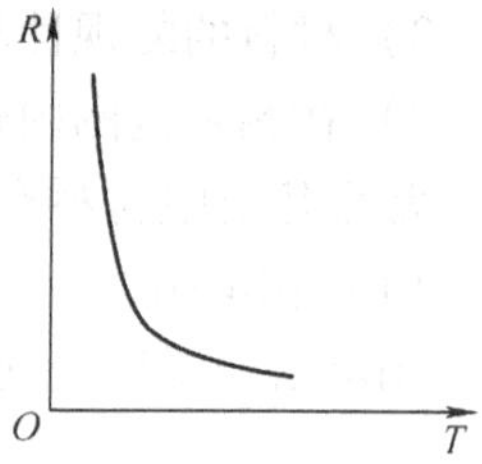

图1-27　负温度系数热敏电阻的温度特性

图1-27为热敏电阻的电阻—温度特性曲线。显然，热敏电阻的阻值和温度的关系不是线性的。可见，它形象地反映了热敏电阻在全部工作范围内的温度灵敏度和线性度。热敏电阻的测温灵敏度比金属丝的高很多。

热敏电阻的电压、电流之间的关系也是热敏电阻的重要特性之一。它是在电阻本身与周围介质热平衡条件下加在热敏电阻上的端电压和通过电阻的电流之间的关系，如图1-28所示。从图中可以看出，当流过热敏电阻的电流很小时，曲线呈直线状，热敏电阻的端口特性符合欧姆定律；随着电流的增加，热敏电阻的温度明显增加（耗散功率增加），由于负温度系数的关系，其电阻的阻值减少，于是端电压的增加速度减慢，出现非线性；当电流继续增加时，热敏电阻自身温度上升更快，使其阻值大幅度下降，其减小速度超过电流增加速度，因此，出现电压随电流增加而降低的现象。这组特性有助于正确选择热敏电阻的正常工作范围。例如用于测温和控温以及补偿用的热敏电阻，就应当工作在曲线的线性区，也就是说，测量电流要小。这样就可以忽略电流加热所引起的热敏电阻阻值发生的变化，而使热敏电阻的阻值发生变化仅仅与环境温度（被测温度）有关。如果是利用热敏电阻的耗散原理工作的，如测量流量、真空、风速等，就应当工作在曲线的负阻区。若要求热敏电阻工作稳定好，温度不宜过高，最好是150℃左右。热敏电阻虽然具有非线性特点，但利用温度系数很小的金属电阻与其串联或并联，也可能得到具有一定线性的温度特性。

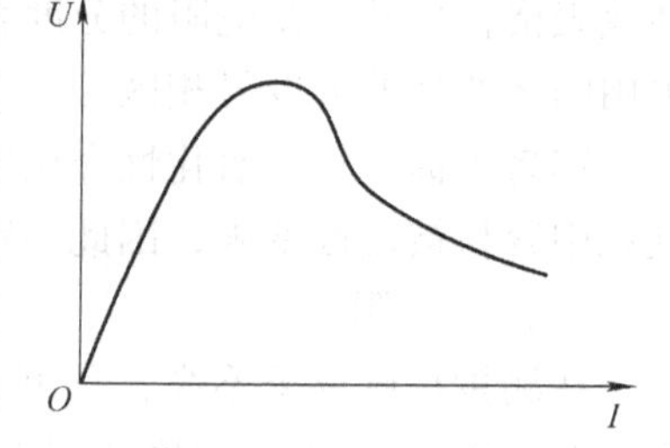

图1-28　热敏电阻的电流电压特性

汽车等车辆的水箱温度是正常行驶所必测的参数，可以用PTC热敏元件固定在铜质感温塞内，感温塞插入冷却水箱内。汽车运行时，冷却水的水温发生变化引起PTC阻值变化，导致仪表中的加热线圈的电流发生变化，指针就可指示出不同的水温（电流刻度已换算为温度刻度）。还可以自动控制水箱温度，以防止水温超高。PTC热敏元件受电源波动影响极小，所以线路中不必加电压调整器。

热敏电阻除了可以测温外，还可以用它来测量辐射，则成为热敏电阻红外探测器。热敏电阻红外探测器由铁、镁、钴、镍的氧化物混合压制成热敏电阻薄片构成，它具有−4%的电阻温度系数，辐射引起温度上升，电阻下降，为了使入射辐射功率尽可能被薄片吸收，通常总是在它的表面加一层能百分之百地吸收入射辐射的黑色涂层。这个黑色涂层对于各种波长的入射辐射都能全部吸收，对各种波长都有相同的响应率，因而这种红外探测器是一种“无选择性探测器”。

1.5.3　材料应变的测量

固体金属或非金属材料受外力产生拉伸、压缩、弯曲等变形，或由于时效产生内应力而导致变形等。对这种变形的测量可以采用电阻应变传感器。其核心器件是电阻应变片，如图1-29所示。它是在一片绝缘薄膜基片上粘贴特制的金属电阻薄膜，连出引线，然后再覆盖一层绝缘薄膜即成，整个形状是薄膜状的。

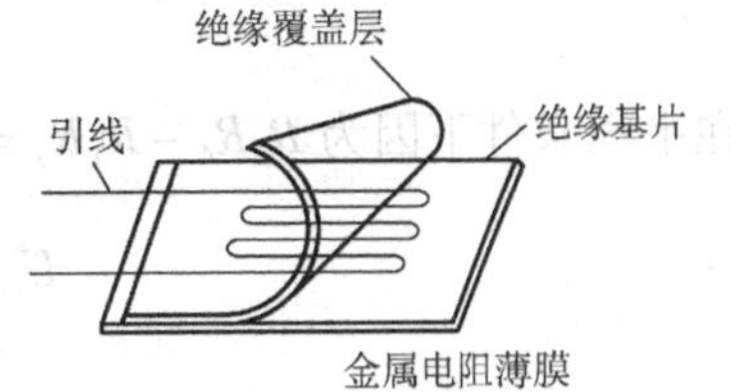

图1-29　电阻应变片

将电阻应变片粘贴在被测构件测试点的表面上，如图1-30所示。当构件受力变形的同时导致电阻应变片变形，从而使引起电阻应变片的电阻发生变化。电阻的变化经电路处理后以电信号的方式输出，这就是电阻应变式传感器的工作原理。

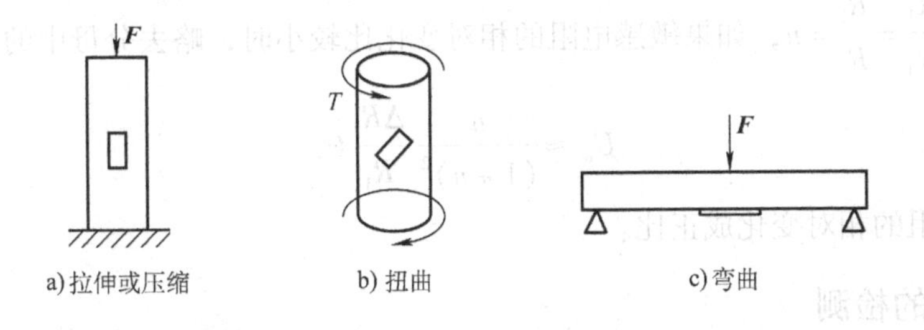

图1-30　电阻应变片的粘贴

1.5.4　电桥测量电路

无论是用热敏电阻测量温度，还是用电阻应变片测量构件的内应力，基本测量方法都是采用电桥作为测量电路，把敏感电阻的相对变化转化为输出电压的变化。

典型的直流电桥结构如图1-31所示。传感器电阻可以充任其中任意一个桥臂。图中R_4为应变片电阻；R_L为负载电阻；U_S为电源电压；U_L为输出电压。图中R_3为可调电阻是为了在基准条件下调节电桥平衡用的。当4个桥臂电阻满足

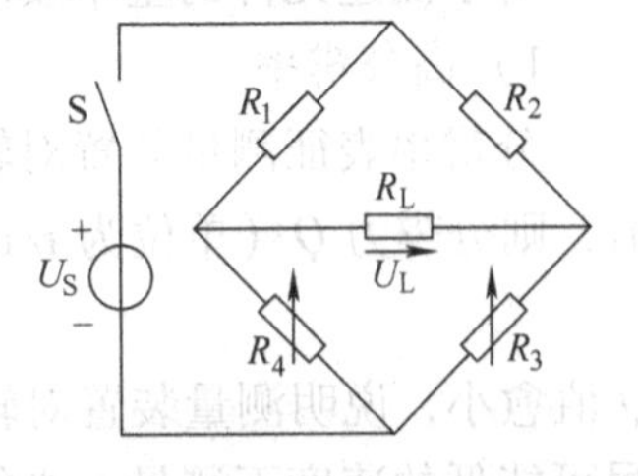

图1-31　测量电桥

$$R_1R_3=R_2R_4 \tag{1-39}$$

时电桥处于平衡状态，对角线上输出电压U_L为零。在1.3节中介绍的用电桥测电阻的方法是工作在平衡状态。然而在用电桥测温或测应变时R_4将随被测参数变化而变化，则电桥工作在不平衡状态。如果考虑R_L的存在，输出电压的关系式要复杂得多。一般情况下负载端要接高输入阻抗的信号放大器，可以把负载阻抗视为无穷大。那么在此条件下

$$U_{oc}=\frac{R_4}{R_1+R_4}U_S-\frac{R_3}{R_2+R_3}U_S=U_S\frac{R_2R_4-R_1R_3}{(R_1+R_4)(R_2+R_3)} \tag{1-40}$$

假定4个桥臂参数R_1、R_2、R_3、R_4是平衡状态下的参数，那么当R_4发生变化有增量ΔR_4时

$$U_{oc}=\frac{R_2(R_4+\Delta R_4)-R_1R_3}{(R_1+R_4+\Delta R_4)(R_2+R_3)}U_S$$

$$=\frac{R_2R_4-R_1R_3+R_2\Delta R_4}{(R_1+R_4+\Delta R_4)(R_2+R_3)}U_S \tag{1-41}$$

在平衡条件下因为 $R_2R_4-R_1R_3=0$，所以上式将变为

$$U_{oc}=\frac{\Delta R_4R_2}{(R_1+R_4+\Delta R_4)(R_2+R_3)}U_S$$

$$=\frac{\frac{R_2}{R_3}\frac{\Delta R_4}{R_4}}{\left(1+\frac{R_1}{R_4}+\frac{\Delta R_1}{R_4}\right)\left(1+\frac{R_2}{R_3}\right)}U_S \tag{1-42}$$

设桥臂比$\frac{R_1}{R_4}=\frac{R_2}{R_3}=n$，如果敏感电阻的相对变化比较小时，略去分母中的$\frac{\Delta R_4}{R_4}$，有

$$U_{oc}\approx\frac{n}{(1+n)^2}\frac{\Delta R_1}{R_1}U_S \tag{1-43}$$

输出电压与电阻的相对变化成正比。

1.5.5 转速的检测

转速或转角的测量在生产中或自动控制系统中十分多见。对于模拟量测速元件，通常采用直流测速发电机。它已被广泛应用于速度伺服系统中。由于数控技术的发展，计算机控制技术的应用，数字化测量转速的技术水平也相当完善。在机器人和数控系统中，通常采用光电码盘或光电式脉冲发生器（亦称增量编码器）作为速度反馈元件。

对于测速元件的基本要求是：

1）高分辨率。

分辨率表征测量装置对转速变化的敏感度，当测量数值改变时，对应于转速由 n_1 变为 n_2，则分辨力 Q（单位为 r/min）定义为

$$Q=n_2-n_1 \tag{1-44}$$

Q 值愈小，说明测量装置对转速变化愈敏感，亦即其分辨率愈高。为了扩大调速范围，能在尽可能低的速度下测量，必须有很高的分辨率。

2）高精度。精度表示偏离实际值的百分比，即当实际转速为 n、误差为 Δn 时的测速精度为

$$\varepsilon\%=(\Delta n/n)\times100\% \tag{1-45}$$

影响测速精度的因素有：光电测速器的制造误差、数据处理中带来的误差

3）短的检测时间。所谓检测时间，即两次速度连续采样的间隔时间 T。T 愈短，愈有利于实现快速响应。

1. 直流测速发电机

直流测速发电机是能够产生和电动机转轴角速度成比例的电信号的机电装置。它对伺服系统的最重要的贡献是为速度控制系统提供转轴速度负反馈。尽管它存在由于空气隙和温度

变化以及电刷的磨损而引起测速发电机输出斜率的改变等问题，但由于它具有在宽广的范围内提供速度信号的能力等优点，因此，直流测速发电机仍是速度伺服控制系统中的主要反馈元件。

顾名思义，直流测速发电机是专门为了测量机械转速而制造的小功率直流发电机。它能够产生与电动机转轴角速度成比例的电压信号。基本依据是式$E=C_{E}\varphi n$，即用电压高低反映转速的高低。

直流测速发电机具有宽广的转速测量范围，在反馈自动调速系统中具有重要意义。按照励磁方式划分，直流测速发电机有两种型式：

（1）永磁式

永磁式测速发电机结构简单，其定子磁极由矫顽力很高的永久磁铁制作，没有励磁绕组，使用便利。目前在伺服系统中应用较多的是这种测速发电机。

（2）他励式

定子励磁绕组由外部电源供电，通电时产生磁场。

一般来说，由于伺服系统的特殊用途，它对控制元件的基本要求是：精确度、灵敏度高、可靠性好等。具体地说，直流测速发电机在电气性能方面应满足以下几项要求：

1）线性度要好，即输出电压和转速的特性曲线呈线性关系。

2）输出特性的对称性要一致，即测速发电机正反转性能一致。

3）输出特性的斜率要大，大的斜率意味着测速灵敏度高。

4）温度变化对输出特性的影响要小，这是保证测量精度的重要因素。

5）输出电压的纹波要小，因为测量电路的感受量是直流电，额外的波动会给测量带来误差。

作为系统设计师，在实践中要正确选择合适的测速发电机，必须了解影响其偏离理想状况的原因。着重考虑纹波电压、线性度和温度稳定性。

纹波电压与测速发电机自身的设计特点与制造工艺有关，它一般是转角的函数，但不一定成比例，在一般系统中纹波电压频率较高，采用简单的*RC*低通网络很容易将它滤掉。

直流测速发电机当工作在“额定”转速时，它的线性度特性一般是很好的（0.5%左右），但是，当工作在较高转速时，应考虑非线性问题。对于温度稳定性，它与磁铁的温度系数有关，在要求高的系统中，需采用温度补偿技术。目前，新型稀土材料（钐、钴合金），其温度系数小，适于制作高精度永磁式直流测速发电机。

2. 数字测速元件——光电脉冲测速机

数字测速元件是由光电脉冲发生器及检测装置组成。它们具有低惯量、低噪声、高分辨率和高精度的优点，有利于控制直流伺服电动机。脉冲发生器连接在被测轴上，随着被测轴的转动产生一系列的脉冲，然后通过检测装置对脉冲进行比较，从而获得被测轴的速度。

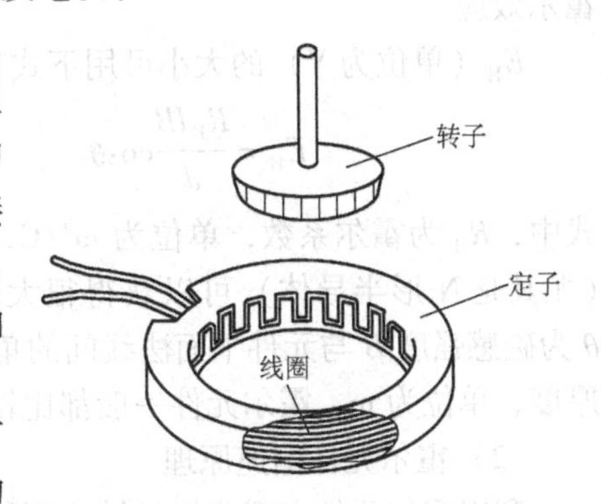

图1-32　电磁式脉冲发生器

光电脉冲发生器又称增量式光电编码器，目前广泛应用的有电磁式和光电式两种。图1-32是电磁式的一例。这是一种交流测速机，其转子是多极磁化的永磁体，一般和电动机的轴直接连接。转子若旋转，在定子端就产生接近于正弦波的交流电压，然后将其整形成为与转速成比例的理想脉冲波形。

另外，目前广泛使用的数字测速元件是光电式脉冲发生器，图 1-33 为其基本光电脉冲发生器的部件分解示意图。它由光源、光电转盘、光敏元件和光电整形放大电路组成。光电转盘与被测轴连接，光源通过光电转盘的透光孔射到光敏元件上，当转盘旋转时，光敏元件便发出与转速成正比的脉冲信号。为了适应可逆控制以及转向判别，光电脉冲发生器输出两路（A 相、B 相）相隔 π/2 电脉冲角度的正交脉冲。在某些编码器中，常备有用作参考零位的标志脉冲或指示脉冲，用来指示机械位置或对累积误差清零，其输出波形如图 1-34 所示。

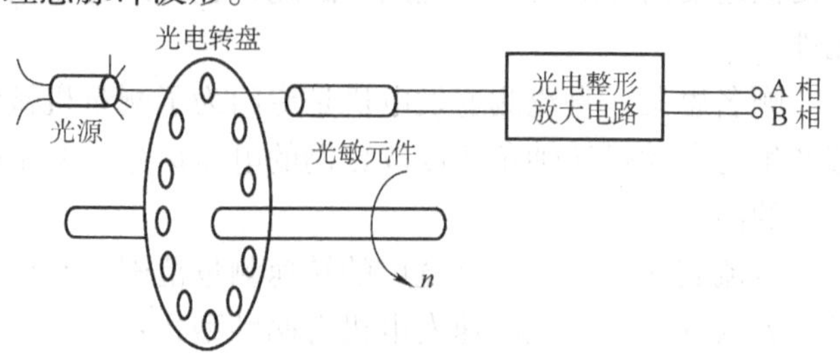

图 1-33　基本光电脉冲发生器的部件分解示意图

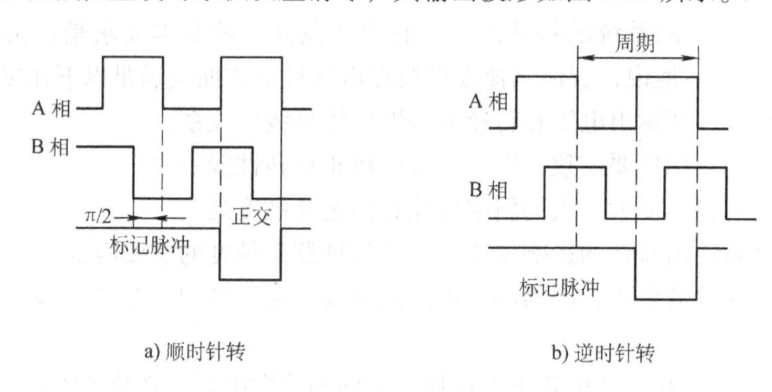

图 1-34　光电脉冲发生器的输出波形

3. 霍尔式测速传感器

（1）霍尔元件的基本工作原理

如图 1-35 所示的半导体薄片，若在它的两端通以控制电流 I，在薄片的垂直方向上施加磁感应强度为 B 的磁场，则在半导体薄片的两侧产生一电动势 E_H，称为霍尔电动势，这一现象称为霍尔效应。

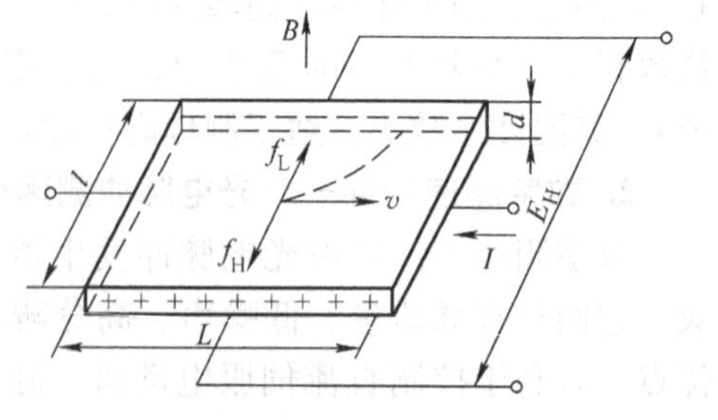

图 1-35　霍尔效应原理图

E_H（单位为 V）的大小可用下式表示：

$$E_H = \frac{R_H IB}{d}\cos\theta$$

式中，R_H 为霍尔系数，单位为 m^3/C，半导体材料（尤其是 N 形半导体）可以获得很大的霍尔系数；θ 为磁感强度 B 与元件平面法线间的角度，当 $\theta \neq 0$ 时，有效磁场分量 $B\cos\theta$；d 为霍尔元件厚度，单位为 m，霍尔元件一般都比较薄，以获得较高的灵敏度。

（2）霍尔元件测速原理

利用霍尔元件实现非接触转速测量的原理图如图 1-36 所示。通以恒定电流的霍尔元件，放在齿轮和永久磁铁中间。当机件转动时，带动齿轮转动，齿轮使作用在元件上的磁通量发生变化，即齿轮的齿对准磁极时磁阻减小，磁通量增大；而齿间隙对准磁极时，磁阻增大，磁通量减小。这样随着磁通量的变化，霍尔元件便输出一个个脉冲信号。旋转一周的脉冲数等于齿轮的齿数。因此，脉冲信号的频率大小反映了转速的高低。

（3）霍尔电动势的放大

霍尔电动势一般为毫伏级，所以实际使用时都采用运算放大器加以放大，再经计数器和显示电路，即可实时显示转速了。放大电路的原理电路如图1-37所示。

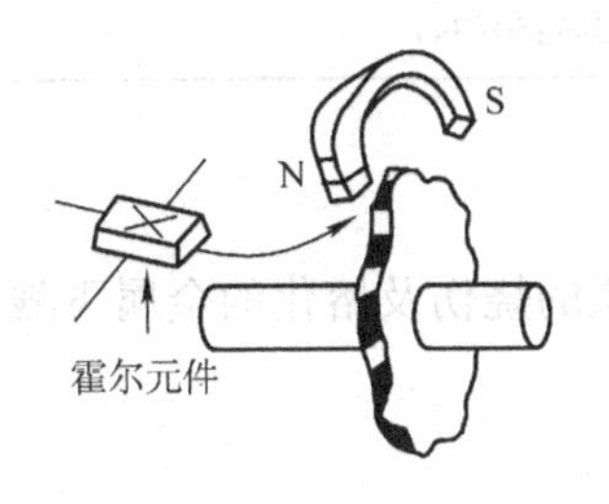

图1-36　霍尔式转速测量示意图

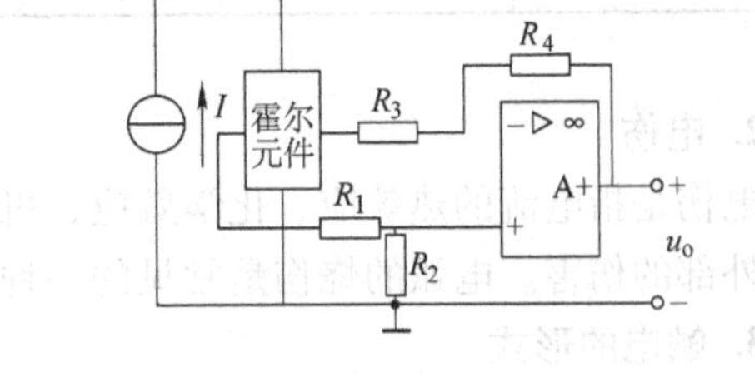

图1-37　霍尔电动势的放大电路

1.6　安全用电

《中华人民共和国电力法》规定："国家对电力与使用实行安全用电、节约用电和计划用电的管理原则。"把安全用电列为首位，这是所有供电企业和用电单位及一切电力用户的共同责任和法定义务。

1.6.1　触电及安全保障措施

当人体触及带电体或距高压带电体的距离小于放电距离时，以及因强力电弧等使人体受到危害时，这些统称为触电。人体受到电的危害分为电击和电伤两类。

1. 电击

人体触及带电体有电流通过人体时将发生三种效应：一是热效应（人体有电阻而发热）；二是化学效应（电解）；三是机械力效应。此时，人体会立即作出反应而出现肌肉收缩产生麻痛。在刚触电的瞬间，人体电阻比较高，电流较小。若不能立即离开电源则人体电阻会迅速下降电流猛增，会产生肌肉痉挛、烧伤、神经失去正常传导、呼吸困难、心率失常或停止跳动等严重后果甚至死亡。

人体受电流的危害程度与许多因素有关，诸如电压的高低、频率的高低、人体电阻的大小、触电部位、时间长短、体质的好坏、精神状态等。人体的电阻并不是常数，一般在40～100kΩ之间，这个阻值主要集中在皮肤，去除皮肤则人体电阻只有400～800Ω。当然，人体皮肤电阻的大小还取决于许多因素，如皮肤的粗糙或细腻、干燥或湿润、清洁或污垢等。表1-2提供了一些资料供参考。应该知道50Hz、60Hz的交流电对人体的伤害最为严重，直流和高频电流对人体的伤害较轻。人的心脏、大脑等部位最怕电击。精神过分恐惧会带来更加不利的后果。

表 1-2　人体被伤害的程度与电流大小的关系　（单位：mA）

名　称	定　义	成年男性		成年女性	
感觉电流	引起感觉的最小电流	交流 直流	1.1 5.2	交流 直流	0.7 3.5
摆脱电流	触电后能自主摆脱的最大电流	交流 直流	16 76	交流 直流	10.5 51
致命电流	在较短时间内能危及生命的最小电流	交流 30～50mA 直流 1300(0.3s);50(3s)			

2. 电伤

电伤是指电流的热效应、化学效应、机械效应、电弧的烧伤及熔化的金属飞溅等造成对人体外部的伤害。电弧的烧伤是常见的一种伤害。

3. 触电的形式

（1）直接触电

直接触电是指人在工作时误碰带电导体造成的电击伤害。防止直接触电的基本措施是保持人体与带电体之间的安全距离。安全距离是指在各种工作条件下带电体与人之间、带电体与地面或其他物体之间以及不同带电体之间必须保持的最小距离，以此保证工作人员在正常作业时不至于受到伤害。表 1-3 给出安全距离的规范值。

表 1-3　人与带电设备的安全距离

电压等级/kV	安全距离/m		电压等级/kV	安全距离/m	
	有围栏	无围栏		有围栏	无围栏
10	0.35	0.7	60	1.5	1.5
35	0.5	1.0	220	3.0	3.0

（2）间接触电

间接触电是指设备运行中因设备漏电，人体接触金属外皮造成的电击伤害。防止此种伤害的基本措施是合理提高电气设备的绝缘水平，避免设备过载运行发生过热而导致绝缘损坏，定期检修、保养、维护设备。对于携带式电器应采取工作绝缘和保护绝缘的双重绝缘措施，规范安装各种保护装置等。

（3）单相触电

单相触电是指人站立地面而触及输电线路的一根相线（亦称火线）造成的电击伤害。这是在日常最常见的一种触电方式。380/220V 中性点接地系统，人将承受 220V 的电压。在中性点不接地系统，人体触接一根相线，电流将通过人体—线路与大地的电容形成通路，也能造成对人体的伤害。

（4）两相触电

两相触电是指人两手分别触及两根相线造成的电击伤害。此种情况下，人的两手之间承受着 380V 的线电压，这是很危险的。

（5）跨步电压触电

跨步电压触电是指高压线跌落，或是采用两相一地制的三相供电系统中，在相线的接地处有电流流入地下向四周流散，在20m内径向不同点间会出现电位差。人的两脚沿径向分开，可能发生跨步电压触电。

4. 电气安全的的基本要求

（1）安全电压的概念

安全电压是指为防止触电而采取的特定电源供电的电压系列。在任何情况下，两导线间及导线对地之间都不能超过交流有效值50V。安全电压的额定值等级为42V、36V、24V、12V、6V。一般情况下采用36V，移动电源（如行灯）多为36V。在特别危险的场合采用12V。当电压超过24V时，必须采取防止直接接触带电体的防护措施。

（2）严格执行各种安全规章制度

为了加强安全用电的管理，国家及各部门制定了许多法规、规程、标准和制度。如在1993年执行的JG3/T16—16“民用建筑电气设计规范”等，使安全用电工作进一步走向科学化、标准化、规范化，对防止电气事故、保证人身及设备的安全具有重要意义。一切用电户、电气工作人员和一般的用电人员必须严格遵守相应的规章制度。对电气工作人员，相关的安全组织制度包括工作许可制度、工作票制度、工作监护制度和工作间断、转移、交接制度。安全技术保障制度包括停电、验电、装设接地线和悬挂警示牌和围栏等制度。非电气人员不能要求电气人员做任何违章作业。

（3）电器装置的安全要求

1）正确选择线径和熔断器：根据负荷电流的大小合理选择导线的截面积和配置相应的熔断器是避免导线过热不至于发生火灾事故的基本要求。应该根据导线材料、绝缘材料布设条件、允许的升温和机械强度的要求查阅手册确定。一般塑料绝缘导线的温度不得超过70℃，橡皮绝缘导线不得超过65℃。

2）保证导线的安全距离：导线与导线之间、导线与工程设备之间、导线与地面和树木之间应有足够的距离，应经查阅手册确定。

3）正确选择断路器、隔离开关和负荷开关：这些电器都是开关但是功能有所不同，要正确理解和选用。断路器是重要的开关电器，它能在事故状态下迅速断开短路电流以防止事故扩大。隔离开关有隔断电源的作用，触点暴露有明显的断开提示。它不能带负荷操作，应与断路器配合使用。负荷开关的开断能力介于断路器和隔离开关之间，一般只能切断和闭合正常电路，不能切断发生事故的电路。它应当与熔断器配合使用，用熔断器切断短路电流。

4）要规范安装各种保护装置：诸如接地和接零保护、漏电保护、过电流保护、缺相保护、欠电压保护和过电压保护，目前生产的断路器，其保护功能相当完善。

5. 家庭安全用电

在现代社会，家庭用电愈来愈复杂，家庭触电是常有的事。家庭触电无非是人体站在地上接触了相线，或同时接触了零线与相线，就其原因分为以下几类：

（1）无意间的误触电

1）导线绝缘破损在无意间触电。所以平时的保养、维护是不可忽视的。

2）潮湿环境下触电。所以不可用湿手搬动开关或拔、插插头。

（2）不规范操作造成的触电

不停电修理、安装电器设施造成的触电：往往有这几种情况，如带电操作但没有与地绝缘；或是虽然与地采取了绝缘但他又手托了墙；或是手接触了相线同时又碰上零线；或是使用了没有绝缘的工具，造成相线与零线的短路等。所以一定要切忌带电作业且在停电后要验电。

（3）电器设备的不正确安装造成的危害

1）电器设备外壳没有安装保护线，设备一旦漏电就造成触电，所以一定要使用单相三脚插头并接好接地或接零保护。

2）开关安装不正确而是安在零线上，这样在开关关断的情况下，相线仍然与设备连通造成误触电。

3）螺口灯泡把相线接在外皮的螺扣上造成触电。

4）禁止把接地保护接在自来水、暖气、煤气管道上，否则设备一旦出现短路会导致这些管道电位升高造成触电。

5）误用代用品如用铜丝、铝丝、铁丝等代替熔丝，造成火灾；用医用的伤湿止痛贴膏之类的物品代替专业用绝缘胶布造成触电等。

6. 电气事故的紧急处置

1）对于电气事故引起的火灾，首先要就近切断电源而后救火。切忌在电源未切断之前用水扑火，因为水能导电反而能导致人员触电。在拉动开关有困难时，要用带绝缘的工具切断电源。

2）人员触电后最为重要的是迅速离开带电体，延续时间愈长，造成的危害愈大。当触电不太严重的情况下靠人自卫反应能迅速离开。但在较严重的情况下自己已无能为力了，此时必须靠别人救护，迅速切断电源。由于切断电源一时有困难时，切忌救护人直接用裸手接触触电人的肉体而必须有绝缘防护。由此可见，要切忌一人单独操作，以免发生事故而无人救护。

3）触电的后果如何，往往取决于救护行为的快慢和方法是否得当。救护方法是根据当时的具体情况而确定的，如果触电人还有呼吸，或一度昏厥，则应当静躺、宽衣、保温、全身按摩和给予安慰，并请医生诊治。如果触电人已经停止呼吸，甚至心跳停止，但没有明显的脑外伤和明显的全身烧伤，此种情况往往是假死。此时应当就地立刻进行人工呼吸及心脏按摩使心跳和呼吸恢复正常。实践证明，在 1min 内抢救，苏醒率可超过 95%，而在 6min 后抢救，其苏醒率不足 1%。此种情况下，救护人员一定要耐心坚持，不可半途而废，奇迹是可以发生的。只有医务人员断定确确实实已经无可挽救时才可停止急救措施。

1.6.2　电气接地和接零

电气接地是指电气设备的某一部位（不论带电与否）与具有零电位的大地相连通。电气接地有以下几种方式。

1. 工作接地

工作接地是指电力系统中为了运行的需要而设置的接地为工作接地。图 1-38 画出的为应该推广的三相五线制低压供电系统。发电机、变压器的中性点接地。从中性点引出线 N 叫做工作零线。工作零线为单相用电提供回路。从中性点引出的 PE 线叫做保护零线。将工作零线和保护零线的一点或几点再次接地叫做重复接地。低压系统工作中应将工作零线与保护零线分开。保护零线不能接在负荷回路。

2. 保护接地

把电器设备不应该带电的金属构件、外壳与埋设在地下的接地体用接地线连接起来的设施称为保护接地。这样能保持设备的外壳与大地等电位以防止设备漏电对人员造成触电事故。

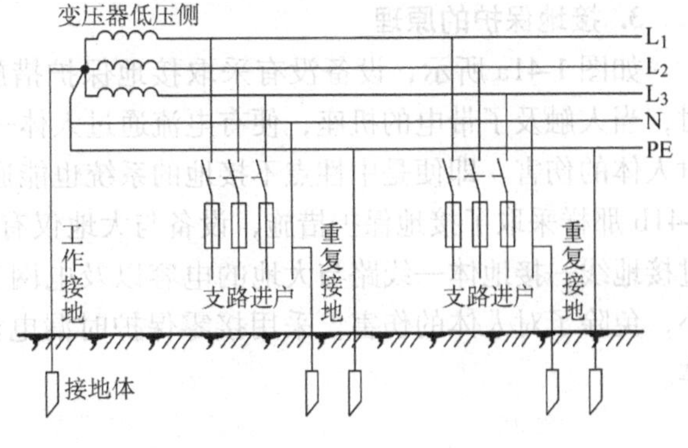

图1-38 电力系统中的工作接地

目前保护接地有下列几种形式：

（1）TT系统

TT系统是指三相四线制供电系统中，将电气设备的金属外壳通过接地线接至与电力系统无关联的接地点。这就是所说的接地保护。如图1-39所示。

（2）TN系统

TN系统是指三相四线制供电系统中，将电气设备的金属外壳通过保护线接至电网的接地点。这就是所说的接零保护。这是接地的一种特殊形式。根据保护零线与工作零线的组合情况又分为三种情况。

1）TN-C系统：TN-C系统是工作零线N与保护零线PE是合一的，如图1-40所示。这是目前最常见的一种形式。

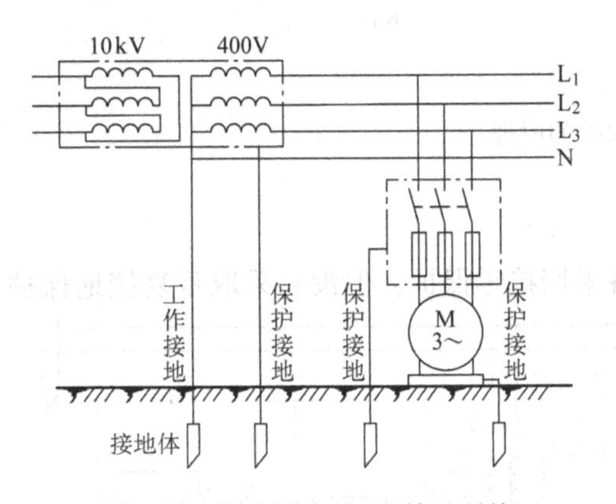

图1-39 电力网中的TT接地系统

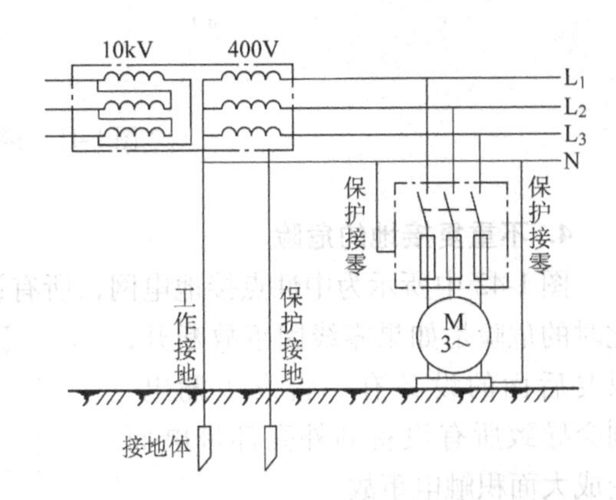

图1-40 电力网中的TN-C接零保护系统

2）TN-S系统：TN-S系统工作零线N与保护零线PE是分别引出的，正像图1-38那样。接零保护只能接在保护零线上，正常情况下保护零线上是没有电流的。这是目前推广的一种形式，一般称为交流低压三相五线制供电。

3）TN-C-S系统：TN-C-S系统是TN-C和TN-S系统的组合。在输电线路的前段工作零线N和保护零线PE在是合一的，在后段是分开的。

（3）其他的接地系统

1）过电压保护接地：为了防止雷击或过电压的危险而设置的接地称为过电压保护接地。

2）防静电接地：为了消除生产过程中产生的静电造成危害而设置的接地称为防静电接地。

3）屏蔽接地：为了防止电磁感应的影响，把电器设备的金属外壳、屏蔽罩等接地称为屏蔽接地。

3. 接地保护的原理

如图 1-41a 所示，设备没有采取接地保护措施。若电路某一相绝缘损坏而使机座带电时，当人触及了带电的机座，便有电流通过人体—大地—电网的工作接地点形成回路而造成对人体的伤害。即便是中性点不接地的系统也能通过大地对线路的电容形成回路。相反像图 1-41b 那样采取了接地保护措施，设备与大地仅有几欧的接地电阻。一旦设备漏电，电流经过接地线—接地体—线路与大地的电容以及电网工作接地点形成回路而流过人体的电流极小，免除了对人体的伤害。采用接零保护时漏电流是通过接零保护线形成回路而不经过人体。

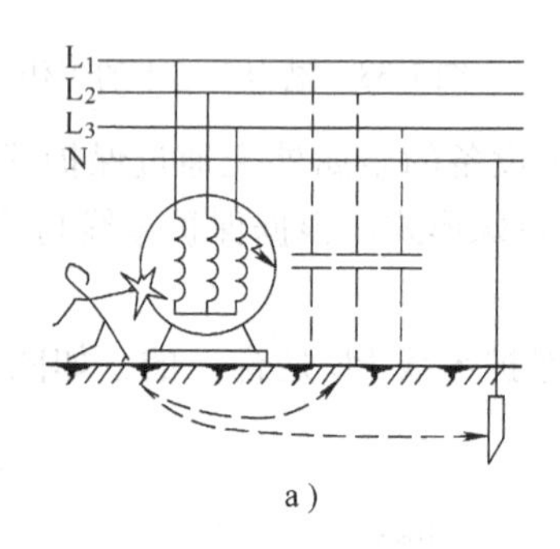

a）

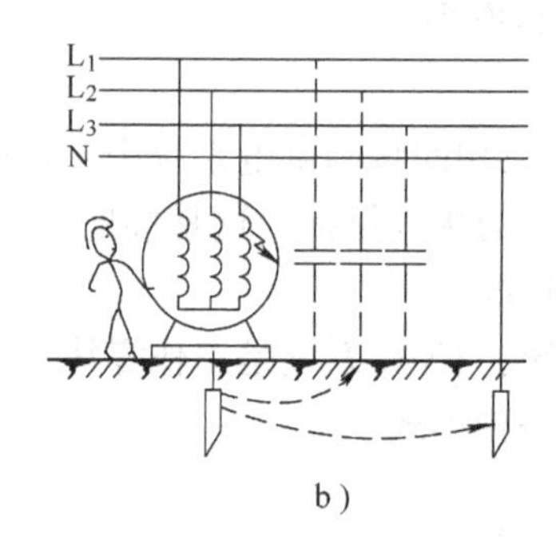

b）

图 1-41　接地保护的原理

4. 不重复接地的危险

图 1-42 中所示为中性点接地电网，所有设备采用接零保护，但没有采取重复接地保护。此时的危险是如果零线因事故断开，只要后面的设备有一台发生漏电，则会导致所有设备的外壳都带电而造成大面积触电事故。

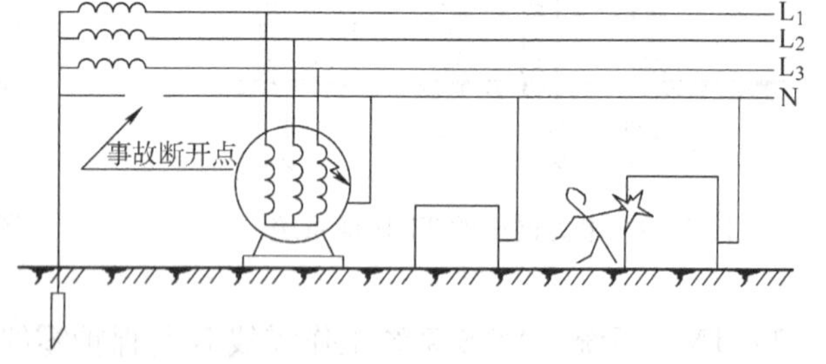

图 1-42　没有重复接地的危险

5. 对接地系统的一般要求

1）一般三相四线制供电系统，应采取接零保护、重复接地。但是由于三相负载不对称，零线上的电流会引起中性点位移，所以推荐采用三相五线制。保护零线 N 和工作零线 PE 都应当重复接地。

2）不同用途、不同电压的设备如没有特殊规定应采用同一接地体。

3）如接地有困难时应设置绝缘工作台，避免操作人员与外物接触。

4）低压电网的中性点可直接接地或不接地。380/220V 电网的中性点应直接接地。中性点接地的电网应安装能迅速自动切断接地短路电流的保护装置。

5）中性点不接地的电网中，电气设备的外壳也应采取保护接地并安装能迅速反应接地故障的装置，也可安装延时自动切除接地故障的装置。

6）由同一变压器、同一段母线供电的低压电网不应当同时采用接地保护和接零保护。但在低压电网中的设备同时采用接零保护有困难时，也可同时采用两种保护方式。

7）在中性点直接接地的电网中，除移动设备或另有规定外，零线应在电源进户处重复接地，或是接在户内配电柜的接地线上。架空线不论干线、分支线沿途每公里处及终端都应重复接地。

8）三线制直流电力回路的中性线也应直接接地。

第 2 章　直流电路实验

2.1　电工测量仪表误差的检定及内阻的测量

1. 实验目的

1）熟悉电工测量仪表误差的计算方法。

2）了解电工测量仪表内阻的测量方法。

3）熟悉电工测量仪表和直流稳压电源的使用方法。

2. 实验仪器及设备

1）MF—30 型万用表、C31—A 型电流表、C75—V 型电压表及数字万用表

2）直流稳压电源

3）电阻、可变电阻箱

3. 实验原理

所谓仪表的检定是将被检测仪表与标准仪表相比较，看其准确度是否符合表盘上标注的准确度等级。按照仪表检定规程规定，标准仪表的准确度等级至少比被检仪表的准确度等级高两级。本实验被检仪表为 MF—30 万用表，其准确度为 2.5 级，即真差与量程之比为 ±2.5%，根据规定的 11 个准确度等级可以看出，选择高于或等于 1.5 级的仪表作为标准表即可。

（1）MF—30 万用表 DC5mA 档的检定

由上可知，选择高于或等于 1.5 级的电流表作为标准表即可。这里选用 C31—A 电流表作为标准表，其准确度为 0.5 级。按要求，标准表与被检表的量程相同，才能发挥标准表的准确度性能。但该标准表没有 5mA 量程档，故就近选用 7.5mA 档，则示值为 5mA 时的基本误差为

$$\gamma_1 = \pm 0.5\% \times \frac{7.5}{5} = \pm 0.75\%$$

此刻用来检定 2.5 级的仪表仍然是符合要求的。

（2）MF—30 万用表 DC5V 档的检定

由上可知，选择高于或等于 1.5 级的电压表作为标准表即可。这里选用 C75—V 电压表作为标准表，其准确度也为 0.5 级，符合要求。

4. 实验内容及步骤

（1）MF—30 万用表 DC5mA 档的基本误差的检定及内阻的测量

检定电流表电路图如图 2-1 所示。

图中 U_S 为可调直流稳压电源；A_0 为标准表；A_x 为被检仪表；V_x 为电压表；R_1 为固定电阻；R_2 为可调电阻。

1）按仪表符号要求水平放置仪表，并调定仪表的指针零位指示。

2）调节直流稳压电源的输出电压到2V。

3）按图2-1连接电路。

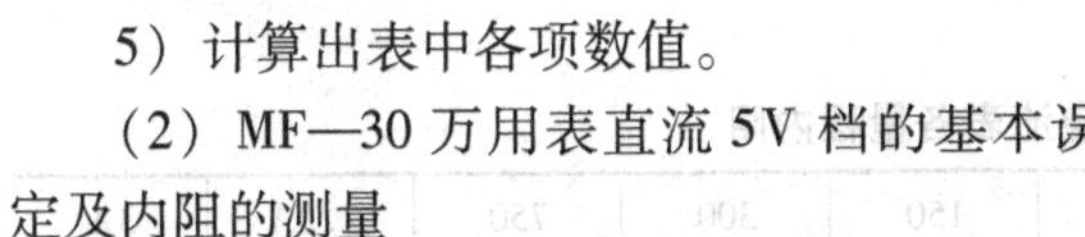

4）调节R_2使被检仪表的指示值分别为1mA、2mA、3mA、4mA、5mA，读取相应的标准表及电压表的读数，记入表2-1中。

5）计算出表中各项数值。

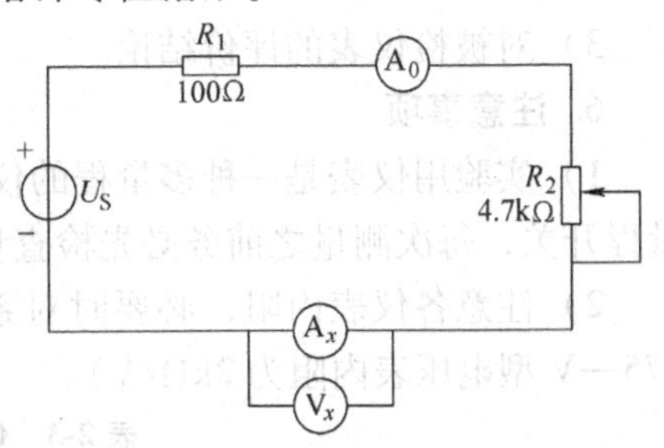

图2-1 检定电流表电路图

（2）MF—30万用表直流5V档的基本误差的检定及内阻的测量

1）按仪表符号要求水平放置仪表，并调定仪表的指针零位指示。

表2-1 检定电流表数据记录表

基本误差检定	被检表指示值	mA	1	2	3	4	5
	标准表指示值	mA					
	修正值	mA					
	真差	mA					
	准确度	%					
内阻测量	电压表指示值	mV					
	被检表内阻	Ω					
	内阻平均值	Ω					

2）自拟实验电路。

3）在被检仪表示值分别为1、2、3、4、5V时，读取相应的标准表及电流表读数，记入表2-2中。

表2-2 检定电压表数据记录表

基本误差检定	被检表指示值	V	1	2	3	4	5
	标准表指示值	V					
	修正值	V					
	真差	V					
	准确度	%					
内阻测量	电流表指示值	mA					
	修正值	mA					
	真差	mA					
	内阻	kΩ					
	内阻平均值	kΩ					
	每伏内阻数	kΩ/V					

4）计算出表中各项数值。

5. 实验报告要求

1）实验数据及计算结果。

2）仪表的误差修正曲线。

3）对被检仪表的评价结论。

6. 注意事项

1）实验用仪表是一种多量程的仪表，使用时一定要根据被测对象和数值范围正确选择量程开关，每次测量之前务必先检查量程档是否正确。

2）注意各仪表内阻，必要时对系统误差进行修正。（C31—A 型电流表内阻见表 2-3；C75—V 型电压表内阻为 2kΩ/V）。

表 2-3 C31—A 型电流表各量程内阻

量程/mA	7.5	15	30	75	150	300	750	1.5A	3A
内阻/Ω	3.64	2.48	1.45	0.68	0.4	0.26	0.18	0.17	0.13

3）测试数据和计算结果都必须注意有效数字的选取。

2.2 电路元件伏安特性的测试

1. 实验目的

1）掌握线性电阻元件、非线性电阻元件伏安特性的测量方法。

2）掌握电源伏安特性的测量方法，了解电源内阻对电源输出特性的影响。

3）掌握直流电压表、电流表的使用方法。

2. 实验仪器及设备

1）直流电流表、直流电压表

2）直流稳压电源

3）电阻、可变电阻箱、二极管

3. 实验原理

任一个二端元件，它的端电压 U 与通过该元件的电流 I 之间的函数关系，称为该元件的伏安特性。如果将这种关系表示在 U—I 平面上，则称为伏安特性曲线。通过一定的测量电路，用电压表、电流表可测定元件的伏安特性，由测得的伏安特性可了解该元件的性质。通过测量得到元件伏安特性的方法称为伏安测量法，简称伏安法。

1）线性电阻元件的伏安特性满足欧姆定律，阻值是一个常数，其伏安特性曲线是一条通过坐标原点的直线，具有双向性，如图 2-2a 所示。电阻值可由直线的斜率的倒数来确定，即

$$R = \frac{U}{I}$$

2）一般的半导体二极管是不满足欧姆定律的非线性电阻元件，阻值不是一个常数，其伏安特性是一条过坐标原点的曲线，具有单向性，如图 2-2b 所示。由图可见，半导体二极管的正向电压很小，正向电流随正向电压的升高而急剧上升，因而电阻值很小；反之，电阻值很大。

3）稳压二极管是一种特殊半导体二极管，其正向特性与普通二极管类似，但其反向特性较特别，如图 2-2c 所示。由图可见，在反向电压开始增加时，其反向电流几乎为零，但

当电压增加到某一数值时（称为管子的稳压值，有各种不同稳压值的稳压管）电流将突然增加，以后它的端电压将维持恒定，不再随外加的反向电压升高而增大。

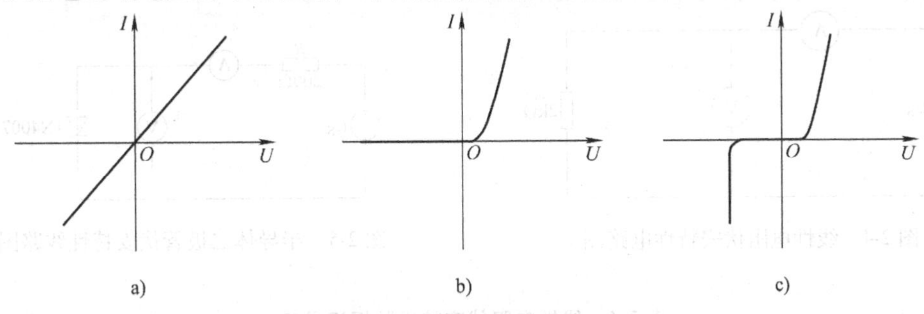

图 2-2 电阻伏安特性曲线

4）电压源：能保持其端电压为恒定值且内部没有能量损失的电压源称为理想电压源，其输出电压固定，输出电流的大小由外电路决定。因此，其外特性曲线是平行于电流轴的直线，如图 2-3a 所示。

理想电压源实际上是不存在的，实际电压源总具有一定的能量损失，这种实际电压源可以用一个理想电压源 U_S 与内阻 R_S 相串联的电路模型来表示，如图 2-3b 所示。因此，实际电压源端口的电压与电流的关系即为

$$U = U_S - IR_S$$

其外特性曲线如图 2-3c 所示。显然实际电压源的内阻越小，其特性越接近理想电压源。这里选择内阻很小的直流稳压电源，所以当通过的电流在规定的范围内变化时，可以近似地当作理想电压源来处理。

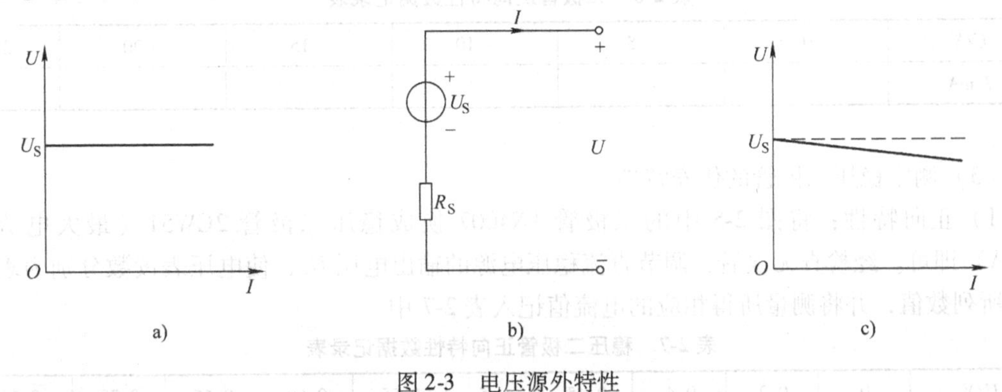

图 2-3 电压源外特性

4. 实验内容及步骤

（1）测定线性电阻的伏安特性

按图 2-4 连接电路，调节直流稳压电源的输出电压 U_S，使电压表读数分别为表 2-4 中所列数值，并将测量所得对应的电流值记录于表 2-4 中。

（2）测定半导体二极管的伏安特性

1）正向特性：按图 2-5 接线，1N4007 为二极管，其正向电流不得超过 25mA，R 为限流电阻，用以保护二极管。经检查无误后，调节直流稳压电源的输出电压 U_S，使电流表读

数分别为表 2-5 中所列数值，对于每一个电流值测量出对应的电压值，记入表 2-5 中。为了便于作图，在曲线的弯曲部位可适当多取几个点。

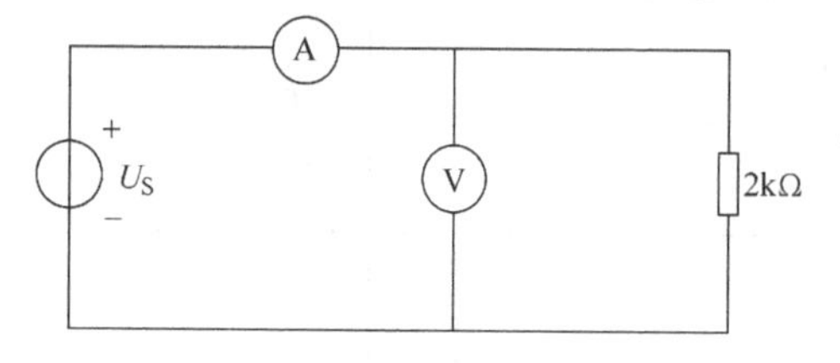

图 2-4　线性电阻伏安特性电路图

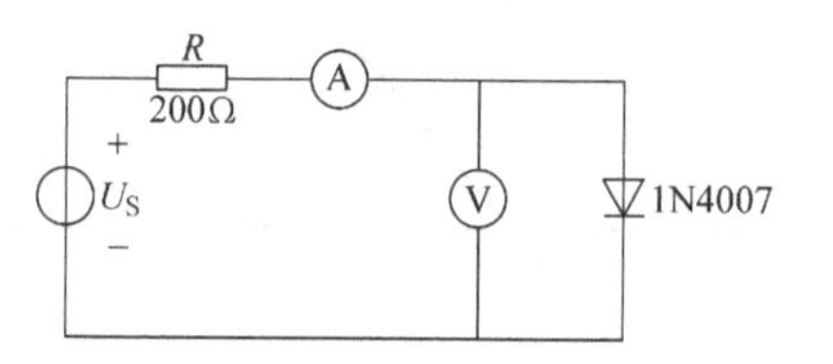

图 2-5　半导体二极管伏安特性线路图

表 2-4　线性电阻伏安特性数据记录表

U/V	0	2	4	6	8	10
I/mA						

表 2-5　二极管正向特性数据记录表

I/mA	0	0.01	0.1	0.5	1	2	3	4	5	10	15	20	25
U/V													

2）反向特性：将图 2-6 中的二极管 1N4007 反接连线即可。经检查无误后，调节直流稳压电源的输出电压 U_S，使电压表读数分别为表 2-6 中所列数值，并将测量所得相应的电流值记入表 2-6 中。

表 2-6　二极管反向特性数据记录表

U/V	0	−5	−10	−15	−20	−25
I/mA						

（3）测定稳压二极管的伏安特性

1）正向特性：将图 2-5 中的二极管 1N4007 换成稳压二极管 2CW51（最大电流为 20mA）即可。经检查无误后，调节直流稳压电源的输出电压 U_S，使电压表读数分别为表 2-7 中所列数值，并将测量所得相应的电流值记入表 2-7 中。

表 2-7　稳压二极管正向特性数据记录表

U/V	0	0.2	0.4	0.45	0.5	0.55	0.60	0.65	0.70	0.75
I/mA										

2）反向特性：将正向特性实验图中的稳压二极管 2CW51 反接连线即可。经检查无误后，调节直流稳压电源的输出电压 U_S，使电压表读数分别为表 2-8 中所列数值，并将测量所得相应的电流值记入表 2-8 中。

表 2-8　稳压二极管反向特性数据记录表

U/V	0	−1.5	−2	−2.5	−2.8	−3	−3.2	−3.5
I/mA								

（4）测定理想电压源的伏安特性

按图2-6连线，R为限流电阻，R_L为直流稳压电源的负载。经检查无误后，调节直流稳压电源的输出电压$U_S=10V$，改变负载R_L阻值为表2-9中所列数值，并将测量所得相应的电压、电流值记入表2-9中。

（5）测定实际电压源的伏安特性

按图2-7连线，R为直流稳压电源的内阻，其与直流稳压电源串联组成一个实际电压源模型。其中负载电阻R_L仍然取600Ω、500Ω、400Ω、300Ω、200Ω、100Ω各值。实验步骤与前项相同，测量所得数据填入表2-10中。

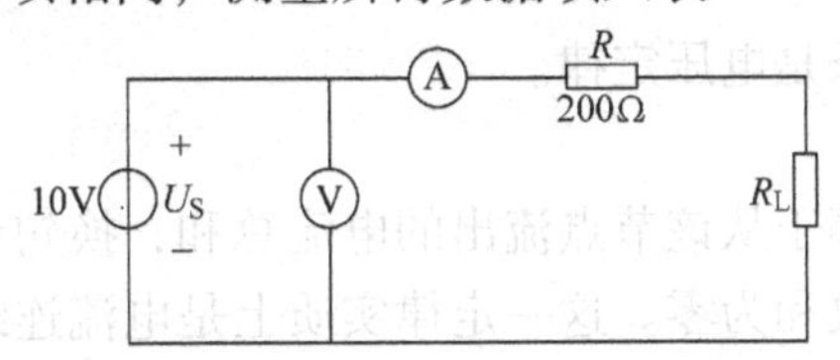

图2-6 理想电压源伏安特性线路图

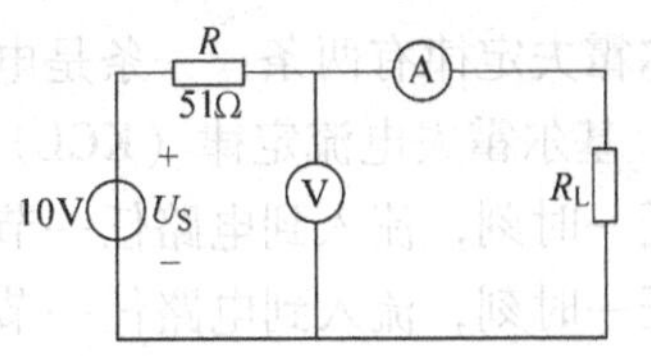

图2-7 实际电压源伏安特性线路图

表2-9 理想电压源伏安特性数据记录表

R_L/Ω	600	500	400	300	200	100
U/V						
I/mA						

表2-10 实际电压源伏安特性数据记录表

R_L/Ω	开路	600	500	400	300	200	100
U/V	10						
I/mA	0						

5. 实验报告要求

1）用坐标纸画出各元件的伏安特性曲线（其中二极管和稳压管的正、反向特性均要求画在同一张图中）。

2）根据实验结果，得出相应结论。

6. 注意事项

1）具体实验前，应先估算电压和电流值，合理选择仪表量程，勿使仪表超量程或正负极性接错。

2）测量二极管正向特性时，直流稳压电源输出应从0逐渐增大，并时刻注意电流表读数不得超过二极管要求的最大值。

3）测量理想电压源和实际电压源时，直流稳压电源的输出电压值必须由直流电压表测定无误后，再接入外电路。

2.3 基尔霍夫定律的验证

1. 实验目的

1）熟练掌握直流电流表的使用以及学会用电流插头、插座测量各支路电流的方法。

2）加深对基尔霍夫定律的理解。

2. 实验仪器及设备

1）电路分析实验箱

2）直流毫安表、直流电压表或数字万用表

3）直流稳压电源

3. 实验原理

基尔霍夫定律是电路理论中最基本的定律之一，它阐明了电路整体结构必须遵守的规律，应用极为广泛。

基尔霍夫定律有两条：一条是电流定律；另一条是电压定律。

（1）基尔霍夫电流定律（KCL）

在任一时刻，流入到电路任一节点的电流总和等于从该节点流出的电流总和，换句话说就是在任一时刻，流入到电路任一节点的电流的代数和为零。这一定律实质上是电流连续性的表现。运用这条定律时必须注意电流的方向，如果不知道电流的真实方向，可以先假设每一电流的正方向（也称参考方向），根据参考方向就可写出基尔霍夫的电流定律表达式。例如，图 2-8 所示为电路中某一节点 N，共有 5 条支路与它相连，5 个电流的参考正方向如图所示，根据基尔霍夫定律就可写出：$I_1+I_2+I_3=I_4+I_5$。如果把基尔霍夫定律写成一般形式，就是$\sum I=0$。显然，这条定律与各支路上接的是什么样的元件无关，不论是线性电路还是非线性电路，它是普遍适用的。电流定律原是运用于某一节点的，也可以把它推广运用于电路中的任一假设的封闭面，例如图 2-9 所示封闭面 *S* 所包围的电路有三条支路与电路其余部分相连接，其电流为I_1、I_2、I_3，$I_1+I_2+I_3=0$（设电流流出为正），因为对任一封闭面来说，电流仍然必须是连续的。

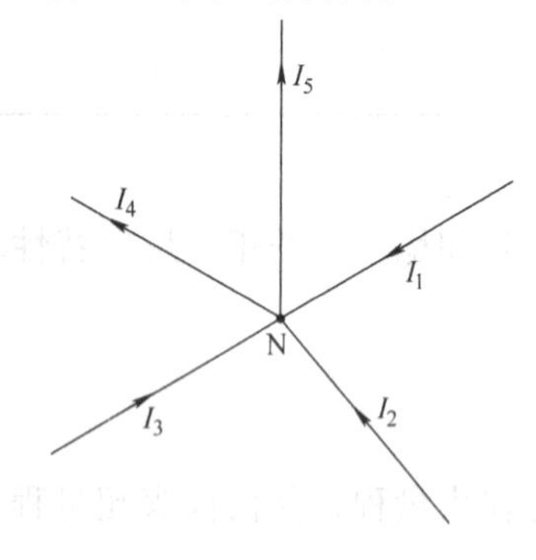

图 2-8　节点电流

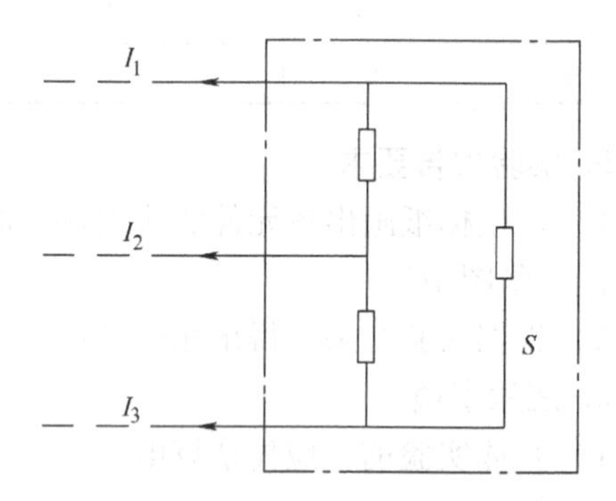

图 2-9　封闭面 *S*

（2）基尔霍夫电压定律（KVL）

在任一时刻，沿闭合回路电压降的代数和总等于零。把这一定律写成一般形式，即为$\sum U=0$，例如在图 2-10 所示的闭合回路中，电阻两端的电压参考正方向如箭头所示，如果从节点 a 出发，顺时针方向绕行一周又回到 a 点，便可写出：$U_1+U_2+U_3-U_4-U_5=0$。显然，基尔霍夫电压定律也是和沿闭合回路上元件的性质无关，因此，不论是线性电路还是非线性电路，它是普遍适用的。电压定律原只适用于闭合面，也可以把它推广到任一非闭合面，例如图 2-11 该图由三个电阻元件和三个电压源元件组成，a、b 两点之间断开，构成一个非闭合面，可以对该非闭合面列写基尔霍夫电压方程，方程为 $u_{ab}+u_{S3}+i_3R_3-i_2R_2-u_{S2}-i_1R_1-u_{S1}=0$。可见，对于非闭合面依然可以列出基尔霍夫电压方程。

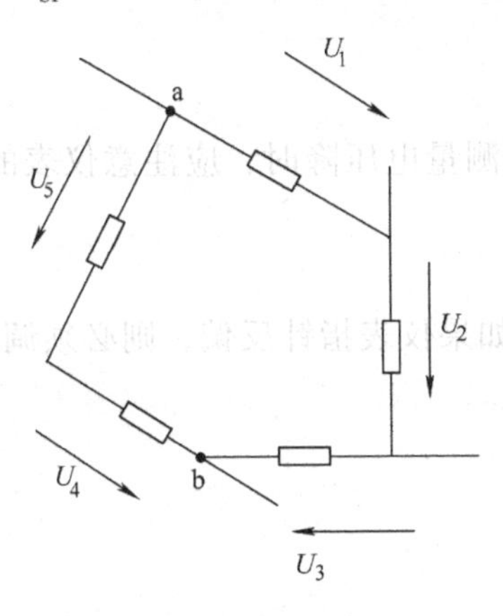

图 2-10 闭合回路

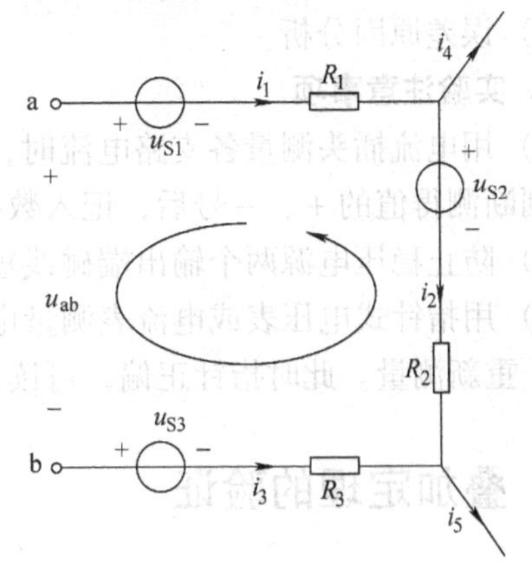

图 2-11 非闭合回路

4. 实验内容及步骤

按照图 2-12 所示实验电路验证基尔霍夫两条定律（此为参考图，实际实验时，电路拓扑图和阻值可自由选择，以验证基尔霍夫定律为最终目的）。

1）实验前先任意设定三条支路和三个闭合回路的电流正方向。图 2-12 中的 I_1、I_2、I_3 的方向已设定。三个闭合回路的电流正方向可设为 ADEFA、BADCB 和 FBCEF。

2）分别将两路直流稳压源接入电路，令 $U_{S1}=6\text{V}$，$U_{S2}=12\text{V}$。

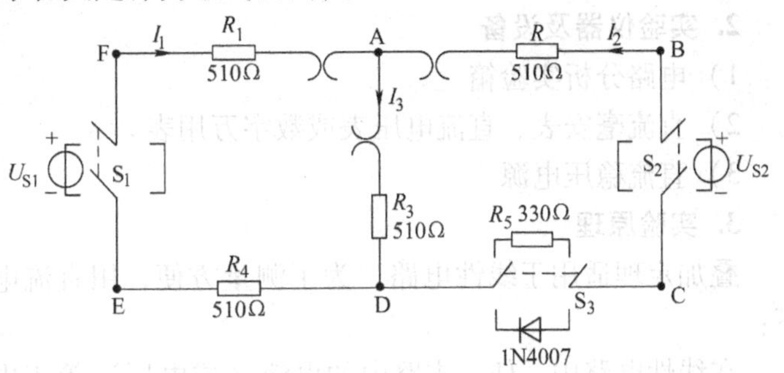

图 2-12 基尔霍夫定律测试电路

3）熟悉电流插头的结构，将电流插头的两端接至数字毫安表的“+、-”两端。

4）将电流插头分别插入三条支路的三个电流插座中，读出并记录电流值。

5）用直流数字电压表分别测量两路电源及电阻元件上的电压值并记录。

实验结果（见表 2-11）。

表 2-11 基尔霍夫定律的验证

被测量	I_1/mA	I_2/mA	I_3/mA	U_{S1}/V	U_{S2}/V	U_{EA}/V	U_{AB}/V	U_{AD}/V	U_{CD}/V	U_{DE}/V
计算值										
测量值										
相对误差										

5. 实验报告要求

1）根据实验数据，选定节点 A，验证 KCL 的正确性。

2）根据实验数据，选定实验电路中的任一个闭合回路，验证 KVL 的正确性。

3）将支路和闭合回路的电流方向重新设定，重复 1）、2）两项验证。

4）误差原因分析。

6. 实验注意事项

1）用电流插头测量各支路电流时，或者用电压表测量电压降时，应注意仪表的极性，正确判断测得值的 +、－号后，记入数据表格。

2）防止稳压电源两个输出端碰线短路。

3）用指针式电压表或电流表测量电压或电流时，如果仪表指针反偏，则必须调换仪表极性，重新测量。此时指针正偏，可读得电压或电流值。

2.4　叠加定理的验证

1. 实验目的

1）验证叠加定理。

2）正确使用直流稳压电源和数字万用表。

3）掌握支路电流和电压的测量方法。

4）加深对线性电路的叠加性和齐次性的认识和理解。

2. 实验仪器及设备

1）电路分析实验箱

2）直流毫安表、直流电压表或数字万用表

3）直流稳压电源

3. 实验原理

叠加定理适用于线性电路，为了测量方便，用直流电路来验证它。叠加定理可简述如下：

在线性电路中，任一支路中的电流（或电压）等于电路中各个独立源分别单独作用时在该支路中产生的电流（或电压）代数和。所谓一个电源单独作用是指除了该电源外其他所有电源的作用都去掉，即理想电压源所在处用短路代替，理想电流源所在处用开路代替，但保留它们的内阻，电路结构也不作改变。

由于功率是电压或电流的二次函数，因此叠加定理不能用来直接计算功率。例如在图 2-13 中

$$I_1 = I_1' + I_1''$$
$$I_2 = I_2' + I_2''$$
$$I_3 = I_3' + I_3''$$

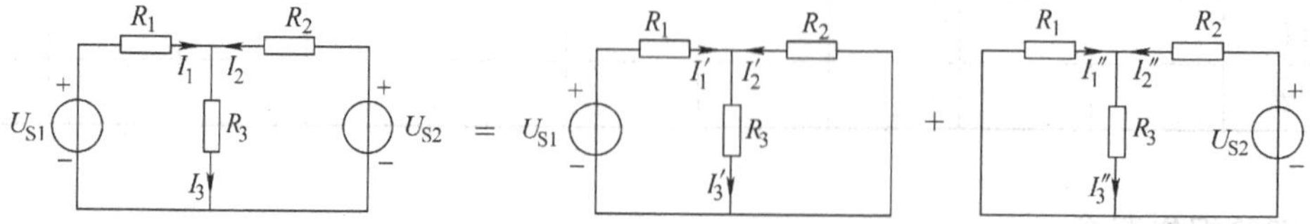

图 2-13　叠加定理原理图

显然

$$P_{R1} \neq I_1'^2 R_1 + I_1''^2 R_1$$

线性电路的齐次性是指当所有激励源（电压源和电流源）都同时增大或缩小时，响应（电压和电流）也将同样增大或缩小。

4. 实验内容及步骤

1）完成叠加定理电路的连接和测量。按图 2-14 接线，接通已调好的直流电源上，图中：$U_{S1}=6V$，$U_{S2}=4V$。

2）令 U_{S1} 电源单独作用，测量各支路电流与各段电压，填入表 2-12 中。

3）令 U_{S2} 电源单独作用，再次测量各支路电流与各段电压，填入表 2-12 中。

4）令 $2U_{S2}=8V$，并且单独作用时，测量各支路电流与各段电压，填入表 2-12 中，验证齐性定理。

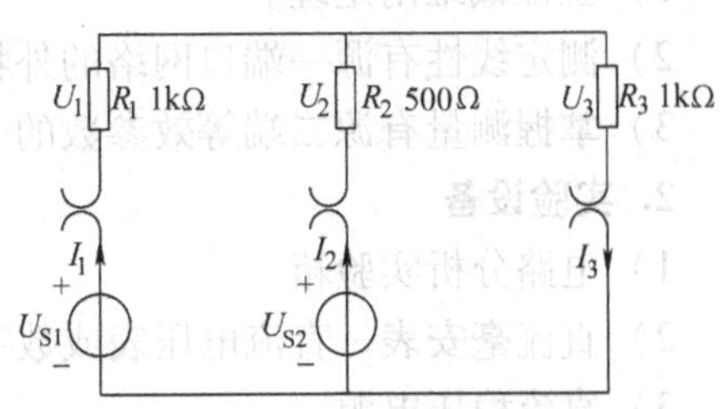

图 2-14　叠加定理实验电路图

5）令 U_{S1}、U_{S2} 共同作用，测量各支路电流与各段电压，填入表 2-12 中。

6）把测得的数据根据叠加定理的内容进行分析、计算、比较，从而验证叠加定理的正确性。

7）若把电路中任意一个电阻改成二极管，重复步骤 2）~6），根据测得的数据验证非线性电路不满足叠加定理和齐次性。

表 2-12　验证叠加定理

测量值 / 条件	U_{S1}/V	U_{S2}/V	I_1/A	I_2/A	I_3/A	U_1/V	U_2/V	U_3/V
U_{S1} 单独作用								
U_{S2} 单独作用								
$2U_{S2}$ 单独作用								
$U_{S1}U_{S2}$ 共同作用								

5. 实验报告要求

1）根据实验数据表格，进行分析、比较、归纳、总结实验结论，即验证线性电路的叠加性与齐次性。

2）各电阻器所消耗的功率能否用叠加定理计算得出？试用上述实验数据，进行计算并作结论。

3）用实验数据验证支路的电流是否符合叠加定理，并对实验误差进行适当分析。

6. 实验注意事项

1）叠加定理中 U_{S1}、U_{S2} 分别单独作用，在实验中应如何操作？可否直接将不作用的电源（U_{S2} 或 U_{S2}）短接？

2）实验电路中，若有一个电阻器改为二极管，试问叠加定理的叠加性与齐次性还成立吗？为什么？

3）用电流插头测量各支路电流时，应注意仪表的极性及数据的记录。

4）及时转换仪表量程。

2.5 戴维南定理的验证

1. 实验目的

1）验证戴维南定理。

2）测定线性有源一端口网络的外特性和戴维南等效电路的外特性。

3）掌握测量有源二端等效参数的一般定理。

2. 实验设备

1）电路分析实验箱

2）直流毫安表、直流电压表或数字万用表

3）直流稳压电源

3. 实验原理

戴维南定理指出：任一有源二端线性网络 A，对于外电路而言，可以用一个电压源和电阻串联的组合模型来代替，电压源的源电压 U_S 为有源二端线性网络的开路电压 U_{oc}，电阻 R_S 为有源二端网络除源后的等效电阻 R_{eq}，如图 2-15 所示。

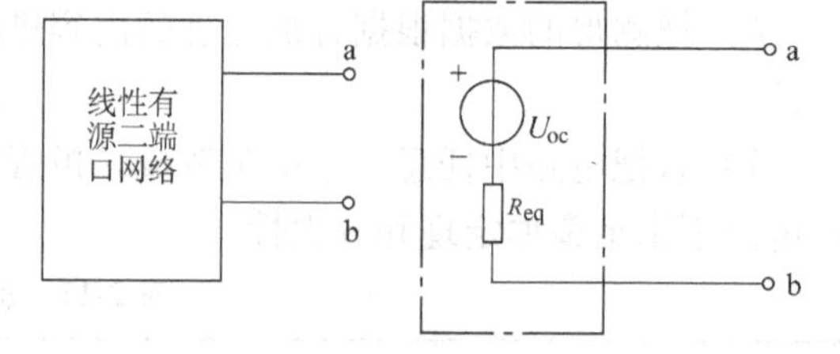

图 2-15　戴维南定理原理图

（1）开路电压的测量方法

方法一：直接测量法。当有源二端网络的等效电阻 R_{eq} 与电压表的内阻 R_i 相比可以忽略不计时，可以直接用电压表测量开路电压。

方法二：补偿法。其测量电路如图 2-16 所示，U_S 为高精度的标准电压源，R 为标准分压电阻箱，P 为高灵敏度的检流计。调节电阻箱的分压比，c、d 两端的电压随之改变，当 $U_{cd}=U_{ab}$ 时，流过检流计 P 的电流为零，因此

$$U_{cd}=U_{ab}=\frac{R_2}{R_1+R_2}U_S=kU_S$$

式中，k 为电阻箱的分压比，$k=\dfrac{R_2}{R_1+R_2}$。

根据标准电压 U_S 和分压比 k 就可求得开路电压 U_{ab}，因为电路平衡时 $I_P=0$，不消耗电能，所以此法测量精度较高。

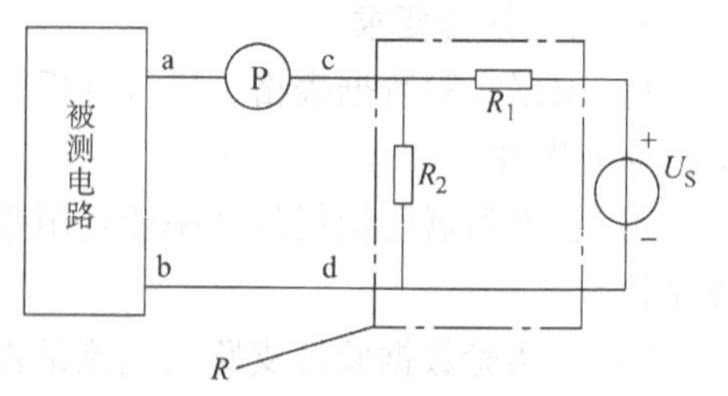

图 2-16　补偿法测开路电压

方法三：零示法。在测量具有高内阻有源二端网络的开路电压时，用电压表直接测量会造成较大的误差。为了消除电压表内阻的影响，往往采用零示测量法，如图 2-17 所示。

零示法测量原理是用一低内阻的稳压电源与被测有源二端网络进行比较，当稳压电源的输出电压与有源二端网络的开路电压相等时，电压表的读数将为“0”。然后将电路断开，测量此时稳压电源的输出电压，即为被测有源二端网络的开路电压。

（2）等效电阻 R_{eq} 的测量方法

对于已知的线性有源一端口网络，其入端等效电阻 R_{eq} 可以从原网络计算得出，也可以通过实验测出，下面介绍几种测量方法：

方法一：将有源二端网络中的独立源置零，在 ab 端外加一已知电压 U，测量一端口的总电流 $I_{总}$，则等效电阻 $R_{eq}=\frac{U}{I_{总}}$。

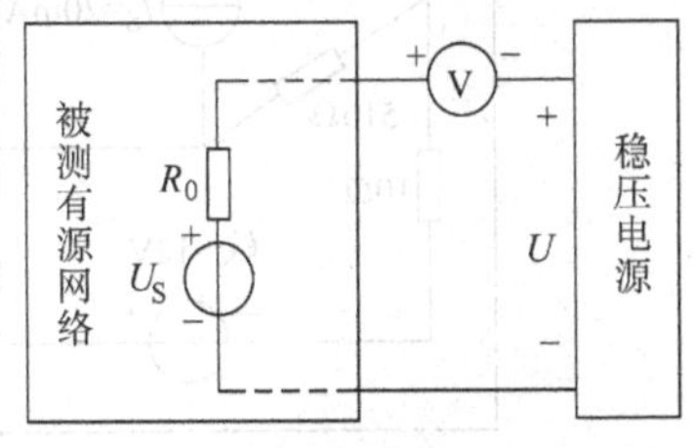

图 2-17 零示法测开路电压

实际的电压源和电流源都具有一定的内阻，它并不能与电源本身分开，因此在去掉电源的同时，也把电源的内阻去掉了，无法将电源内阻保留下来，这将影响测量精度，因而这种方法只适用于电压源内阻小和电流源内阻较大的情况。

方法二：开路电压、短路电流法测内阻。测量 ab 端的开路电压 U_{oc} 及短路电流 I_{sc} 则等效电阻

$$R_{eq}=\frac{U_{oc}}{I_{sc}}$$

这种方法适用于 ab 端等效电阻 R_{eq} 较大，而短路电流不超过额定值的情形，否则有损坏电源的危险。

方法三：半电压测量法。如图 2-18 所示，当负载电压为被测网络开路电压的一半时，负载电阻（由电阻箱的读数确定）即为被测有源二端网络的等效内阻值。

方法四：伏安法。用电压表、电流表测出有源二端网络的外特性曲线，如图 2-19 所示。根据外特性曲线求出斜率 $\tan\varphi$，则内阻

$$R_{eq}=\tan\varphi=\frac{\Delta U}{\Delta I}=\frac{U_{oc}}{I_{sc}}$$

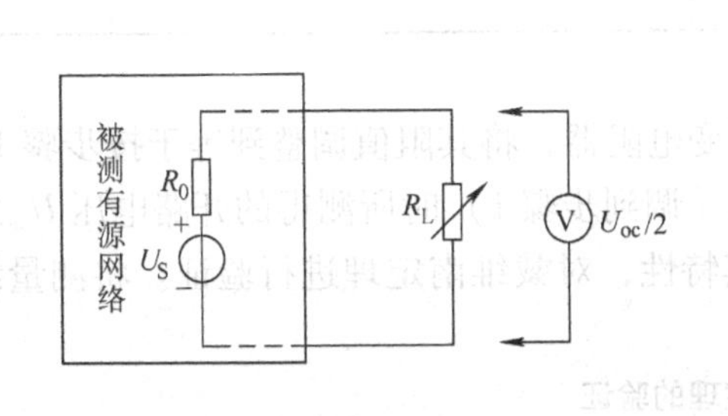

图 2-18 半电压测量法

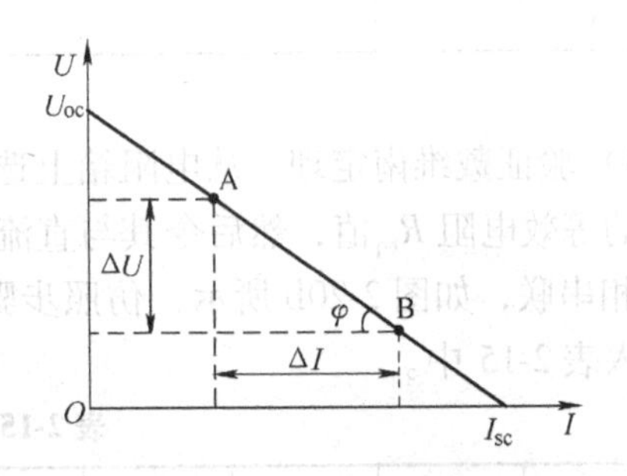

图 2-19 伏安法测等效电阻

也可以先测量开路电压 U_{oc}，再测量电流为额定值 I_N 端电压值 U_N，则内阻为

$$R_{eq}=\frac{U_{oc}-U_N}{I_N}$$

4. 实验内容与步骤

被测有源二端网络如图 2-20a 所示。

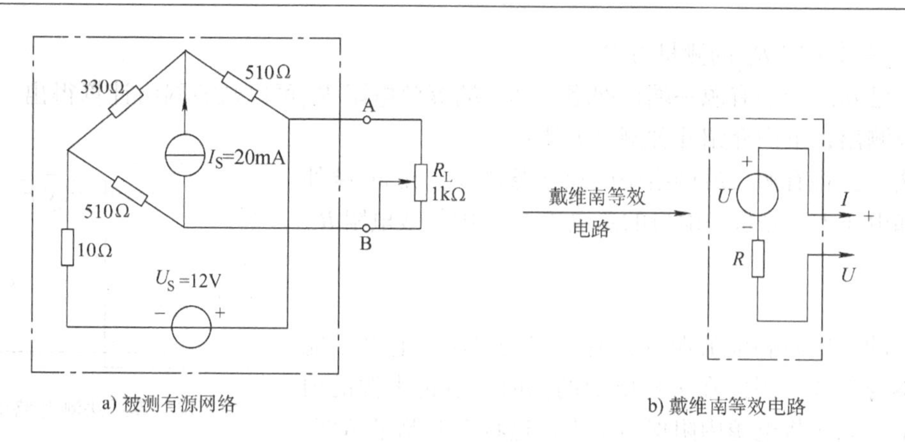

a) 被测有源网络　　b) 戴维南等效电路

图 2-20　有源网络与戴维南电路

1）用开路电压、短路电流法测戴维南等效电路的开路电压 U_{oc} 和内阻 R_{eq}。在图 2-20a 电路接入稳压源 $U_S = +12V$ 和恒流源 $I_S = 20mA$，不接入可变电阻 R_L 测 U_{oc}，再短接 R_L 测 I_{sc}，则 $R_{eq} = U_{oc}/I_{sc}$。将值记入表 2-13（测 U_{oc}时不接入毫安表）中。

表 2-13　开路电压、短路电流法测戴维南参数

U_{oc}/V	I_{sc}/A	$R_0 = U_{oc}/I_{sc}$

2）负载实验。按图 2-20a 接入 R_L。改变 R_L 阻值，测量有源二端网络的外特性。将测量值记入表 2-14 中。

表 2-14　负 载 实 验

R_L/Ω	990	900	800	700	600	500	400	300	200	100
U/V										
I/mA										

3）验证戴维南定理。从电阻箱上选择一个可变电阻器，将其阻值调整到等于按步骤 1）所得的等效电阻 R_{eq}值，然后令其与直流稳压电源［调到步骤 1）时所测得的开路电压 U_{oc}之值］相串联，如图 2-20b 所示，仿照步骤 2）测其特性，对戴维南定理进行验证。将测量结果记入表 2-15 中。

表 2-15　戴维南定理的验证

R_L/Ω	990	900	800	700	600	500	400	300	200	100
U/V										
I/mA										

4）测定有源二端网络等效电阻（又称入端电阻）的其他方法：在图 2-20a 中将被测有源网络内的所有独立源置零（将电流源 I_S 去掉，也去掉电压源，并在原电压端所接的两点用一根短路导线相连），然后用伏安法或者直接用万用表的欧姆档区测定负载 R_L 开路后 A、

B两点间的电阻，此即为被测网络的等效内阻 R_{eq}。将数据记入自拟的表格中。

5）用半电压法和零示法测量被测网络的等效内阻 R_{eq} 及其开路电压 U_{oc}。将数据记入自拟的表格中。

5. 实验报告要求

1）应用戴维南定理，根据实验数据计算 R_3 支路的电流 I_3，并与计算值进行比较。

2）在同一坐标纸上作出两种情况下的外特性曲线，并作适当分析，判断戴维南定理的正确性。

6. 实验注意事项

1）注意测量时，电压表量程的变换。

2）步骤4）中，电源置零时不可将稳压源短接。

3）用万用表直接测量 R_{eq} 时，网络内的独立源必须先置零，以免损坏万用表。其次，欧姆档必须经调零后再进行测量。

4）改线接线时，要关掉电源。

5）用零示法测量开路电压 U_{oc} 时，应先将稳压电源的输出调至接近于 U_{oc}，再按图2-17接线。

2.6　特勒根定理的验证

1. 实验目的

1）加深对特勒根定理的理解。

2）了解特勒根定理的适用范围和验证方法。

3）学习设计验证特勒根定理的实验方案。

2. 实验设备

1）电路分析实验箱

2）直流毫安表、直流电压表或数字万用表

3）直流稳压电源

3. 实验原理

特勒根定理是由基尔霍夫定律导出的一个电路普遍定理。它和基尔霍夫定律一样与网络元件的特性无关。特勒根定理不仅适用于某网络的一种工作状态，而且适用于同一网络的两种不同工作状态，以及拓扑图相同的两个不同网络。因此，它是适用于任何具有线性和非线性、时变和非时变元件组成的网络。该定理有以下两个内容：

定理1：对于一个具有 n 个节点和 b 条支路的集总参数电路网络，设其支路电压 u_k 和支路电流 i_k 为关联参考方向，则对任何时间 t 有

$$\sum_{k=1}^{b} u_k i_k = 0$$

这个定理实质上是功率守恒的数学表达式，它表明任何一个电路的全部支路吸收的功率之和恒等于0，体现了能量守恒这一物理现象。

定理2：对于两个不同的网络 N 和 $\hat{N}$，其拓扑图相同，各有 b 条支路，设网络 N 的支路

电压为 u_k，支路电流为 i_k，$\hat{N}$ 网络的支路电压、支路电流分别为 $\hat{u}_k$ 和 $\hat{i}_k$，且各网络中支路上的电压与电流为关联参考方向，则

$$\sum_{k=1}^{b} u_k \hat{i}_k = 0 \text{ 和 } \sum_{k=1}^{b} i_k \hat{u}_k = 0$$

该定理不能用功率守恒来解释，但它仍有功率之和的形式，所以又称为拟功率守恒定理。

特勒根定理本质上是能量守恒原理的表现形式。在直流电路中，可以直接用电压表、电流表测量有关支路上的电压、电流值来验证特勒根定理。

4. 实验内容及步骤

（1）验证特勒根定理 1

实验电路如图 2-21a 所示，取 $R_1=100\Omega$、$R_2=200\Omega$、$R_3=680\Omega$、$R_4=1\text{k}\Omega$、$R_5=1\text{k}\Omega$、$R_6=2\text{k}\Omega$；电源电压 $U_{S1}=12\text{V}$、$U_{S2}=5\text{V}$，电压、电流取关联参考方向。测试各支路电压 U 和各电流支路 I，填入表 2-16 中，验证特勒根定理内容 1。

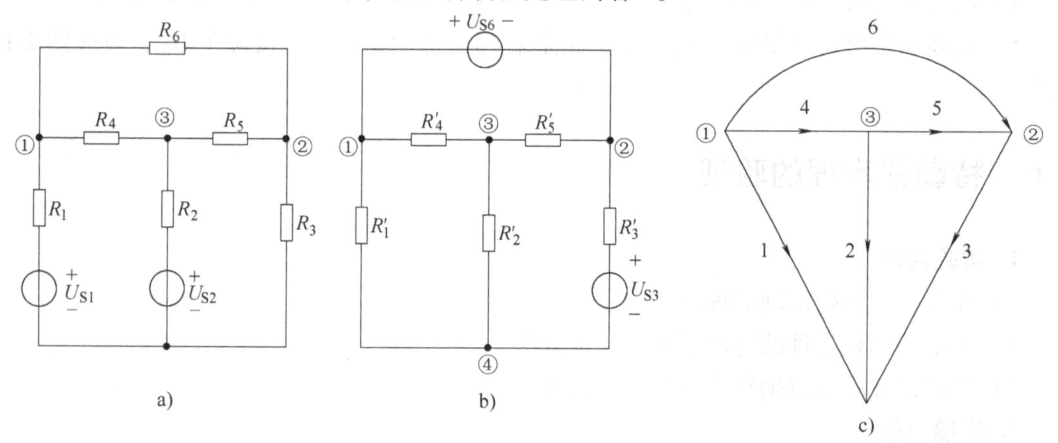

图 2-21　特勒根定理实验电路

表 2-16　验证特勒根定理 1 的实验数据

测量值	支路						
	1	2	3	4	5	6	ΣP
U/V							
I/mA							
P/W							

（2）验证特勒根定理 2

实验电路如图 2-21a、b 所示，图 a 参数如步骤（1）或自行给定参数，图 b 取 $R_1'=100\Omega$、$R_2'=200\Omega$、$R_3'=680\Omega$、$R_4'=500\Omega$、$R_5'=1000\Omega$；电源电压 $U_{S3}=12\text{V}$、$U_{S6}=5\text{V}$（也可自行给定参数），两个电路中电压、电流取关联参考方向。测试所需支路电压和支路电流，填入表 2-17 中，验证特勒根定理内容 2。

表 2-17　验证特勒根定理2的实验数据

测量值	支　路						
	1	2	3	4	5	6	ΣP
U/V							
$\hat{I}$/mA							
$\hat{P}$/W							
$\hat{U}$/V							
I/mA							
P/W							

（3）若将 R_3' 换成二极管，其余元件的参数同步骤（2）。测量所需数据，画出实验表格，验证特勒根定理2。

5. 实验报告要求

1）根据测量的实验数据填写数据表格。

2）由测得的数据验证两个定理。

3）分析研究实验数据，得出实验结论。

4）本次实验的主要收获、体会及存在的问题。

6. 实验注意事项

1）特勒根定理与元件性质无关。

2）特勒根定理只要求 u_k、i_k 在数学上受到一定的约束，而并不要求它们代表某一物理量，所以特勒根定理不仅适用于同一网络的同一时刻，也适用于不同时刻及不同的网络（但要求具有相同拓扑图）。

3）测量和记录时，应注意电压和电流的实际方向。

4）测量某一支路电流时，应将电流表串接与该支路中。由于待测电流通过电流表，电流表的内阻会造成一定的压降，引起待测电路中工作电流的变化，造成测量误差。电流表的量程越小，内阻越大，造成的误差越大。

5）当测量电压时，电压表与被测部分并联，即使电压表内阻很大，也会从被测电路分流，引起电路工作状态改变，造成测量误差。电压表内阻越高，被测电路受到的影响越小，引起的误差也越小。

2.7　电压源与电流源等效变换及最大功率传输条件

1. 实验目的

1）理解理想电流源和理想电压源的外特性。

2）理解实际电流源和实际电压源的外特性。

3）验证电压源与电流源相互进行转换的条件。

4）掌握电源外特性的测试方法。

5）负载获得最大功率传输的条件。

2. 实验设备

1）电路分析实验箱

2）直流毫安表、直流电压表或数字万用表

3）稳压源和稳流源

3. 实验原理

（1）理想电压源和理想电流源的外特性

在电工理论中，理想电源除理想电压源之外，还有另一种电源，即理想电流源。理想电流源在接上负载后，当负载电阻变化时，该电源供出的电流能维持不变。理想电压源接上负载后，当负载变化时其输出电压保持不变。其理想电源的外特性曲线如图 2-22 所示。

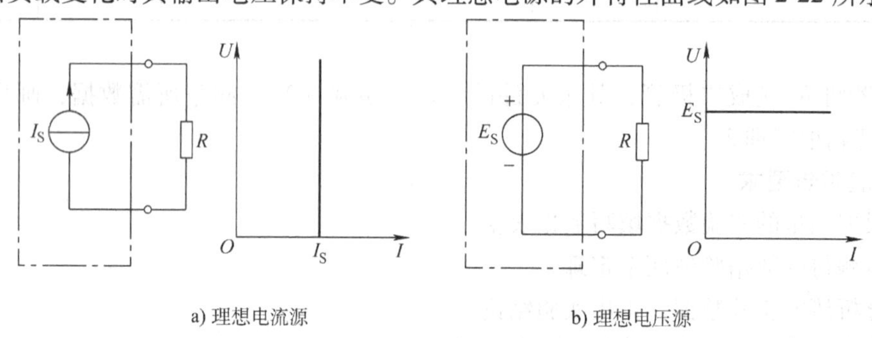

图 2-22　理想电源的外特性曲线

（2）实际电源的外特性

在工程实际上，绝对的理想电源是不存在的，但有一些电源其外特性与理想电源极为接近，可以近似地将其视为理想电源。

一个实际电源，就其外部特性而言，既可以看成是电压源，又可以看成是电流源。电流源用一个理想电流源 I_S 与一电导 G_0 并联的组合来表示；电压源用一个理想电压源 E_S 与一电阻 R_0 串联组合来表示。图 2-23 和图 2-24 框内是一个实际的电压源与一个实际的电流源，它们向相同的负载供出同样大小的电流 I，而电源的端电压 U 也相等，那么这个电压源和电流源是等效的，即电压源与其等效电流源有相同的外特性。一个电压源与一个电流源相互进行等效转换的条件为

$$I_S=\frac{E_S}{R_0},\ G_0=\frac{1}{R_0}\text{或}\ E_S=\frac{I_S}{G_0},\ R_0=\frac{1}{G_0}$$

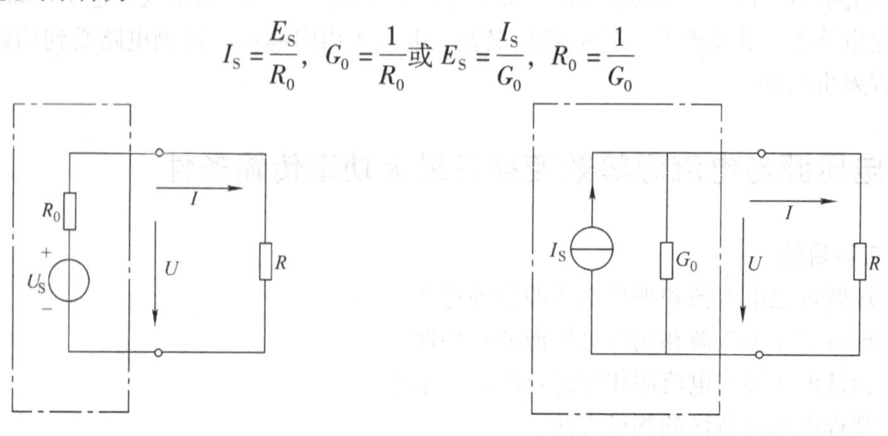

图 2-23　实际电压源　　图 2-24　实际电流源

(3) 一个实际的电压源或电流源，不但它们可以互相等效转换，而且也能进行串联、并联或混联，电压源串联时其等效电压源的电动势为各电压源电动势的代数和，其等效内阻为各电压源内阻之和，即

$$E_0 = \sum_{k=1}^{n} E_k \qquad R_0 = \sum_{k=1}^{n} R_k$$

式中，E_k 和 E_0 同方向时为正，反方向时为负。

多个电流源并联时，其等效电流源的电流为各电流源电流的代数和，其等效电导为各电流源内电导之和，即

$$I_0 = \sum_{k=1}^{n} I_k \qquad G_0 = \sum_{k=1}^{n} G_k$$

式中，I_0 和 I_k 同方向时为正，反方向时为负。

(4) 在实际问题中，有时需要研究负载在什么条件下能获得最大功率。这类问题可以归结为一个一端口向负载输送功率的问题。根据戴维南定理，最终可以简化为图 2-25 所示的电路来进行研究。图中 $\dot{U}_S$ 为等效电源的电压相量（即一端口的开路电压相量），$Z_1 = R_1 + jX_1$ 为戴维南等效阻抗，$Z_2 = R_2 + jX_2$ 为负载的等效阻抗。

根据上述的等效电路，负载吸收的功率为

$$P = R_2 I^2 = \frac{R_2 U_S^2}{(R_1 + R_2)^2 + (X_1 + X_2)^2}$$

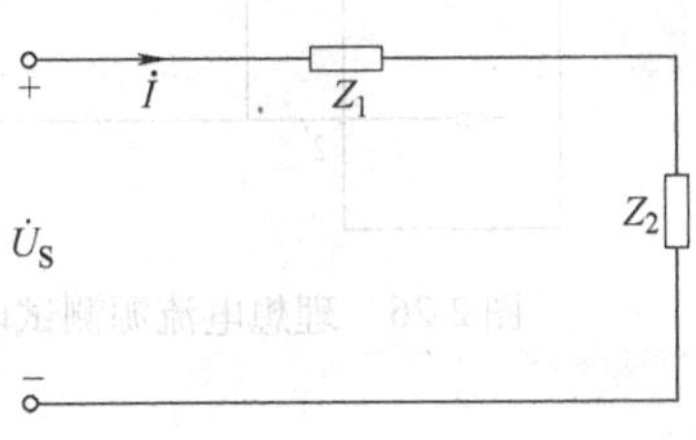

图 2-25 测试电路

从上式可以看出，获得最大功率的条件要根据允许改变哪些参数而定。一般来讲，U_S、R_1 和 X_1 是不变的，若 R_2 和 X_2 均能随意改变，此时获得最大功率的条件是

$$(X_1 + X_2)^2 = 0$$

$$\frac{dP}{dR_2} = \frac{(R_1 + R_2)^2 - 2R_2(R_1 + R_2)}{(R_1 + R_2)^4} = 0$$

$$(R_1 + R_2)^2 - 2R_2(R_1 + R_2) = 0$$

由此可得

$$X_2 = -X_1,\ R_2 = R_1$$

$$Z_2 = R_2 + jX_2 = R_1 - jX_1 = Z_1^*$$

这一条件称为最佳匹配，此时的最大功率为

$$P = \frac{U_S^2}{4R_1}\bigg|_{R_1 = R_2, X_1 = -X_2}$$

4. 实验内容及其步骤

(1) 测量理想电流源的外特性

当负载电阻在一定的范围内变化时（注意必须使电流源两端的电压不超出额定值），电流基本不变，即可将其视为理想电流源。

1) 将一电阻箱 R 接至稳压、稳流源的输出端上，串联接入直流电流表，并联接入直流电压表，即接成图 2-26 的实验电路。

2) 实验时首先置电阻箱电阻 $R = 0$，调节直流电流源，使其输出电流 $I = 50\text{mA}$，测出此时电流源的端电压 U 和输出电流 I 记入表 2-18 中。

3) 改变电阻箱电阻 R，每改变 R 值记下 U 和 I，但应使 $R_{max} I \leqslant 20\text{V}$，此时数据记入表

2-18 中，即可得到理想电流源的外特性。

（2）测量理想电压源的外特性

当外接负载电阻在一定范围内变化时，电源输出电压基本不变，可将其视为理想电压源。

1）按图 2-26 接线，电阻箱 R 的值先放到 $R=9.8\text{k}\Omega$ 档。

2）调节可调直流电压源输出电压 10V，测此时电压源端电压 U 和输出电流 I，记入表 2-17 中。

3）慢慢改变电阻箱电阻，每改变一 R 值记下 U 和 I，将此数据一一记入表 2-19 中，即可得到理想电压源的外特性。

理想电压源测试电路如图 2-27 所示。

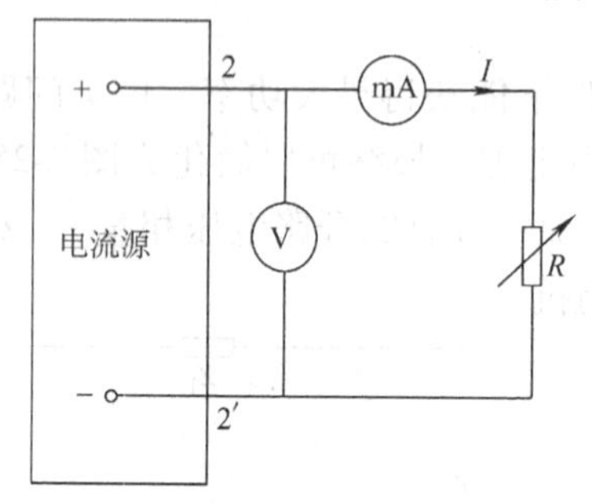

图 2-26　理想电流源测试电路

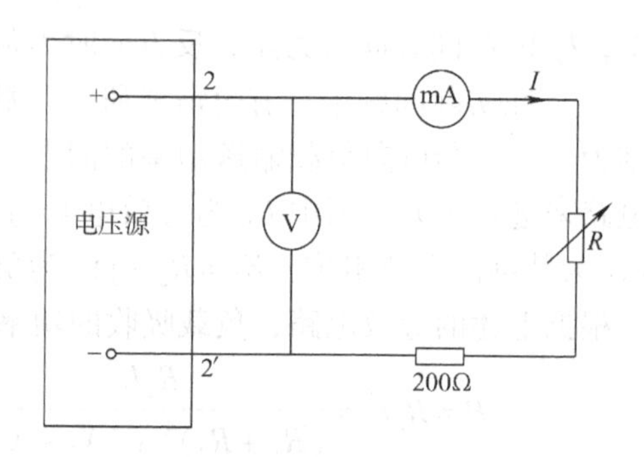

图 2-27　理想电压源测试电路

（3）验证实际电压源与电流源等效转换的条件

1）在实验中，已测得理想电流源的电流 $I_S=50\text{mA}$，若在其输出端 2 和 2′间并联一电阻 r_0（即 $g_0=1/r_0$）例如 1kΩ，从而构成一实际电流源，将此电流源接至负载电阻箱 R，并在电路中串联接入直流毫安表，并联接入直流电压表，即构成如图 2-28 所示实验电路。

2）改变电阻箱 R 的电阻值，每改变一个 R 值，在表 2-20 中记下相应的端电压 U 和输出电流 I，即可测出该实际电流源的外特性。

3）根据等效转换的条件，将电压源的输出电压调至 $E_S=I_S r_0$，并串接一个电阻 r_0，构成如图 2-29 所示的实际电压源，再将该电压源接至负载电阻箱 R，串联接入测量用直流电流表和并联接入直流电压表，即构成图 2-29 所示实验电路。

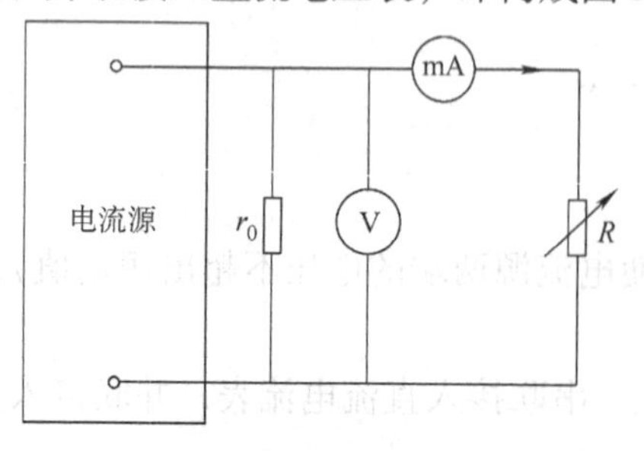

图 2-28　实际电流源测试电路

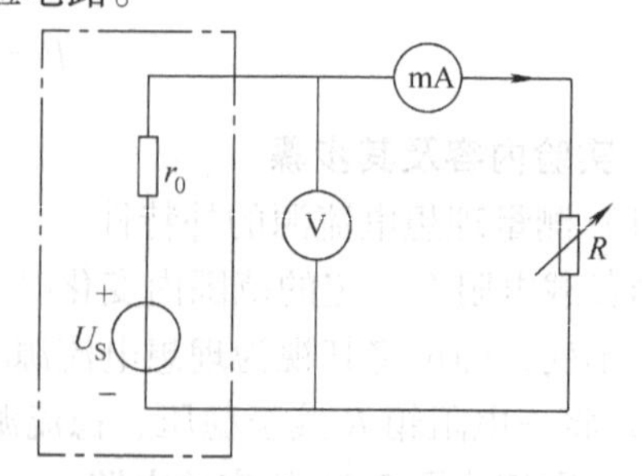

图 2-29　实际电压源测试电路

4）改变负载电阻 R，对应每一 R 值记下端电压和输出电流的值，即可测出实际电压源的外特性，将实验值记入表2-21中。在测量上述实际电压源和实际电流源外特性中，在实验中我们可以取两种情况下的负载电阻箱R的值一一对应相等，这样便于比较，看一看当R值相同时，两种情况下是否具有相同的电压与电流。

表2-18　理想电流源外特性

电阻R/Ω										
电流I/mA										
电压U/V										

表2-19　理想电压源外特性

电阻$R+1000\Omega$										
电压U/V										
电流I/mA										

表2-20　实际电流源外特性

电流I/mA										
电压U/V										
电阻R/Ω										

表2-21　实际电压源外特性

电流I/mA										
电压U/V										
电阻R/Ω										

5. 实验报告要求

1）绘出所测电流源及电压源的外特性曲线，包括理想电压源和理想电流源、实际电压源和实际电流源。

2）通过实验说明理想电压源和理想电流源能否等效互换？

6. 实验注意事项

1）在测电压源外特性时，不要忘记测空载时的电压值，测电流源外特性时，不要忘记测短路时的电流值。

2）换接电路时，必须关闭电源开关。

3）直流仪表的接入时应注意极性与量程。

4）实验过程中直流稳压电源不能短路，直流稳流电源不能开路，而且电源只能向外提供功率而不能吸收功率，以免损坏设备。

5）稳压源或稳流源通电初期，电源的输出不稳定，应稍等片刻再进行测量为宜。

第3章　交流电路实验

3.1　单相交流电路的测量及功率因数的提高

1. 实验目的

1）研究正弦稳态交流电路中电压、电流向量之间的关系。

2）熟悉荧光灯的接线和工作原理。

3）掌握功率表的使用方法。

4）掌握提高功率因数的方法，了解负载性质对功率因数的影响。

2. 实验仪器及设备

1）交流电压表、电流表、功率表

2）30W荧光灯、白炽灯、电容箱

3）单相交流电源

4）镇流器、辉光启动器

3. 实验原理

（1）在单相正弦交流电路中，用交流电流表测得各支路中的电流值，用交流电压表测得回路各元件两端的电压值，它们之间的关系满足相量形式的基尔霍夫定律，即

$$\sum \dot{I}=0 \qquad \sum \dot{U}=0$$

（2）如图3-1所示的RC串联电路，在正弦稳态信号$\dot{U}$的激励下，$\dot{U}_R$与$\dot{U}_C$保持有90°的相位差，即当阻值R改变时，$\dot{U}_R$的相量轨迹是一个半圆，$\dot{U}$、$\dot{U}_C$与$\dot{U}_R$三者形成一个直角形的电压三角形。R值改变时，可改变φ角的大小，从而达到移相的目的。

（3）提高功率因数通常是根据负载的性质在电路中接入适当的电抗元件，即接入电容器或电感器。由于实际的负载（如电动机、变压器等）大多为感性的，因此在工程应用中一般采用在负载端并联电容器的方法，用电容器中容性电流补偿感性负载中的感性电流，从而提高功率因数。这种方法也称为无功补偿。

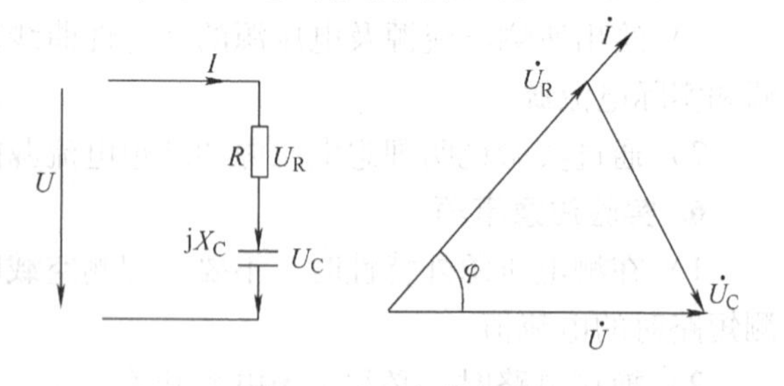

图3-1　RC串联电路

（4）荧光灯电路结构和工作原理

荧光灯电路简述：图3-2是荧光灯电路的接线图，它是由灯管、镇流器和辉光启动器等主要部件组成的。

1）灯管：荧光灯的灯管是一根玻璃管，在管的内壁均匀地涂有一层薄的荧光粉。灯管两端各有一个阳极和灯丝，灯丝是用钨丝绕制的，作用是发射电子。灯丝上焊有两根镍丝作为阳极，与灯丝具有同样电位，它有帮助管子点燃的作用。但主要的作用是它的电位为正

（即交流的正半波）时吸收部分的电子，以减少电子对灯丝的冲击。管内充有惰性气体和水银蒸气，当管内产生弧光放电时，会放射出紫外线，激励管壁上荧光粉，使它发出像日光的光线。

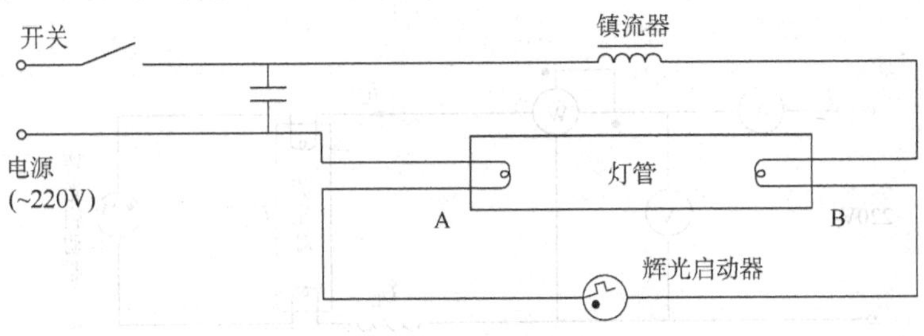

图 3-2 荧光灯接线图

2）辉光启动器：其构造是封在玻璃泡（内充惰性气体）内的一条双金属片和静触片，外带一个小电容器，同装在一个铝壳内。双金属片由两个膨胀系数相差很大的金属片粘合而成。辉光启动器的作用是与镇流器配合使荧光灯放电和点燃。

3）镇流器：镇流器是带铁心的电感线圈。其作用一是产生足够的自感电动势（即瞬时高压）使灯管放电；二是在正常情况下限制灯管电流（简称限流作用）。

下面具体说明荧光灯电路的工作原理。当荧光灯刚接通电源时，灯管尚未放电，辉光启动器的两个触点是断开的，电路中没有电流，电源电压全部加在辉光启动器上，使它的两端点间产生辉光放电。这时，电流通过灯丝、辉光启动器、镇流器构成电路，灯丝发热，放射出大量电子。启辉放电时产生大量的热量，使双金属片受热膨胀变曲而使两端点互相接触，导致放电熄灭。双金属冷却后，使动静触头断开，回路被切断。在触点被断开的瞬间，镇流器产生了相当高的自感电动势与电源电压一起加在灯管的两端，足以启动管内的水银蒸气放电。放电时辐射出的紫外线照到灯管内壁的荧光粉上，就发出可见光。

灯管放电后，一半以上的电压降落在镇流器上，灯管两端电压即启辉器两端点之间电压较低，不足以使辉光启动器放电。因此，它的触点不再闭合。

在灯管内，两端电极交替地起着阳极的作用。即 A 端电位为正时，B 端发射电子，而 A 端吸收电子；当 B 端电位为正时，A 端发射电子，而 B 端吸收电子。

荧光灯属感性负载。它工作时，不仅从电源吸收有功，还要吸收无功，且电路的功率因数较低。为提高功率因数，可并联电容器，当并联的电容值合适时，可使电路的总功率因数提高到接近 1，如果并联电容值过大，将引起过补偿而使整个电路成为容性电路。

4. 实验内容及步骤

（1）验证电压三角形关系

实验电路见图 3-1。适当选取电阻电容值，用交流电压表分别测量电阻上的电压 U_R，电容上的电压 U_C 及总电压 U 验证电压三角形关系。

（2）荧光灯电路参数的测定

按图 3-3 组成电路，按下闭合开关，使其输出电压缓慢增大，直到荧光灯刚启辉点亮为止，记下三表的指示值。然后将电压调至 220V，测量功率 P、电流 I、电压 U、U_L，U_A 等值，验证电压、电流相量关系并填入表 3-1 中。

（3）改善感性负载电路的功率因数

1）按图 3-4 所示接线，检查无误后接通电源，荧光灯正常工作后，开始测量数据。首先测出在不并联电容（$C=0$）的情况下感性负载的电压 U、电流 I、功率 P，记录在表 3-2 中。

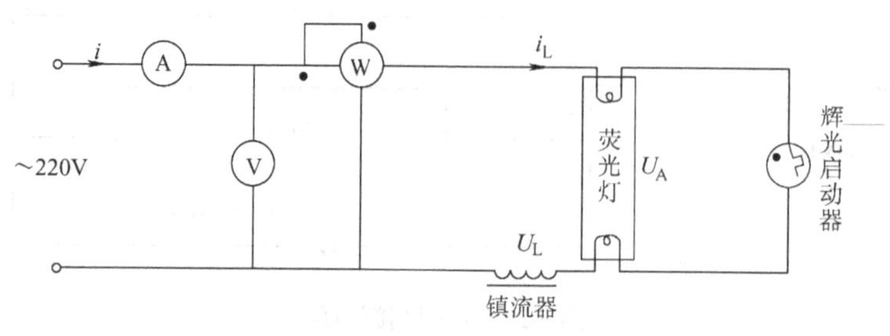

图 3-3　荧光灯电路参数的测定接线图

表 3-1　数据记录表

	测量数值				
	P/W	I/A	U/V	U_L/V	U_A/V
启辉值					
正常工作值					

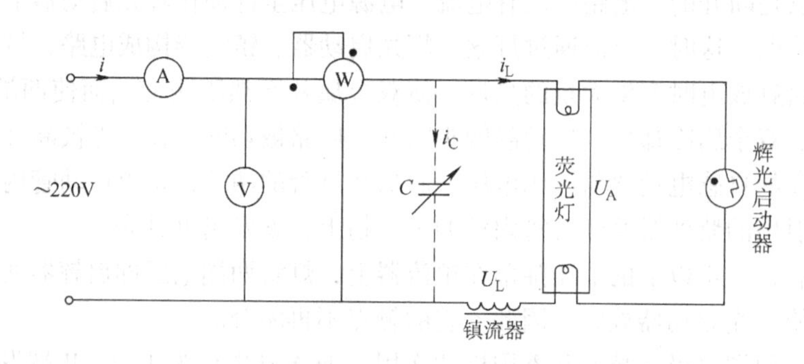

图 3-4　感性电路功率因数提高的实验电路

2）改变电容的值，测量 P、U、I、I_L、I_C 的值，找出最佳补偿电容 C，记录在表 3-2 中。

表 3-2　数据记录表

电容值	测量数据					
C/μF	P/W	U/V	I/A	I_L/A	I_C/A	$\cos\varphi$

5. 实验报告要求

1）根据表格中记录的实验数据，计算出不同电容 C 值时的 $\cos\varphi$ 值。

2）用坐标纸画出 $\cos\varphi=f(c)$ 的曲线，在同一坐标纸上再画出总电流 I 随电容 C 变化的曲线。

3）定性分析 $\cos\varphi=f(c)$ 非单调性的原因。

4）讨论改善电路功率因数的意义和方法。

6. 实验注意事项

1）按图正确接线，切勿将把220V 电源接到荧光灯管的两端，以免损坏灯管。

2）接通电源前，将电路中所有电容器的控制开关，放在 OFF 的位置上。

3）改变电容值时，尽可能测出 $\cos\varphi=1$（或接近于1）的数据。

3.2 *RC* 选频网络特性测试

1. 实验目的

1）熟悉文氏电桥电路的结构特点及其应用。

2）学会用交流毫伏表和示波器测定文氏电桥电路的幅频特性和相频特性。

2. 实验仪器及设备

1）双踪示波器

2）函数信号发生器

3）交流毫伏表

4）电阻、电容元件

3. 实验原理

文氏电桥电路是一个 R、C 的串、并联电路，如图3-5所示，该电路结构简单，被广泛应用于低频振荡电路的选频环节，可获得高纯度的正弦波电压。

1）用信号发生器的正弦输出信号作为图3-5的激励信号 u_i 并保持其有效值不变，改变输入信号频率 f，用交流毫伏表测出不同频率下输出端 u_o 的有效值，并以频率 f 为横轴，u_o 的有效值为纵轴，用光滑的曲线连接这些点，就得到该电路的幅频特性曲线。但是，习惯上常用归一化的方法描绘幅频特性曲线，即用 u_o/u_i 作为纵坐标，f 作为横坐标。文氏电桥的特点之一是输出电压幅度不仅随输入信号的频率而变，且还会出现一个与输入电压同相位的最大值。由电路图得该电路的网络函数为

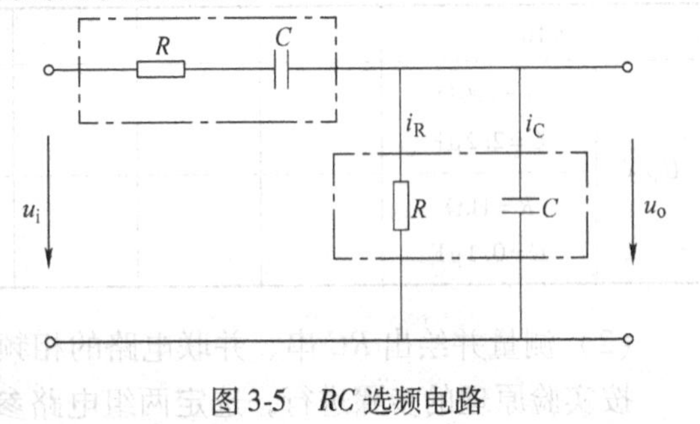

图3-5 *RC* 选频电路

$$H(\mathrm{j}\omega)=\frac{1}{3+\mathrm{j}[\omega RC-1/(\omega RC)]}$$

若 $\omega=\omega_0=\dfrac{1}{RC}$，则 $H(\mathrm{j}\omega)=\dfrac{1}{3}$，即 u_o 与 u_i 同相。其幅频特性曲线如图3-6所示，显然该电路具有带通特性。

2）将上述电路的输入与输出分别接到双踪示波器的两个输入端，改变输入正弦信号的频率f，且保持激励信号有效值不变。若两个波形的延时为Δt，信号的周期为T，则两波形间的相位差为

$$\varphi = \frac{\Delta t}{T} \times 360° = \varphi_0 - \varphi_i$$

将各个频率下的相位差画在以f为横轴、φ为纵轴的坐标图上，此图即为被测电路的相频特性曲线，如图 3-7 所示。

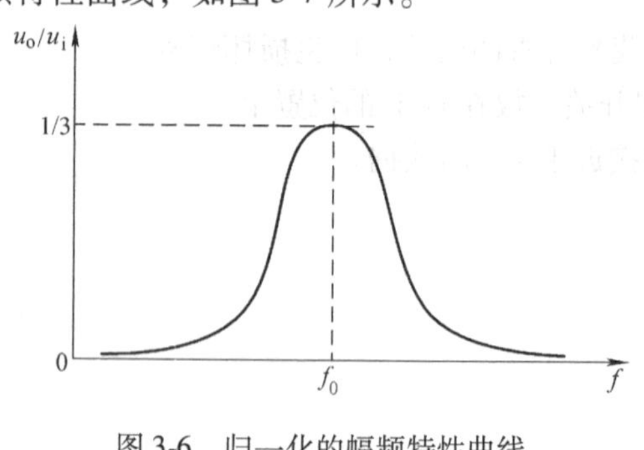

图 3-6　归一化的幅频特性曲线

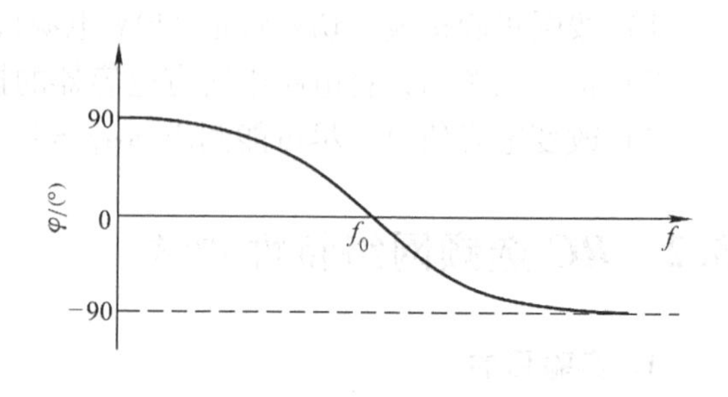

图 3-7　相频特性曲线

4. 实验内容及步骤

（1）测量并绘出 RC 串、并联电路的幅频特性曲线

1）按图 3-5 电路接线。选一组参数 $R = 200\Omega$，$C = 2.2\mu F$。

2）调节信号源，输出电压的有效值为 3V，正弦波接入图 3-5 的输入端。

3）改变信号源的频率f_0（由频率计读得），并保持$U_i = 3V$不变，测输出电压U_o。（可先测量$A = 1/3$的频率f_0，然后在f_0左右设置其他频率点，测量U_o）将测量数据填入表 3-3 中。

4）另选一组参数（$R = 1k\Omega$，$C = 0.1\mu F$）重复测量一组数据。将测量数据填入表 3-3 中。

表 3-3　幅频特性数据记录表

f/Hz										
U_o/V	$R = 200\Omega$ $C = 2.2\mu F$									
	$R = 1k\Omega$ $C = 0.1\mu F$									

（2）测量并绘出 RC 串、并联电路的相频特性曲线

按实验原理的步骤进行，选定两组电路参数进行测量，测量数据填入表 3-4 中。

表 3-4　相频特性数据记录表

f/Hz								
T/ms								
$R = 200\Omega$ $C = 2.2\mu F$	Δt/ms							
	φ							
$R = 1k\Omega$ $C = 0.1\mu F$	Δt/ms							
	φ							

5. 实验报告要求

1）根据实验数据，绘制幅频特性和相频特性曲线，找出最大值，并与理论计算值比较。

2）推导 RC 串并联电路的幅频、相频特性的数学表达式。

6. 实验注意事项

由于低频信号源有内阻，在调节输出频率时，应保证电路的输入电压维持不变。

3.3 *RLC* 串联电路的幅频特性与谐振现象

1. 实验目的

1）学习用实验方法绘制 RLC 串联电路的幅频特性曲线。

2）观察串联谐振现象，了解电路参数对谐振特性的影响。

3）掌握信号发生器和交流毫伏表的使用方法。

2. 实验仪器及设备

1）交流毫伏表

2）信号发生器

3）双踪示波器

4）电阻、电感、电容

3. 实验原理

（1）如图3-8所示的 RLC 串联电路，其端口上输入阻抗为

$$Z = R + \mathrm{j}[\omega L - 1/(\omega C)]$$

当 $\omega L = 1/(\omega C)$ 时，阻抗 $Z = R$，电路呈电阻性，此时电路进入一种特殊的工作状态，即串联谐振。电路发生串联谐振时，谐振角频率 $\omega_0 = 1/\sqrt{LC}$，谐振频率 $f_0 = \dfrac{1}{2\pi\sqrt{LC}}$。

由上可见，谐振频率仅与元件参数 L、C 有关，而与电阻 R 无关。

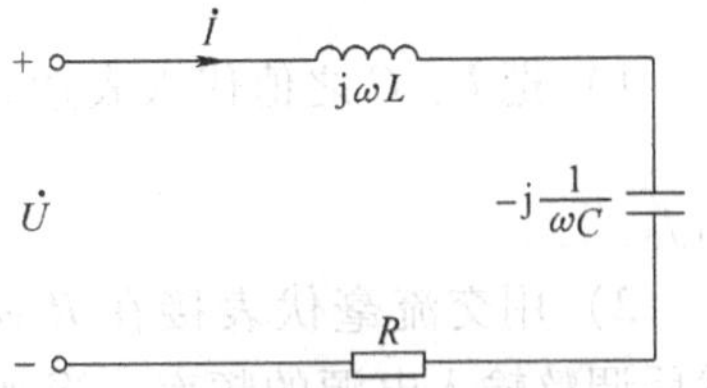

（2）串联谐振电路的特征

1）最突出的特征为电压与电流同相，电路呈电阻性。

2）谐振时，阻抗 $Z = R$，阻抗最小，在激励电压有效值不变的前提下，此时电流达最大值，即

图3-8 *RLC* 串联电路

$$I_0 = I(\omega_0) = \frac{U}{|Z(\omega_0)|} = \frac{U}{R}$$

3）电感电压与电容电压数值相等，相位相反。此时电感电压（或电容电压）为电源电压的 Q 倍，Q 称为品质因数，即

$$Q = \frac{U_{\mathrm{L}}}{U} = \frac{U_{\mathrm{C}}}{U} = \frac{\omega_0 L}{R} = \frac{1/(\omega_0 C)}{R} = \frac{1}{R}\sqrt{\frac{L}{C}}$$

在 L 和 C 为定值时，Q 值仅由电阻 R 的大小来决定。

（3）RLC 串联电路的电流是电源频率的函数，即

$$I(\omega)=\frac{U}{\sqrt{R^2+\left(\omega L-\frac{1}{\omega C}\right)^2}}=\frac{U}{R\sqrt{1+Q^2\left(\frac{\omega}{\omega_0}-\frac{\omega_0}{\omega}\right)^2}}=\frac{I_0}{\sqrt{1+Q^2\left(\frac{\omega}{\omega_0}-\frac{\omega_0}{\omega}\right)^2}}$$

上式称为电流的幅频特性。

在电路的L、C和激励电压有效值U不变的情况下，不同的R值将得到不同的Q值，即可得到不同Q值下的电流幅频特性曲线如图3-9所示。可见，Q值越大，曲线越尖锐。

为了研究电路参数对谐振特性的影响，常以ω/ω_0为横坐标，I/I_0为纵坐标画电流的幅频特性曲线，这种幅频特性曲线称为通用幅频特性曲线如图3-10所示。回路的品质因数Q越大，在一定的频率的偏移下，I/I_0下降愈厉害，电路的选择性就愈好。

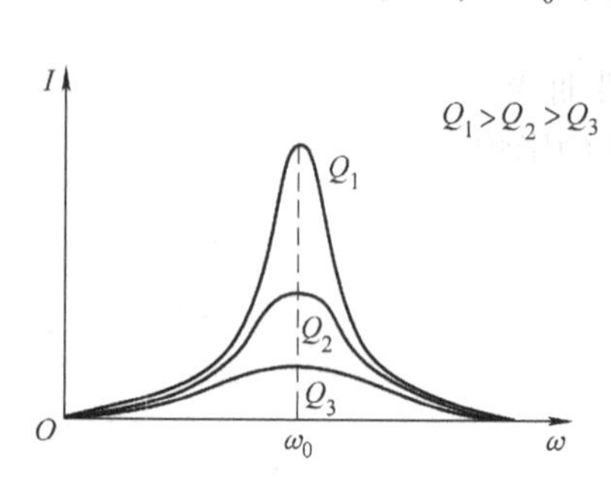

图3-9　电流幅频特性曲线

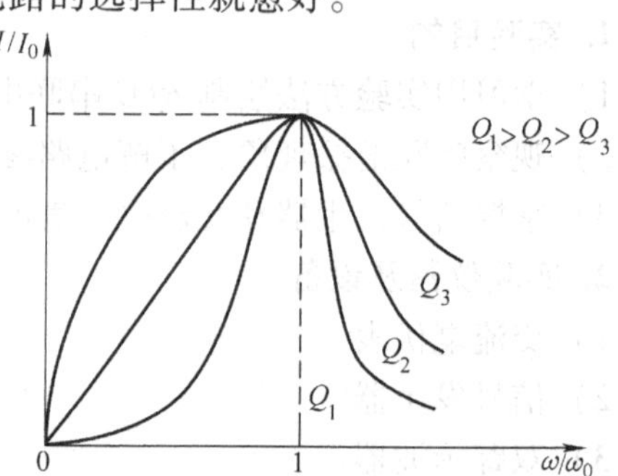

图3-10　通用幅频特性曲线

4. 实验内容及步骤

串联谐振实验电路图如图3-11所示

图中$\dot{U}$为低频信号发生器，示波器监视信号发生器输出，取$L=0.1\text{H}$，$C=0.5\mu\text{F}$，$R=10\Omega$，电源的输出电压$U=3\text{V}$。

（1）计算和测试电路的谐振频率

1）把L、C之值代入表达式$f_0=\frac{1}{2\pi\sqrt{LC}}$中，计算出$f_0$。

2）用交流毫伏表接在R两端，观察U_R的大小，然后调整输入电源的频率，当观察到U_R最大时，电路即发生串联谐振，测量此时电路中的电压U_R、U_L、U_C，读取频率f_0并计算I_0、Q记入表3-5中。

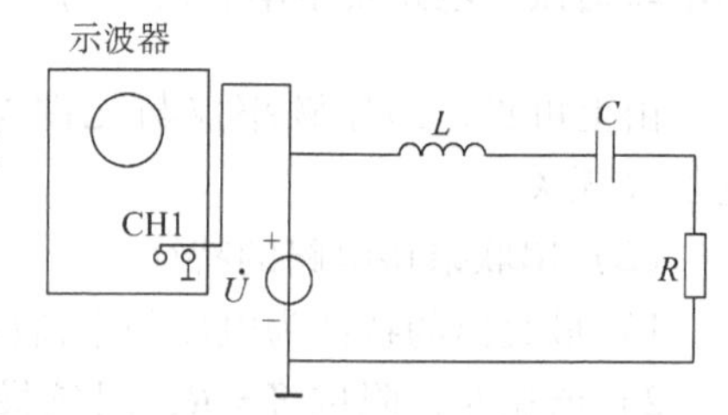

图3-11　串联谐振实验电路图

表3-5　串联谐振时数据记录表

U_R/V		U_L/V		U_C/V	
f_0/Hz		I_0/A		Q	

（2）测定电路的幅频特性

1）以f_0为中心，调整输入电源的频率（100～2000Hz），用交流毫伏表测出每个测试点的U_R值，然后计算出电流I的值记入表3-6中。

2）保持 $U=3\mathrm{V}$，$L=0.1\mathrm{H}$，$C=0.5\mu\mathrm{F}$，改变 R，使 $R=100\Omega$，即改变了 Q 值，重复步骤1）。

表3-6　不同频率时数据记录表

f/Hz								f_0							
U_R/mV															
I/mA															

5. 实验报告要求

1）根据测量数据，在坐标纸上绘出两条不同 Q 值下的幅频特性曲线，并作扼要分析。

2）通过实验总结、归纳串联谐振电路的特性。

6. 注意事项

1）改变频率时，应在靠近谐振频率附近多取些测试点。

2）在改变频率时，应调整信号输出电压，使其维持在3V不变。

3）计算电流 I_0 时，应注意 L 不是理想电感，本身含有电阻，当信号的频率较高时电感线圈有集肤效应，电阻值会增加，可先测量出 U_C、U 求出 Q 值，然后根据已知的 L、C 算出总电阻。

3.4　三相交流电路电压、电流及功率的测量

1. 实验目的

1）掌握三相负载的星形及三角形接法。

2）掌握两种接法的线电压与相电压、线电流与相电流的关系及测量方法。

3）理解三相四线制供电系统中中线的作用。

4）学会用一瓦特表法、二瓦特表法测量三相电路的功率。

2. 实验仪器及设备

1）交流电压表、交流电流表、功率表

2）三相灯组负载

3）三相交流电源

3. 实验原理

（1）三相交流电路中，负载的连接方法

负载的连接方法分为Y和△两种。Y形接法中，根据需要可以采用三相四线制（必须接中性线，称为 Y_0 制）和三相三线制（不接中性线，称为Y制）；△接法中，只有三相三线制一种供电方式。

1）当负载为Y形联结时，相电流恒等于线电流，及 $I_L=I_P$。当负载对称时，$U_L=\sqrt{3}U_P$。

当负载不对称时，将出现中性点位移，必须采用三相四线制接法（即 Y_0 接法）。而且中性线必须牢固连接，以保证三相不对称负载的每相电压维持对称不变。如果中性线断开，会导致三相负载电压的不对称，从而导致负载不能正常工作。尤其是对于三相照明负载，无

条件地一律采用 Y_0 接法。

2）当负载为△形联结时，线电压等于相电压。当负载对称时，$I_L = \sqrt{3}I_P$。

当负载不对称时，只要电源的线电压对称，加在三相负载的电压仍是对称的，对各项负载工作没有影响。

（2）测量三相电路的功率方法

测量三相电路的方法很多，根据供电线路形式与负载情况常用一瓦特表法与二瓦特表法进行测量。

1）一瓦特表法测量有功功率：对于三相四线制供电的三相星形联结的负载（即 Y_0 形接法），无论负载对称与否，均可用一只功率表分别测出各相负载的有功功率。然后将各相的功率相加而得到三相电路的有功功率，即 $P = P_A + P_B + P_C$。此种方法简称一瓦特表法。

若三相负载是对称的，每相负载所消耗的功率相等，只需测出一相负载的功率，再乘以 3 即可得到三相电路的总功率。

2）二瓦特表法测量有功功率：对于三相三线制电路，无论负载是否对称，采用星形联结或三角形联结，均可用两只功率表（瓦特表）测出其总有功功率，故称二瓦特表法。

设两只瓦持表的读数分别为 P_1 和 P_2，根据瓦特表读数的规则，有：$\sum P = P_1 + P_2$，可见，两功率表读数的代数和等于三相负载的总有功功率。但一般来讲，单独一块功率表的读数没有意义。

当三相负载为感性或容性负载时，两功率表略有一只可能会反向偏转。出现反向偏转时，应立即搬动功率表上的极性开关，使表正向偏转，但该功率表的读数记为负值。这是因为作用在功率表上的电压和通过功率表的电流之间的相位差大于90°，其余弦值为负值。此法不适用于三相四线制电路。

4. 实验内容及步骤

（1）三相负载星形联结

按图 3-12 电路连接实验电路，即三相灯组负载经三相自耦调压器接通三相对称电源，并将三相调压器的旋柄置于三相电压输出 0V 位置，经指导教师检查后，方可合上三相电源开关，然后调节调压器的输出，使输出的三相线电压为 220V，按表 3-7 所列各项分别测量三相负载的线电压、相电压、线电流（相电流）、中性线电流、电源与负载中性点间的电压，记录于表 3-7 中，并观察各相灯组亮暗的变化程度。

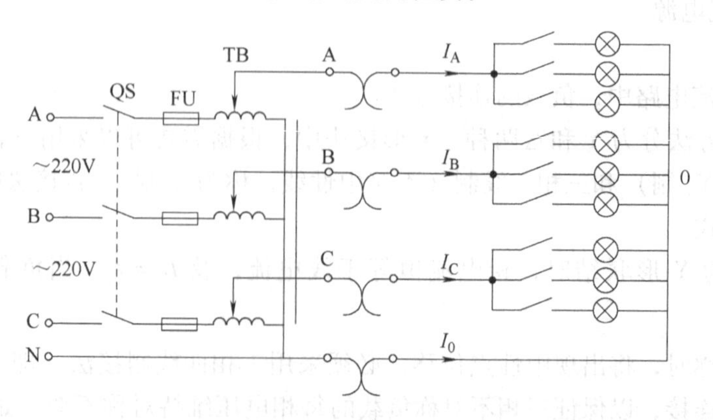

图 3-12　三相负载星形联结电路图

表 3-7 星形联结的数据记录表

测量数据 负载情况		开灯盏数			线电流/A			线电压/V			相电压/V			中性线电流	中性点电压
		A相	B相	C相	I_A	I_B	I_C	U_{AB}	U_{BC}	U_{CA}	U_A	U_B	U_C	I_N/A	$U_{NN'}$/V
负载对称	Y_0														
	Y														
负载不对称	Y_0														
	Y														

（2）负载三角形联结

按图 3-13 改接电路，经指导教师检查后接通三相电源，调节调压器，使其输出线电压为 220V，按表 3-8 数据表格的内容进行测试。

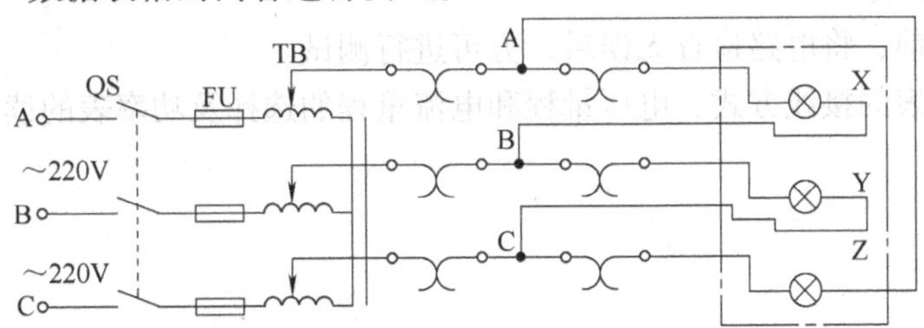

图 3-13 三相负载三角形联结电路图

表 3-8 三角形联结的数据记录表

测量数据 负载情况	开灯盏数			线电压/V			线电流/A			相电流/A		
	A-B相	B-C相	A-C相	U_{AB}	U_{BC}	U_{CA}	I_A	I_B	I_C	I_{AB}	I_{BC}	I_{CA}
△接对称负载												
△接不对称负载												

（3）用一瓦特表法测定三相对称 Y_0 接以及不对称 Y_0 接负载的总功率 ΣP

按图 3-14 接线。电路中的电流表和电压表用以监视三相电流和电压，不得超过功率表电压和电流的量限。

经指导教师检查后，接通三相电源，调节调压器输出，使输出线电压为 220V，测量时首先将三表按图 3-14 接入某一相（如 B 相）进行测量，然后分别将三个表换接到 A 相和 C 相，再进行测量，记录于表 3-9 并进行计算。

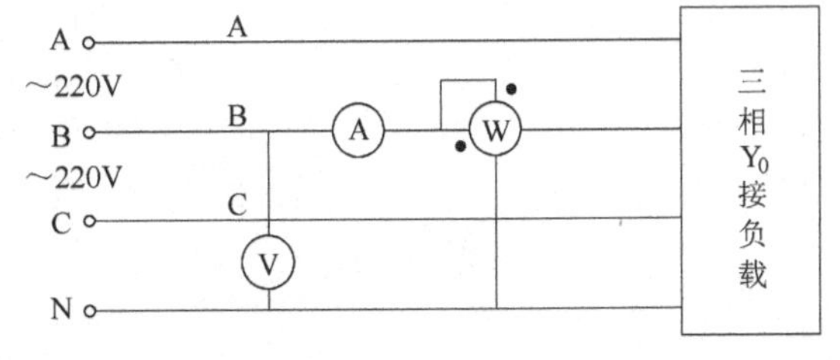

图 3-14 一瓦特表法测量功率的电路图

（4）二瓦特表法测量功率

自拟测量线路，用二瓦特表法测量三相三线制电路。

表 3-9 一瓦特表法测量功率的数据记录表

负载情况	开灯盏数			测量数据			计算值
	A 相	B 相	C 相	P_A/W	P_B/W	P_C/W	ΣP/W
Y_0 接对称负载							
Y_0 接不对称负载							

5. 实验报告要求

1）完成数据表格中的各项测量和计算任务。

2）根据实验数据验证对称三相电路中的$\sqrt{3}$关系。

3）总结 Y_0 接法中中性线的作用。

4）总结三相电路功率测量的方法。

6. 实验注意事项

1）接通电源前，将电路检查无误后，方可进行测试。

2）注意功率表的接线方式、电压量程和电流量程的选择及功率表的读数方式。

第 4 章　电路的时域分析实验

4.1 一阶电路的时域响应

1. 实验目的

1）学习用实验方法研究 RC 一阶电路的零输入响应、零状态响应及全响应。

2）研究 RC 电路时间常数 τ 的意义并掌握其测量方法。

3）熟悉 RC 电路构成的微分电路和积分电路的响应。

2. 实验仪器及设备

1）双踪示波器

2）信号源

3）可变电阻箱、可变电容箱

3. 实验原理

（1）RC 一阶电路的零状态响应

一阶电路如图 4-1 所示，开关 S 在‘1’的位置，$u_C=0$ 处于零状态，当开关 S 合向‘2’的位置时，电源通过电阻 R 向电容 C 充电，$u_C(t)$ 称为 RC 一阶电路的零状态响应。$u_C=U_S(1-e^{-\frac{t}{\tau}})$ 变化曲线如图 4-2 所示，当 u_C 上升到 $0.632U_S$ 所需的时间称为时间常数 τ，$\tau=RC$。

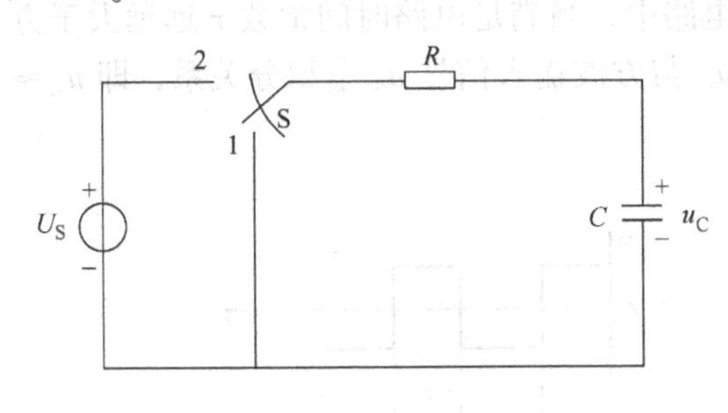

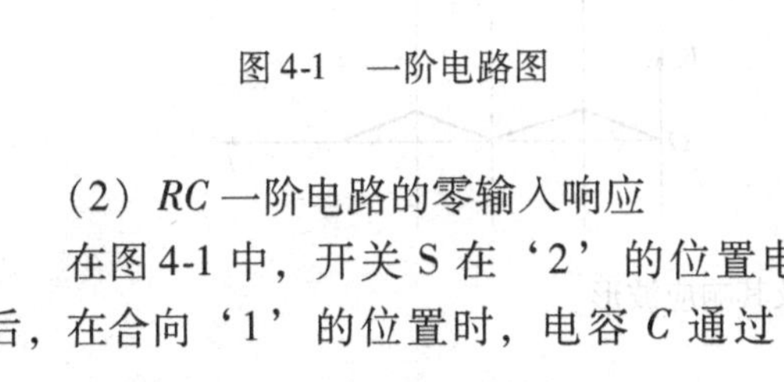

图 4-1　一阶电路图

图 4-2　一阶电路零状态响应曲线

（2）RC 一阶电路的零输入响应

在图 4-1 中，开关 S 在‘2’的位置电路稳定后，在合向‘1’的位置时，电容 C 通过 R 放电，$u_C(t)$ 称为 RC 一阶电路的零输入响应。$u_C=U_Se^{-\frac{t}{\tau}}$ 变化曲线如图 4-3 所示，当 u_C 下降到 $0.368U_S$ 所需的时间称为时间常数 τ，$\tau=RC$。

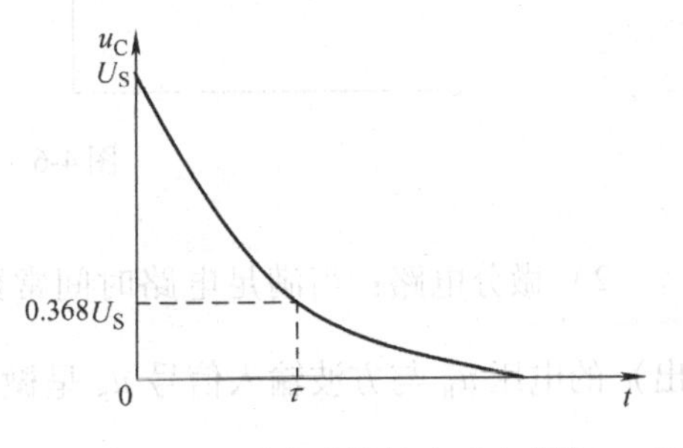

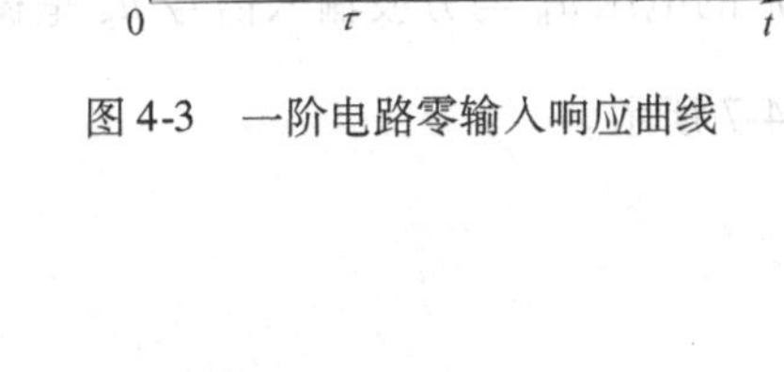

图 4-3　一阶电路零输入响应曲线

（3）测量 RC 一阶电路的时间常数 τ

动态网络的过渡过程是十分短暂的单次变化过程，对时间常数 τ 较大的电路，可用慢扫描长余辉示波器观察光点移动的轨迹。然而使用一般的双踪示波器观察过渡过程和测量有关的参数，必须使这种单次变化的过程重复出现。为此，利用信号发生器输出的方波来模拟阶跃激励信号，即令方波输出的上升沿作为零状态响应的正阶跃激励信号；方波下降沿作为零输入响应的负阶跃激励信号，只要选择方波的重复周期远大于电路的时间常数 τ，电路在这样的方波序列脉冲信号的激励下，它的影响和直流接通与断开的过渡过程是基本相同的。将图 4-4 所示的周期为 T 的方波信号 u_S 作为电路的激励信号，只要满足 $T/2 \geqslant 5\tau$，便可在示波器的荧光屏上形成稳定的响应波形。用双踪示波器观察电容电压 u_C，便可观察到稳定的指数曲线，如图 4-5 所示，在荧光屏上测得电容电压的最大值 $U_{Cm} = U_S$，当电容电压上升到 $u_C = 0.632U_{Cm}$时，与指数曲线交点对应时间轴坐标为 X，则根据时间轴比例尺即可确定该电路的时间常数。

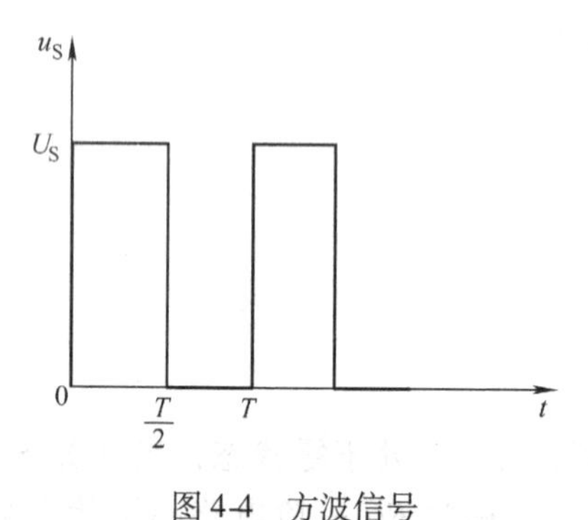

图 4-4　方波信号

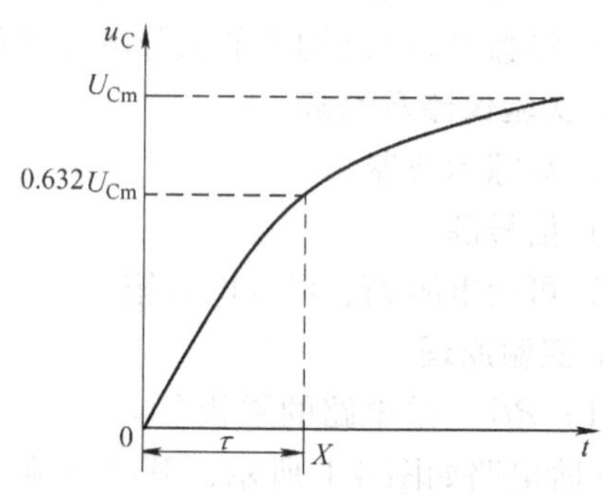

图 4-5　时间常数的确定

（4）积分电路和微分电路

1）积分电路：方波信号 u_S 作用在 RC 串联电路中，当满足电路时间常数 τ 远远大于方波周期 T 的条件时，电容两端（输出）的电压 u_C 与方波输入信号 u_S 呈积分关系，即 $u_C \approx \frac{1}{RC}\int u_S \mathrm{d}t$，该电路称为积分电路，如图 4-6 所示。

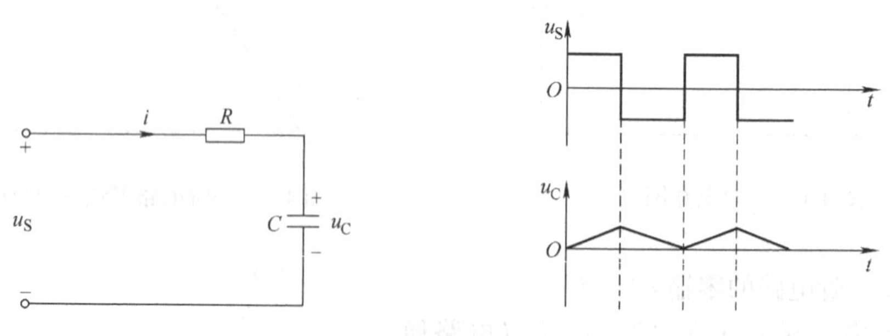

图 4-6　积分电路及其响应波形

2）微分电路：当满足电路时间常数 τ 远远小于方波周期 T 的条件时，电阻两端（输出）的电压 u_R 与方波输入信号 u_S 呈微分关系，即 $u_R \approx RC\frac{\mathrm{d}u_S}{\mathrm{d}t}$，该电路称为积分电路，如图 4-7 所示。

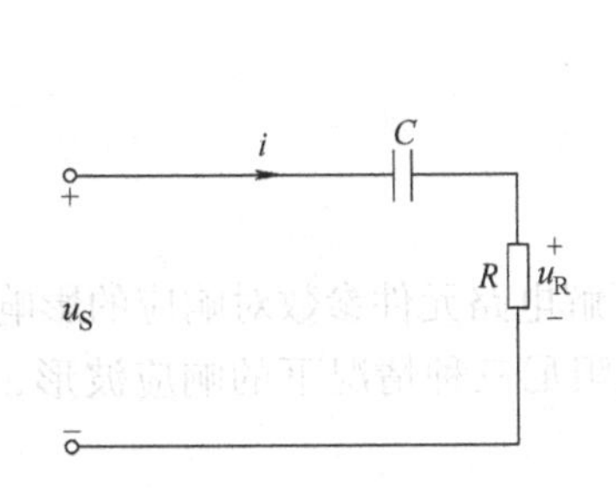

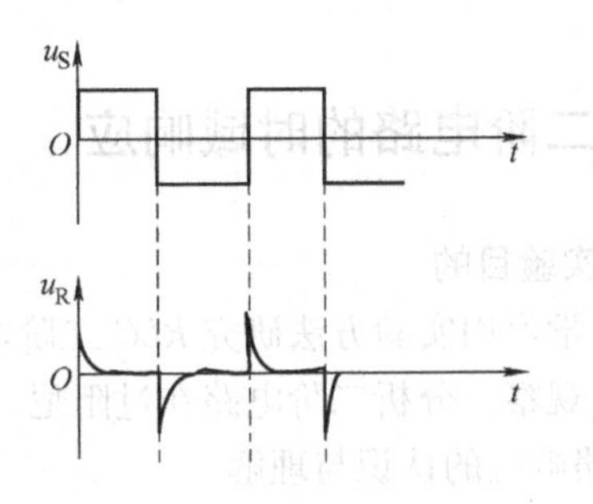

图4-7　微分电路及其响应波形

4. 实验内容与步骤

1）实验电路如图4-8所示，图中电阻、电容从可变电阻箱、可变电容箱选取，调节信号源，输出峰峰值 $U_{pp}=2V$，$f=1kHz$ 的方波电压信号作为 u_S。

2）RC 一阶电路的充放电过程

测量时间常数 τ：令 $R=10k\Omega$，$C=0.01\mu F$，用示波器观察激励 u_S 与响应 u_C 的变化规律，测量并记录时间常数 τ。

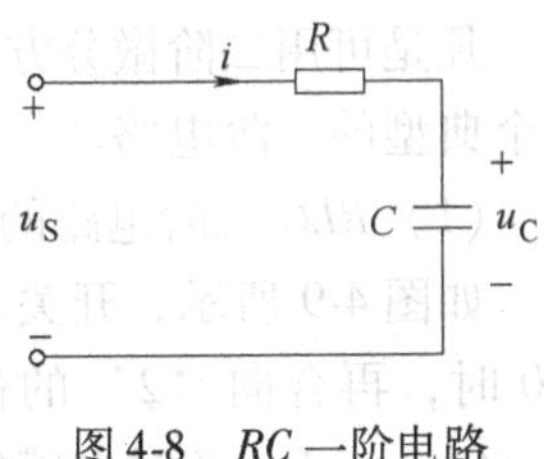

图4-8　RC 一阶电路

观察时间常数 τ（即电路参数 R 和 C）对暂态过程的影响：令 $R=10k\Omega$，$C=0.01\mu F$，观察并描绘响应的波形，继续增大 C（取 $0.01\sim0.1\mu F$）或增大 R（取 $10\sim30k\Omega$），定性地观察对响应的影响。

3）积分电路和微分电路

积分电路：选取电阻、电容值，使其满足积分条件，用示波器观察激励 u_S 与响应 u_C 的变化规律。

微分电路：选取电阻、电容值，使其满足微分条件，用示波器观察激励 u_S 与响应 u_R 的变化规律。

5. 实验报告要求

1）根据实验观测结果，在坐标纸上绘出 RC 一阶电路充放电时 u_C 的变化曲线，由充放电输出曲线测得时间常数 τ 值，并与参数值的计算结果作比较，分析误差原因。

2）绘出时间常数 τ 对暂态过程影响的相应波形，通过波形分析时间常数对暂态过程的影响。

3）设计积分、微分电路并观察其波形。根据实验观测结果，归纳、总结积分电路和微分电路的形成条件，阐明波形变换的特征。

6. 注意事项

1）调节电子仪器各旋钮时，动作不要过猛。实验前，需熟读双踪示波器的使用说明，特别是观察双踪时，要特别注意开关、旋钮的操作与调节。

2）信号源接地端与示波器接地端要连在一起（称共地），以防外界干扰而影响测量的准确性。

3）为延长示波器的使用寿命，示波器的辉度不应过亮，尤其是光点长期停留在荧光屏上不动时，应将辉度调暗。

4.2　二阶电路的时域响应

1. 实验目的

1）学习用实验方法研究 *RLC* 二阶电路的响应，了解电路元件参数对响应的影响。

2）观察、分析二阶电路在过阻尼、临界阻尼、欠阻尼三种情况下的响应波形，加深对二阶电路响应的认识与理解。

2. 实验仪器及设备

1）双踪示波器

2）信号源

3）含 *R*、*L*、*C* 的元件实验箱

3. 实验原理

凡是可用二阶微分方程来描述的电路称为二阶电路，图 4-9 所示的 *R*、*L*、*C* 串联电路是一个典型的二阶电路。

（1）*RLC* 二阶电路的零状态响应

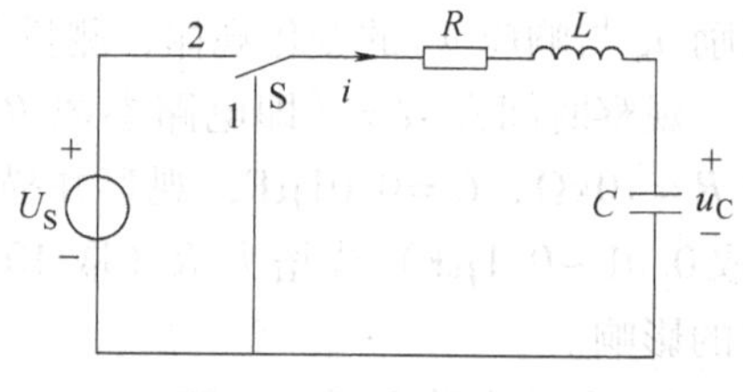

图 4-9　*RLC* 二阶电路

如图 4-9 所示，开关 *S* 开始在‘1’的位置，在 $t=0$ 时，再合向‘2’的位置，则电容上的初始电压 $u_C(0_-)=0$，流过电感的初始电流 $i(0_-)=0$，故该响应 u_C 为二阶电路的零状态响应。电压方程为

$$LC\frac{d^2u_C}{dt}+RC\frac{du_C}{dt}+u_C=U_S$$

这是一个二阶常系数非齐次微分方程，根据微分方程理论，u_C 包含两个分量：暂态分量 u_C'' 和稳态分量 u_C'，即 $u_C=u_C''+u_C'$，该响应的类型与元件参数有关。

1）当 $R<2\sqrt{\frac{L}{C}}$ 时，$u_C(t)=u_C''+u_C'=Ae^{-\delta t}\sin(\omega t+\beta)+U_S$，响应是衰减振荡的，称为欠阻尼情况。其中，衰减系数 $\delta=\frac{R}{2L}$，谐振角频率 $\omega_0=1/\sqrt{LC}$，固有振荡角频率 $\omega=\sqrt{\omega_0^2-\delta^2}=\sqrt{\frac{1}{LC}-\left(\frac{R}{2L}\right)^2}$，振荡周期 $T=\frac{1}{f}=\frac{2\pi}{\omega}$。

2）当 $R=2\sqrt{\frac{L}{C}}$ 时，响应临近振荡，称为临界阻尼情况。

3）当 $R>2\sqrt{\frac{L}{C}}$ 时，响应非振荡性单调衰减，称为过阻尼情况。

（2）*RLC* 二阶电路的零输入响应

如图 4-9 所示，开关 S 开始在‘2’的位置，设电容上的初始电压 $u_C(0_-)$ 为 U_0，流过电感的初始电流 $i(0_-)$ 为 I_0，在 $t=0$ 时，再合向‘1’的位置，故该响应 u_C 为二阶电路的零输入响应。电压方程为

$$LC\frac{d^2u_C}{dt}+RC\frac{du_C}{dt}+u_C=0$$

这是一个二阶常系数齐次微分方程，根据微分方程理论，u_C 只包含暂态分量 u_C''，稳态分量 u_C' 为零。和零状态响应一样，根据 R 与 $2\sqrt{\dfrac{L}{C}}$ 的大小关系，u_C 的变化规律分为欠阻尼、过阻尼和临界阻尼三种状态，它们的变化曲线与零状态响应的暂态分量 u_C'' 类似，衰减系数、谐振角频率、固有振荡角频率、振荡周期与零状态响应完全一样。

（3）欠阻尼情况下，用示波器测出振荡周期 T、u_{C1}、u_{C2}，如图4-10所示，计算出固有振荡角频率 ω，并利用 $\delta=\dfrac{1}{T}\ln\dfrac{u_{C1}}{u_{C2}}$，便可计算出衰减系数 δ。

4. 实验内容与步骤

1）实验电路如图4-11所示，调节信号源，输出峰峰值 $U_{pp}=2\text{V}$，$f=1\text{kHz}$ 的方波电压信号作为 u_S。选取 $L=15\text{mH}$，$C=1000\text{pF}$，改变电阻 R 的数值，观察方波激励下响应的过阻尼、欠阻尼和临界阻尼情况，并描绘出 u_C 的波形。

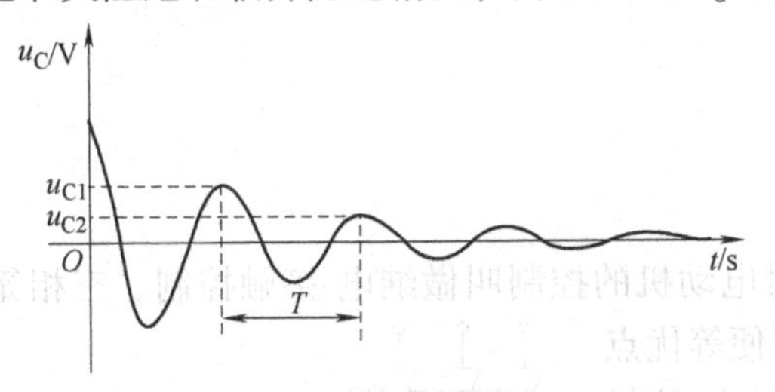

图4-10　欠阻尼状态下固有振荡角频率和衰减系数的测量

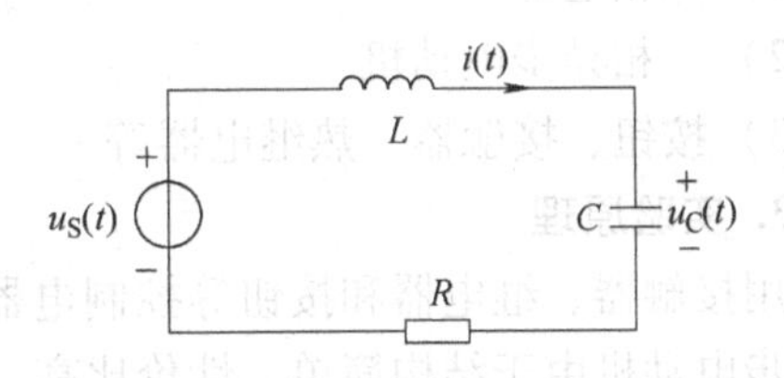

图4-11　*RLC* 二阶电路

2）欠阻尼情况下，改变电阻 R 的数值，注意衰减系数 δ 对波形的影响，并用示波器测出一组 ω 和 δ。

5. 实验报告要求

1）把观察到的各个波形分别画在坐标纸上，并结合电路元件的参数加以分析讨论。

2）根据实验参数计算欠阻尼情况下方波响应中 ω 的数值，并与实测数据相比较。

3）回答下述问题：

①当 *RLC* 电路处于过阻尼情况下，若再增加回路的电阻 R，对过渡过程有何影响？

②在欠阻尼情况下，若再减少 R，过渡过程又有何变化？

6. 注意事项

1）调节电阻时，要细心、缓慢，临界阻尼状态要找准。

2）在双踪示波器上同时观察激励信号和响应信号时，显示要稳定，如不同步，则可采用外同步法触发。

第5章　三相异步电动机控制实验

5.1　异步电动机的点动、连续控制

1. 实验目的

1）了解笼型异步电动机的点动、连续控制电路中常用控制电器的用途及使用方法。

2）掌握笼型异步电动机的点动、连续控制电路的工作原理、接线及操作方法。

2. 实验仪器及设备

1）三相电源

2）三相异步电动机

3）按钮、接触器、热继电器等

3. 实验原理

用接触器、继电器和按钮等控制电器实现对电动机的控制叫做继电-接触控制。三相笼型异步电动机由于结构简单、性价比高、维修方便等优点得了广泛的应用。在工农业生产中，经常采用继电-接触控制系统对中小功率笼型异步电动机进行单向控制。

（1）三相异步电动机的点动控制

图5-1为三相异步电动机的点动控制电路（电动机为Y接法），电路具体工作过程如下：

闭合刀开关QS，接通电源，按下按钮SB，控制电路接通，接触器KM线圈通电，接触器KM主触点闭合，电动机接通电源运转。手松开按钮SB，控制电路断开，接触器KM线圈断电，接触器KM主触点断开，电动机电源被切断停止运转。

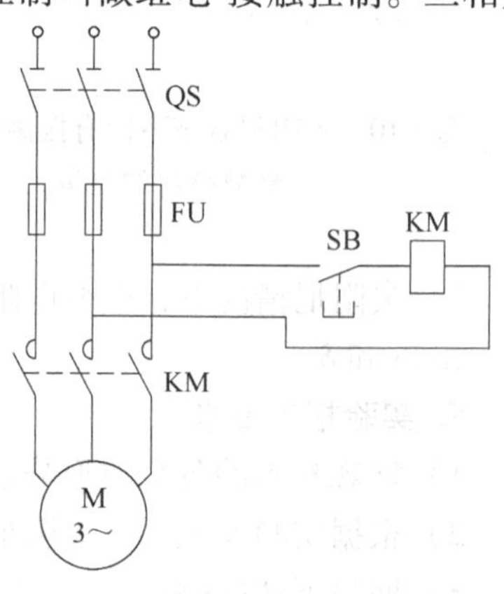

图5-1　点动控制电路

（2）三相异步电动机的单向连续运转控制

图5-2为三相异步电动机的单向连续运转控制电路（电动机为Y接法），它可以实现对电动机的起动、停止控制，并具有短路、过载和零压保护等作用。电路具体工作过程如下：

闭合刀开关QS，接通电源，按下起动按钮SB_2，控制电路接通，接触器KM线圈通电，接触器KM主触点闭合，电动机接通电源运转。同时与起动按钮SB_2并联的接触器KM动合辅助触点闭合形成自锁，手松开按钮SB_2，电动机继续运转。按下停止按钮SB_1，控制电路断开，接触器KM线圈断电，接触器KM主触点及动合辅助触点断

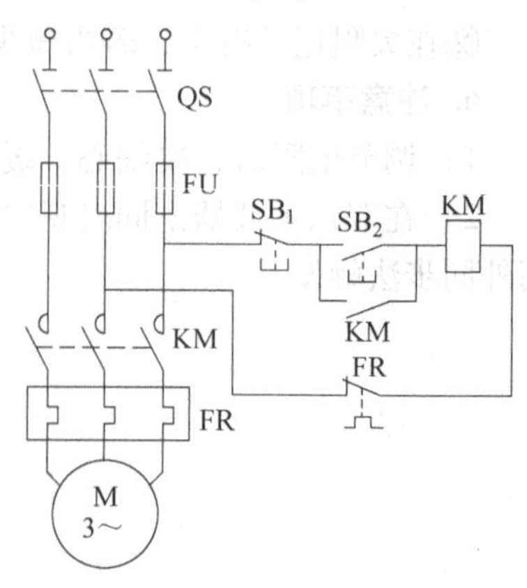

图5-2　单向连续运转控制电路

开，电动机停止运转。

4. 实验内容及步骤

（1）三相异步电动机的点动控制

实验电路如图5-1所示。

1）按图5-1接线，经教师检查后，闭合刀开关QS送电，观察电动机的工作情况。

2）按下按钮SB，观察电动机的工作情况。

3）松开按钮SB，观察电动机的工作情况。

（2）三相异步电动机的单向连续运转控制

实验电路如图5-2所示。

1）按图5-2接线，经教师检查后，闭合刀开关QS送电，观察电动机的工作情况。

2）按起动按钮SB_2，观察电动机的工作情况。

3）按停止按钮SB_1，观察电动机的工作情况。

（3）三相异步电动机点动、连续控制

预先设计既能实现点动又能实现单向连续运转的控制电路，经指导教师审阅，同意后接线。经教师检查后，闭合刀开关QS送电。按下按钮，观察电动机的起动和停止，看是否满足要求。

5. 实验报告要求

1）分析出现下述情况的原因及处理方法

①接通电源，按下起动按钮，电动机不转，且有嗡嗡声，原因何在，应如何处理？

②接通电源，按下起动按钮，接触器不工作，分析原因，如何排除故障？

2）写出图5-2中实现短路保护、过载保护和零压保护的器件名称及作用。

3）画出自行设计的既能实现点动又能实现单向连续运转的控制电路图，并简述工作原理。

6. 注意事项

1）根据电动机铭牌数据调节三相电源电压。

2）控制电路从主电路两相接出时必须接在接触器主触点的上方。

3）接线、改接线和拆线之前，切记要先断开电源，以免发生事故。

5.2　异步电动机的正反转控制

1. 实验目的

1）了解笼型异步电动机的正反转控制电路中常用控制电器的用途及使用方法。

2）掌握笼型异步电动机的正反转控制电路的工作原理、接线及操作方法。

2. 实验仪器及设备

1）三相电源

2）三相异步电动机

3）按钮、接触器、热继电器等

3. 实验原理

生产过程中，经常需要改变电动机的旋转方向，如车床工作台的前进与后退。由电机原理可知，要改变三相异步电动机转动的方向，只需将电动机接到电源的三根电源线中的任意两根对调，改变通入电动机的三相电流的相序即可。在控制电路中，用两个接触器就能实现这一功能。为了避免误动作引起正转和反转接触器同时吸合，造成电源短路，正反转控制电路中必须设置接触器互锁或复合按钮互锁保护环节，确保两个接触器不能同时吸合。

图 5-3 为接触器互锁的三相异步电动机的正反转控制电路，电路具体工作过程如下：

闭合刀开关 QS，接通电源，按下正转起动按钮 SB_1，控制电路接通，接触器 KM_1 线圈通电，接触器 KM_1 主触点闭合，同时接触器 KM_1 动合辅助触点闭合形成自锁，动断辅助触点断开形成互锁（此时按下反转起动按钮 SB_2，电动机反转电路也不会接通），电动机正转运行。按下停止按钮 SB_3，控制电路断开，接触器 KM_1 线圈断电，接触器 KM_1 主触点及动合辅助触点断开、动断辅助触点闭合，电动机停止运转。此时，按下反转起动按钮 SB_2，控制电路接通，接触器 KM_2 线圈通电，接触器 KM_2 主触点闭合，同时接触器 KM_2 动合辅助触点闭合形成自锁，动断辅助触点断开形成互锁（此时按下正转起动按钮 SB_1，电动机正转电路也不会接通），电动机反转运行。同理，要使电动机此时正转，则需按下停止按钮 SB_3 后，再按下正转起动按钮 SB_1。

然而对于生产过程中要求频繁的实现正反转的电动机，往往要求能直接实现电动机正反转控制。如图 5-4 所示，复合按钮互锁的三相异步电动机的正反转控制电路便符合这一要求。该电路具体工作过程与接触器互锁的三相异步电动机的正反转控制电路类似，这里不再介绍。

4. 实验内容及步骤

（1）接触器互锁的三相异步电动机的正反转控制

实验电路如图 5-3 所示。

1）按图 5-3 接线，经教师检查后，闭合刀开关 QS 送电，按下正转起动按钮 SB_1，观察电动机的转动方向。

2）按停止按钮 SB_3，观察电动机的工作情况。

3）按下反转起动按钮 SB_2，观察电动机的转动方向 。

（2）复合按钮互锁的三相异步电动机的正反转控制

实验电路如图 5-4 所示。

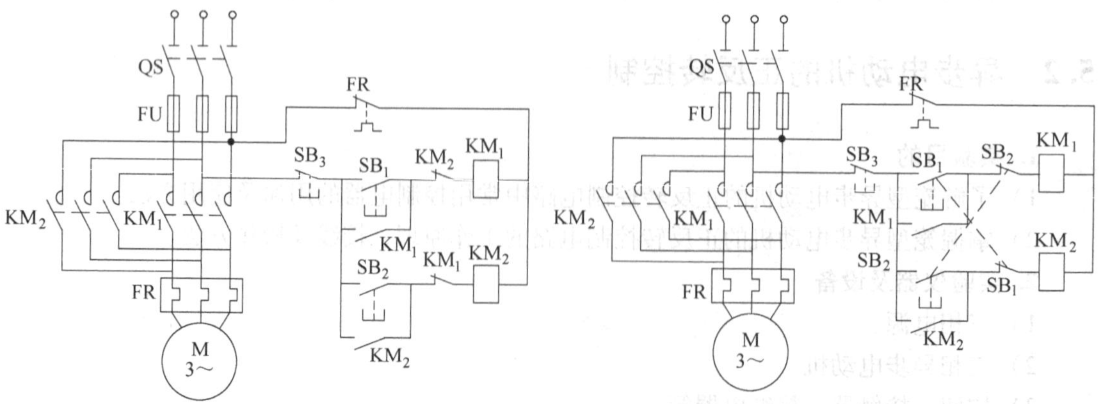

图 5-3　接触器互锁的正反转控制电路　　　图 5-4　复合按钮互锁的正反转控制电路

1）按图5-4接线，经教师检查后，闭合刀开关QS送电，按下正转起动按钮SB_1，观察电动机的转动方向。

2）按下反转起动按钮SB_2，观察电动机的转动方向。

3）按停止按钮SB_3，观察电动机的工作情况。

5. 实验报告要求

1）说出接触器互锁与复合按钮互锁两种三相异步电动机的正反转控制电路的优缺点。

2）画出没有互锁环节的正反转控制电路，并说明造成电源短路的原因。

6. 注意事项

1）根据电动机铭牌数据调节三相电源电压并确定电动机的接法。

2）正反转接触器的线圈、主触点及辅助触点接线时应确保位置的正确性，避免发生事故。

5.3 异步电动机的时间控制

1. 实验目的

1）了解笼型异步电动机的时间控制电路中常用控制电器的用途及使用方法。

2）掌握笼型异步电动机的时间控制电路的工作原理、接线及操作方法。

2. 实验仪器及设备

1）三相电源

2）三相异步电动机

3）按钮、接触器、热继电器、时间继电器等

3. 实验原理

时间控制，是指按照所需要的时间间隔来接通、断开或换接被控电路，以控制生产机械的各种动作。如图5-5所示的三相异步电动机的Y-△换接起动就是典型的时间控制电路。起动时，定子三相绕组首先连接成星形，一段时间后，待转子转速接近额定转速时，将定子绕组星形联结转换成三角形联结。因为功率在4kW以上的三相笼型异步电动机均为三角形接法，故都可以采用Y-Δ换接起动。电路具体工作过程如下：

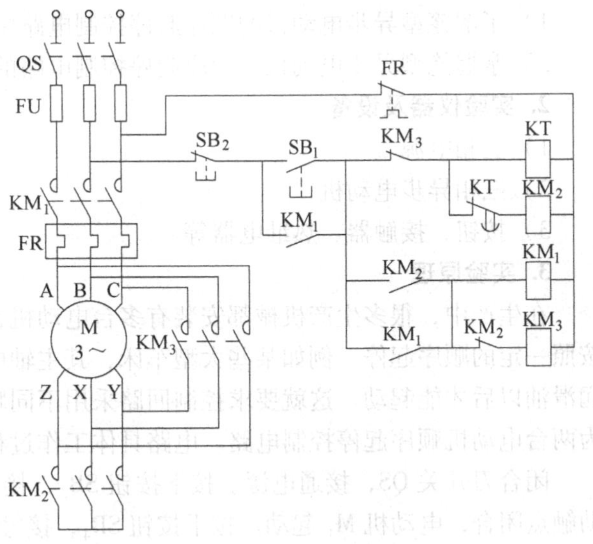

图5-5 Y-△换接起动

闭合刀开关QS，接通电源，按下起动按钮SB_1，控制电路接通，时间继电器KT和接触器KM_2线圈通电，接触器KM_2主触点闭合，把定子绕组连接成星形，其动合辅助触点闭合，接通接触器KM_1。接触器KM_1主触点闭合，将定子接入电源，电动机在星形联结下

起动。接触器 KM_1 的一对动合辅助触点闭合，进行自锁。当经过时间继电器设定的一段整定时间以后，时间继电器KT的动断延时断开触点断开，KM_2 断电复位，接触器 KM_3 线圈通电。KM_3 的主触点闭合，将定子绕组接成三角形，使电动机在额定电压下正常运行。同时，KM_3 动断辅助触点断开，时间继电器KT断电复位。如需电动机停止运转，按下停止按钮 SB_2 即可。

4. 实验内容及步骤

（1）三相异步电动机的Y-△换接起动

实验电路如图5-5所示。

1）按图5-5接线，经教师检查后，闭合刀开关QS送电，按下起动按钮 SB_1，观察电动机的工作情况。

2）按停止按钮 SB_2，观察电动机的工作情况。

（2）三相电阻炉加热时间控制

将预先设计的三相电阻炉加热时间控制电路交指导教师审阅，经同意后接线。经教师检查后，闭合刀开关QS送电。按下按钮，观察三相电阻炉，看是否满足要求。

5. 实验报告要求

1）说出控制电路中，接触器 KM_2 和 KM_3 的动断辅助触点的作用。

2）画出三相电阻炉加热时间控制电路，并简述工作原理。

6. 注意事项

1）根据电动机铭牌数据选择三角形接法的电动机。

2）接线时必须分清三个接触器的作用，正确连接。

5.4 异步电动机的顺序起停控制

1. 实验目的

1）了解笼型异步电动机的顺序起停控制电路中常用控制电器的用途及使用方法。

2）掌握笼型异步电动机的顺序起停控制电路的工作原理、接线及操作方法。

2. 实验仪器及设备

1）三相电源

2）三相异步电动机

3）按钮、接触器、热继电器等

3. 实验原理

在生产中，很多生产机械都安装有多台电动机，根据工艺流程的需要，有些电动机必须按照一定的顺序起停。例如某些大型车床，其主轴电动机必须在油泵电动机运行为主轴提供润滑油以后才能起动。这就要求控制回路采用不同顺序“联锁”控制。如图5-6所示电路即为两台电动机顺序起停控制电路。电路具体工作过程如下：

闭合刀开关QS，接通电源。按下按钮 SB_2，接触器 KM_1 线圈通电，其主触点及动合辅助触点闭合，电动机 M_1 起动。按下按钮 SB_4，接触器 KM_2 线圈通电，其主触点闭合，电动机 M_2 起动。按下按钮 SB_3，M_2 电动机停止运转，按下按钮 SB_1，M_1 电动机停止运转。这里需要注意的是，只有在 M_1 电动机运转的前提下，M_2 电动机才能起动、停车。在正常运行中，只要 M_1 电动机停车，M_2 电动机也随之停车。

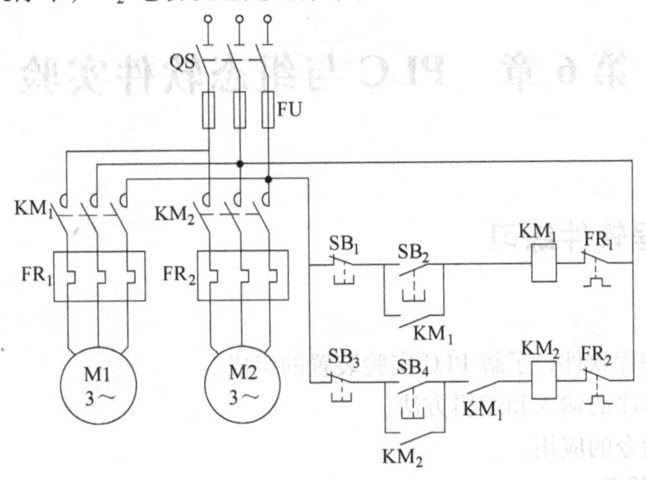

图5-6　顺序起停控制

4. 实验内容及步骤

1）按图5-6接线，经教师检查后，闭合刀开关QS送电，按下按钮 SB_2，观察电动机的工作情况。

2）按下按钮 SB_4，观察电动机的工作情况。

3）按下按钮 SB_3，观察电动机的工作情况。

4）按下按钮 SB_1，观察电动机的工作情况。

5. 实验报告要求

1）说出控制电路中的联锁环节及其作用。

2）对应主轴电动机、液压泵电动机与 M_1、M_2 的关系。

6. 注意事项

1）分清两个电动机的作用。

2）正确运用联锁环节。

第 6 章　PLC 与组态软件实验

6.1　PLC 编程软件练习

1. 实验目的

1）练习使用编程软件，了解 PLC 实验装置的组成。

2）掌握用户程序的输入和编辑方法。

3）熟悉基本指令的应用。

2. 实验仪器及设备

1）计算机一台（预装编程软件）

2）TVT-90 系列学习机主机箱

3）连接导线若干

3. 实验原理

1）通过 PLC 厂商提供的编程软件可以编制 PLC 可执行的程序。

2）将 PLC 设备通过串口与计算机相连，可以通过编程软件将用户编制好的程序加载到 PLC 设备中。

4. 实验内容及实验步骤

实验内容如下：

1）练习梯形图的编辑，理解程序执行过程。

2）掌握为梯形图添加注释的方法。

3）练习软件程序中的编辑、修改、复制、粘贴的方法。

4）熟练掌握定时器指令、计数器指令及其相关参数的输入和修改方法。

5）掌握程序结束指令的输入方法，了解结束指令在程序编译和执行过程中的作用。

图 6-1　控制程序 1

实验步骤如下：

1）开机（打开计算机电源，但不接 PLC 电源）。

2）进入编程软件环境 。

3）选择 CPU 型号。

4）由主菜单或快捷按钮输入、编辑程序。

①输入图 6-1 梯形图程序，检查无误后，运行该程序，观察运行情况，根据输入信号时序图画出输出信号时序图。

图 6-2　控制程序 2

②输入图 6-2 梯形图程序，检查无误

后，运行该程序，观察运行情况，画出时序图。

③输入图6-3梯形图程序，检查无误后，运行该程序，观察运行情况，画出时序图。

5）进行编译，并观测编译结果，修改程序，直至编译成功。

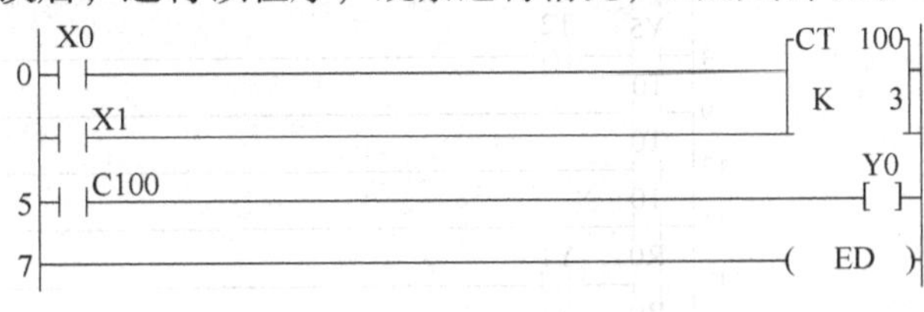

图6-3　控制程序3

5. 实验报告要求

1）总结梯形图程序输入及修改的操作过程。

2）写出梯形图程序添加注释的操作过程。

3）总结定时器指令和计数器指令的使用方法。

4）总结时序图监控功能使用方法和分析过程。

6.2　循环显示电路

1. 实验目的

1）熟悉PLC顺控程序的编程。

2）了解工业顺序控制的基本原理。

3）学会熟练使用PLC解决动态显示问题。

2. 实验仪器及设备

1）计算机一台（预装编程软件）

2）TVT-90系列学习机主机箱

3）连接用导线若干

3. 实验原理

1）PLC输入端子可以连接至外部按钮或开关，完成外部输入控制功能。

2）PLC输出端子可以连接至外部执行装置，实现PLC对外围设备的控制。

3）PLC内部设置了定时器，通过定时器的选择和相关参数设置可以实现程序的定时控制功能。

4. 实验内容及实验步骤

要求：按下起动按钮（用输入继电器“1”），输出继电器“0”和“2”所连接指示灯亮，过0.5s后，输出继电器Y0和Y2所连接指示灯灭，同时，输出继电器“1”和“3”所连接指示灯亮0.5s，然后循环显示；按下停止按钮，循环显示结束，如图6-4所示。（注：所编辑程序只允许使用两个定时器）

实验步骤如下：

1）I/O分配

X1——起动按钮	Y0——灯0
X2——停止按钮	Y1——灯1
	Y2——灯2
	Y3——灯3

2）编写控制程序

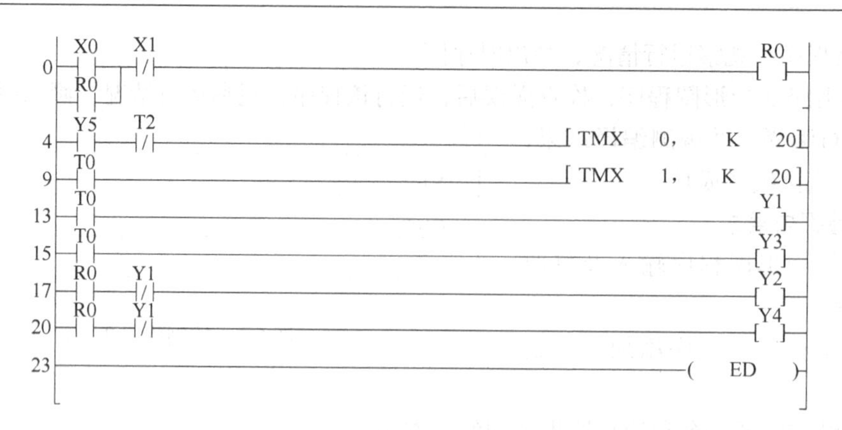

图 6-4　双灯闪烁控制程序

3）输入、编辑、编译、下载、调试用户程序。

4）运行用户程序，观察程序运行结果。

5. 实验报告要求

1）写出定时器指令的具体格式和参数含义。

2）写出编辑程序和执行流程。

6.3　用 PLC 实现电动机正、反转及Y-△换接起动

1. 实验目的

1）用 PLC 控制电动机正、反转，实现电动机的自锁和互锁控制（利用指示灯观测控制信号）。

2）编写Y-△起动控制程序，通过指示灯进行观测，了解此种起动方式的目的。

2. 实验仪器及设备

1）计算机一台（预装编程软件）

2）TVT-90 系列学习机主机箱

2）连接导线若干

3. 实验原理

1）利用继电器的常开触点和常闭触点，可以实现继电器自锁以及继电器之间的互锁。

2）利用定时器实现电动机Y-△起动方式，可以在电动机起动时对电动机起到保护作用，即减压起动。

4. 实验内容及实验步骤

1）按下正转起动按钮，电动机正转运行（正转指示灯 KM_1 点亮），KM_Y（指示灯）接通。

2）2s 后 KM_Y 断开，$KM_\triangle$（指示灯）接通，即完成正转起动。

3）按下停止按钮，电动机停止运行。按下反转起动按钮，电动机反转运行（反转指示灯 KM_2 点亮），KM_Y 接通。2s 后 KM_Y 断开，$KM_\triangle$ 接通，即完成反转起动。

实验步骤如下：

1）进行I/O分配，将输入继电器与按钮连接，将输出继电器与指示灯连接。

输入	输出
X0——SB_1	Y0——KM_1
X1——SB_2	Y1——KM_2
X2——SB_3	Y2——KM_Y
	Y3——$KM_{\triangle}$

2）编写、调试并运行程序，实现正、反转控制的自锁和互锁（可参考以下松下PLC程序见图6-5）。

图6-5　电动机正反转控制程序

5. 实验报告要求

结合实验画出各继电器的工作时序，写出整个自己编制的程序。

6.4　交通信号灯PLC控制

1. 实验目的

1）用PLC构成交通灯控制系统。

2）加深对定时器使用的理解。

3）提高程序逻辑编写能力。

2. 实验仪器及设备

1）计算机一台

2）TVT-90系列学习机主机箱

3）连接导线若干

3. 实验原理

1）利用两个或两个以上的定时器可以循环实现外部装置的定时通断。

2）按照常用交通灯的基本要求，利用交通灯控制模块和定时器功能，实现红灯绿灯的定时亮灭和黄灯的定时闪烁，效果与实际的交通灯信号顺序相同。

4. 实验内容及实验步骤

通过编写程序（见图6-6），使东西绿灯亮4s后闪2s灭，黄灯亮2s灭，红灯亮8s灭，而后循环；对应东西绿黄灯亮时南北红灯亮8s，接着绿灯亮4s后闪2s灭，黄灯亮2s后，红灯又亮，而后循环。

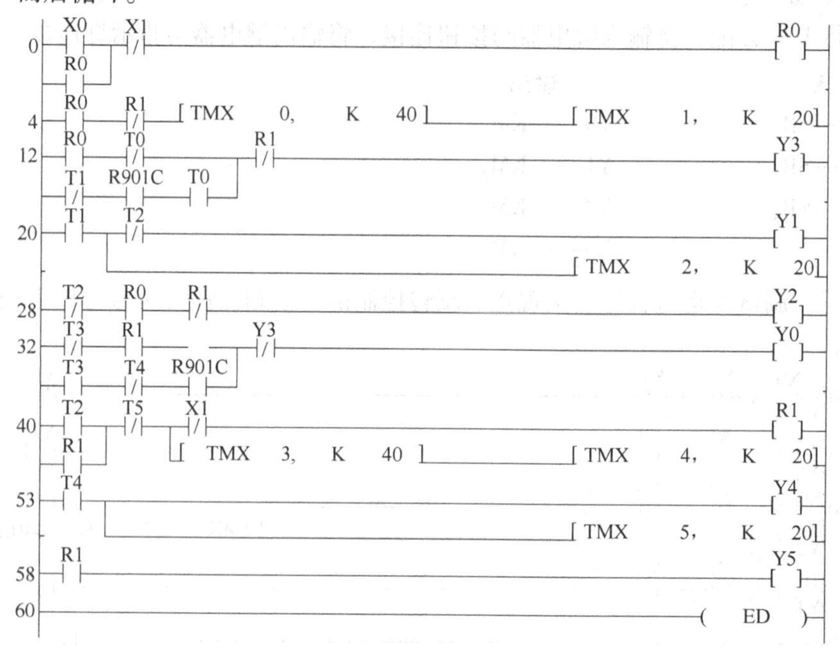

图 6-6　交通灯控制程序

实验步骤如下：

1）I/O 分配

输入	输出
X0——起动按钮	Y0——南北绿灯
X1——停止按钮	Y1——东西黄灯
	Y2——南北红灯
	Y3——东西绿灯
	Y4——南北黄灯
	Y5——东西红灯

2）设计梯形图程序并将程序加载至 PLC。

3）调试并运行程序。

5. 实验报告要求

写出程序执行流程，总结实验中定时器之间的时序联系。

6.5　天塔之光

1. 实验目的

用 PLC 构成闪光灯控制系统。

2. 实验仪器及设备

1）计算机一台（预装编程软件）

2）TVT-90系列学习机主机箱

3）连接导线若干

3. 实验原理

1）通过编程实现灯光的不同闪烁效果。

2）利用不同定时器之间的配合实现灯光闪烁时间的控制。

3）利用逻辑控制实现灯光闪烁的连续性变化。

4. 实验内容及实验步骤

1）制要求：按下起动按钮，L1亮1s后灭，接着L2、L3、L4、L5亮，1s后灭，之后L6、L7、L8、L9亮1s后灭，L1又亮，如此循环下去。（注：L代表灯）

2）I/O分配

输入	输出
X0——起动按钮	Y0——L1
X1——停止按钮	Y1——L2
	Y2——L3
	Y3——L4
	Y4——L5
	Y5——L6
	Y6——L7
	Y7——L8
	Y20——L9

3）按图6-7所示的梯形图输入程序。

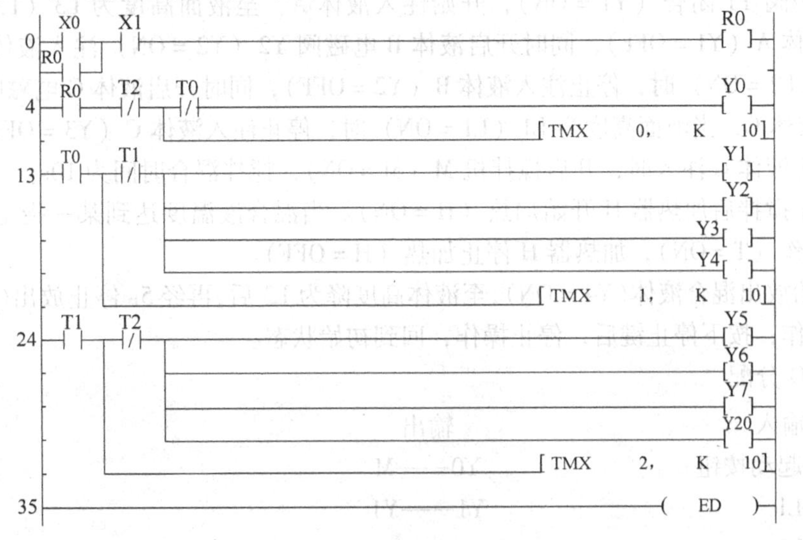

图6-7　天塔之光控制程序

5. 实验报告要求

写出程序执行流程，总结实验中定时器之间的时序联系。

6.6 多种液体自动混合系统

1. 实验目的

1）用 PLC 实现多种液体自动混合系统的模拟。

2）掌握“DF”指令的使用方法。

2. 实验仪器及设备

1）计算机一台（预装编程软件）

2）TVT-90 系列学习机主机箱

3）连接导线若干

3. 实验原理

1）通过安装在不同位置的液位检测装置的输出信号实现液位检测。

2）输出继电器控制液体输送对应的电磁阀的开闭可实现液体的注入控制。

3）通过定时器实现搅拌时间的控制。

4）通过将温度传感器阈值检测结果输送到输入继电器可实现对加热器的起停控制。

4. 实验内容及实验步骤

（1）控制要求

初始状态容器是空的，Y1、Y2、Y3、Y4 电磁阀和搅拌机均为 OFF，液面传感器 L1、L2、L3 均为 OFF。

（2）起动操作

按下起动按钮，开始下列操作：

1）电磁阀 Y1 闭合（Y1 = ON），开始注入液体 A，至液面高度为 L3（L3 = ON）时，停止注入液体 A（Y1 = OFF），同时开启液体 B 电磁阀 Y2（Y2 = ON）注入液体 B，当液面高度为 L2（L2 = ON）时，停止注入液体 B（Y2 = OFF），同时开启液体 C 电磁阀 Y3（Y3 = ON）注入液体 C，当液面高度为 L1（L1 = ON）时，停止注入液体 C（Y3 = OFF）。

2）停止液体 C 注入时，开启搅拌机 M（M = ON），搅拌混合时间为 10s。

3）停止搅拌后加热器 H 开始加热（H = ON）。当混合液温度达到某一指定值时，温度传感器 T 动作（T = ON），加热器 H 停止加热（H = OFF）。

4）开始放出混合液体（Y4 = ON），至液体高度降为 L3 后，再经 5s 停止放出（Y4 = OFF）。

停止操作：按下停止键后，停止操作，回到初始状态。

（3）I/O 分配

输入	输出
X0——起动按钮	Y0——M
X1——L1	Y1——Y1
X2——L2	Y2——Y2
X3——L3	Y3——Y3
X4——T	Y4——Y4
X5——停止按钮	Y5——H

按图 6-8 所示的梯形图输入程序。

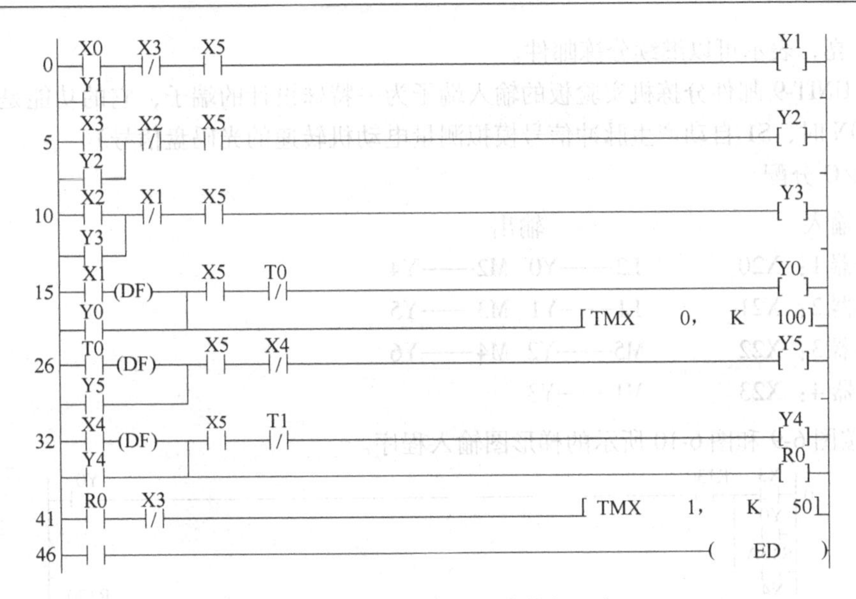

图6-8　多种液体自动混合控制程序

5. 实验报告要求

写出程序执行流程，总结实验中多种液体添加过程。

6.7　邮件分拣机

1. 实验目的

1）用PLC实现邮件分拣系统的模拟。

2）掌握特殊指令使用方法。

2. 实验仪器及设备

1）计算机一台（预装编程软件）

2）TVT-90系列学习机主机箱

3）连接导线若干

3. 实验原理

1）利用4个输入继电器组成的拨码器模拟得到邮件的4位二进制邮码后，可以通过4个输入继电器的输入状态进行记录，为下一步的分拣提供判断依据。

2）利用X0和X1的高速计数功能，结合光码盘每圈输入信号次数，可以得到电动机转速。

3）利用比较指令“CMP”可实现两个数据寄存器的数据比较，其输出结果可为后续程序提供判断条件。

4. 实验内容及实验步骤

（1）控制要求

起动后绿灯L2亮表示可以进邮件，S2为一个开关，当其为ON时表示检测到了邮件，通过拨码器上的开关（X20～X23）模拟邮件的邮码，从拨码器读到邮码的正常值为-2、3、4、5，若非此5个数，则红灯L1闪烁，表示出错，电动机M1停止，重新起动后，能重新运行，若此5个数中的任一个，则红灯L1亮，电动机M5运行，将邮件分拣至箱内完后

L1 灭，L2 亮，表示可以继续分拣部件。

（注：UNIT-9 邮件分拣机实验板的输入端子为一特殊设计的端子，它的功能是：当输出端 M5 为 ON 时，S1 自动产生脉冲信号模拟测量电动机转速的光码盘信号）

（2）I/O 分配

输入	输出	
拨码器 1：X20	L2——Y0	M2——Y4
拨码器 2：X21	L1——Y1	M3——Y5
拨码器 3：X22	M5——Y2	M4——Y6
拨码器 4：X23	M1——Y3	

（3）按图 6-9 和图 6-10 所示的梯形图输入程序。

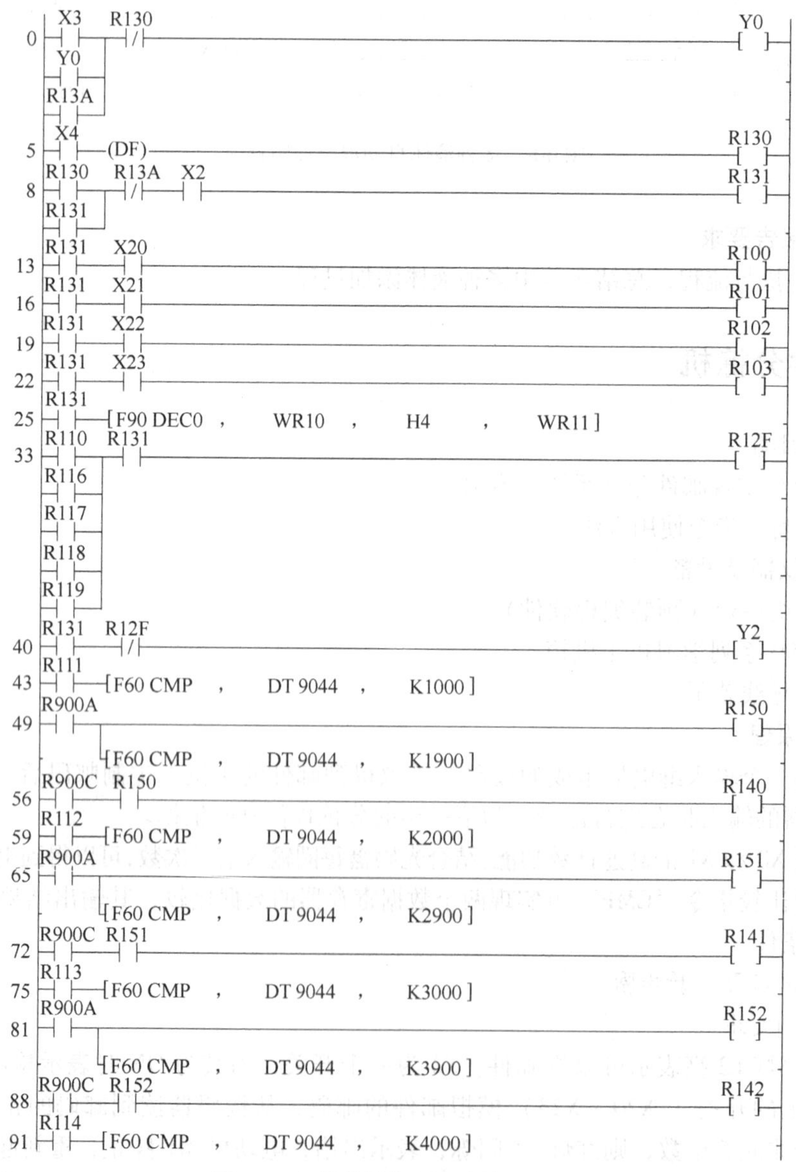

图 6-9　邮件分拣控制程序第一部分

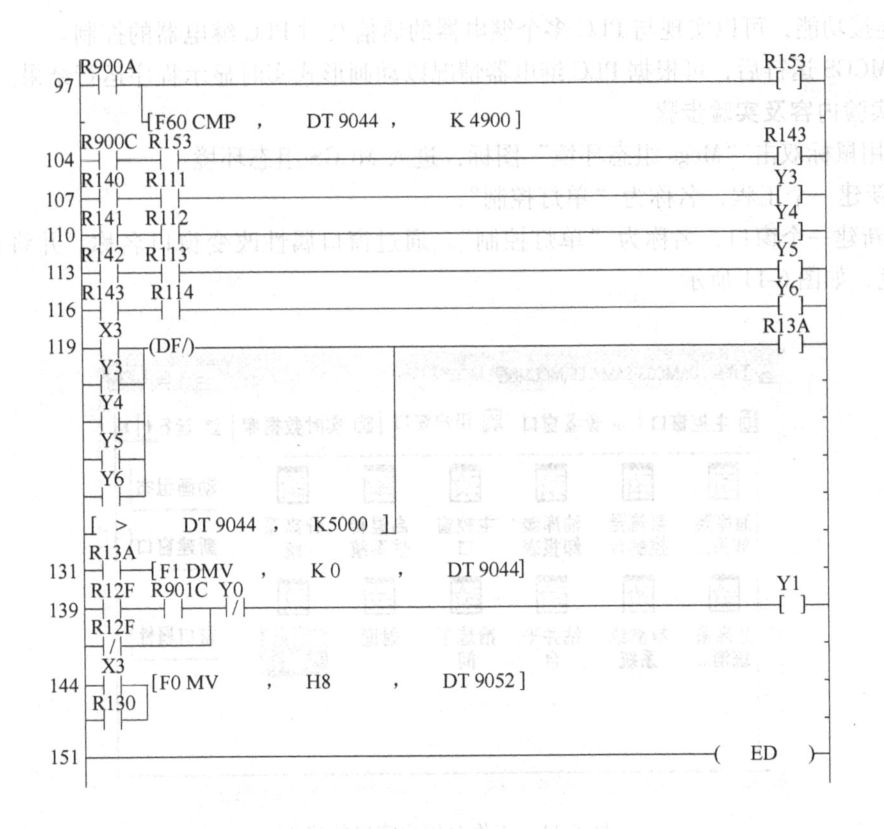

图6-10　邮件分拣控制程序第二部分

5. 实验报告要求

1）写出程序执行流程。

2）总结光电码盘的使用方法。

3）写出程序中特殊指令的通用格式并对执行目的进行阐述。

6.8　组态软件基本使用

1. 实验目的

1）用MCGS与PLC单灯控制。

2）掌握MCGS的基本使用方法。

2. 实验仪器及设备

1）计算机一台（预装组态软件和编程软件）

2）TVT-90系列学习机主机箱

3）连接导线若干

3. 实验原理

1）MCGS对多种PLC提供驱动程序，利用串口连接可以实现对PLC的驱动控制。

2）MCGS组态软件提供的按键、指示灯等动画单元，可在串口连接正确的情况下，利用通道连接功能，可以实现与 PLC 多个继电器的通信及对 PLC 继电器的控制。

3）MCGS 运行后，可根据 PLC 继电器情况以动画形式实时显示程序运行结果。

4. 实验内容及实验步骤

1）用鼠标双击“Mcgs 组态环境”图标，进入 MCGS 组态环境。

2）新建一个工程，名称为“单灯控制”。

3）新建一个窗口，名称为“单灯控制”。通过窗口属性改变窗口名称，并将背景颜色改为白色，如图 6-11 所示。

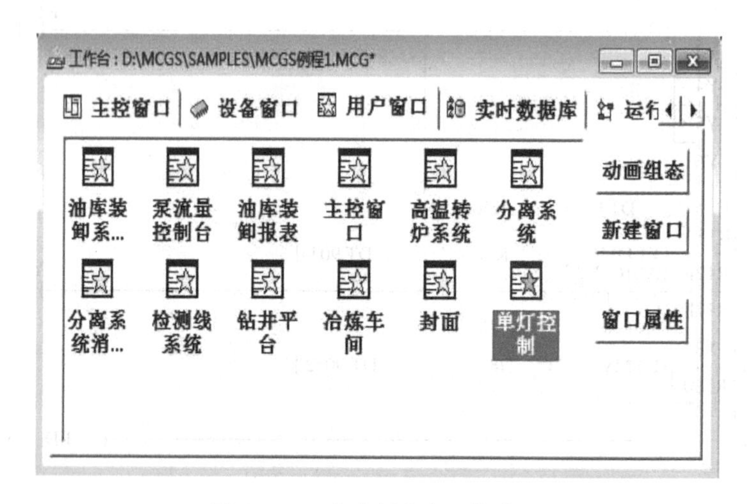

图 6-11　工作台用户窗口的建立

4）参考图 6-12，使用工具箱添加一个按钮和一个指示灯（注意红色标注）。

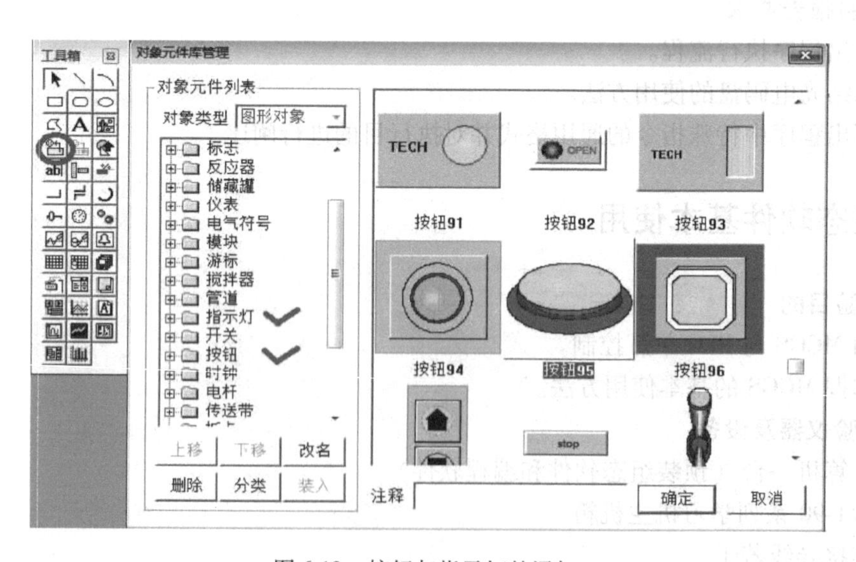

图 6-12　按钮与指示灯的添加

添加后调整其大小，并摆放至合适位置，如图 6-13 所示。

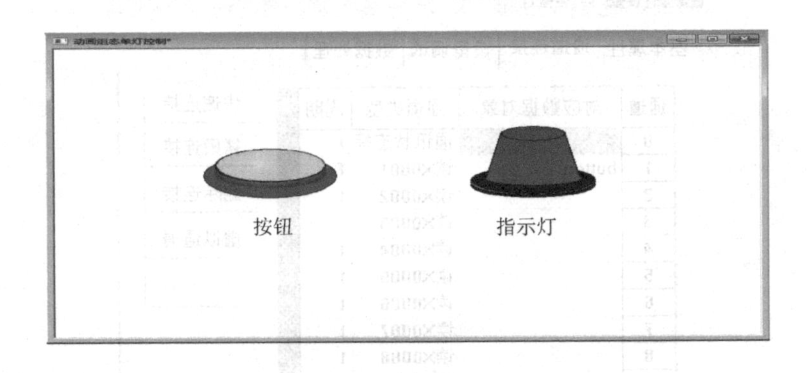

图 6-13　运行界面设计

5）添加控制变量。在“工作台”选择“实时数据库”，通过“新建变量”按钮建立两个变量“button”和“light”，均设置为开关量，如图 6-14 所示。

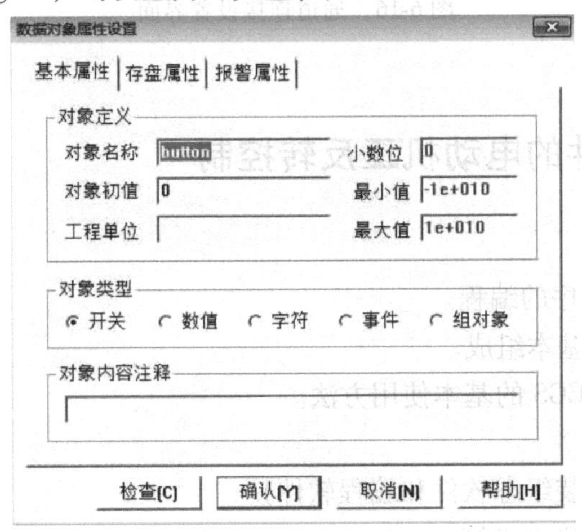

图 6-14　变量添加界面

6）PLC 连接设置。在“工作台”选择设备窗口后，双击“MCGS 设备窗口”，建立如图 6-15 所示的设备添加界面。

双击“设备 1”，完成以下设置，如图 6-16 所示。

图 6-15　设备添加界面

使用 PLC 编程软件编辑 X0 对 Y0 的控制程序，要求实现 X0 和 Y0 的同时“on”和“off”，并将程序下载至 PLC。

在 MCGS 中运行当前窗口，通过用鼠标左击按钮检查“按钮”与指示灯的响应状态。

5. 实验报告要求

1）写出实现单灯控制的 MCGS 设计过程。

2）写出在 MCGS 中添加 PLC 设备的详细操作过程。

3）写出 MCGS 中变量与 PLC 输入和输出继电器连接的详细操作过程。

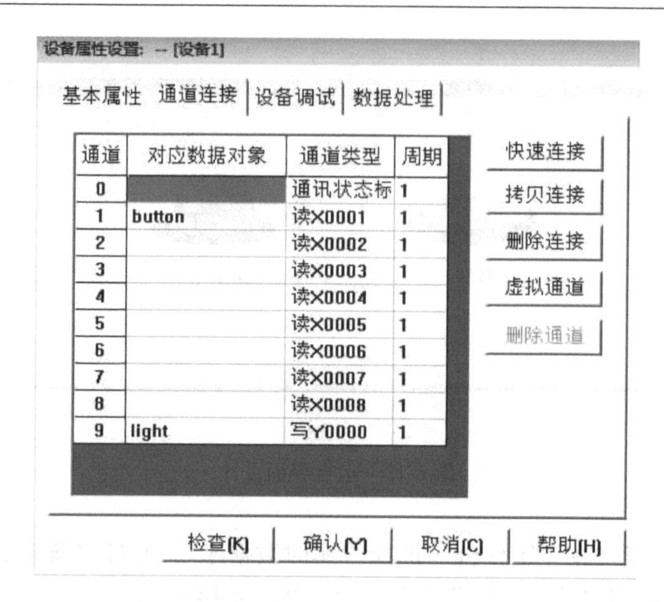

图 6-16　通道连接设置界面

6.9　基于组态软件的电动机正反转控制

1. 实验目的

1）熟悉 PLC 循环程序的编程。

2）了解工业控制的基本组成。

3）学习组态软件 MCGS 的基本使用方法。

2. 实验仪器及设备

1）计算机一台（预装组态软件和编程软件）

2）TVT-90 系列学习机主机箱

3）连接导线若干

3. 实验原理

1）利用 MCGS 中的管道控件可以实现管道内水体流动方向和流动速度的控制。

2）将控制电动机起停的输出继电器与管道控件的显示流动变量建立联系，可实现管道内水体流动的控制。

3）将控制电动机正反转的输出继电器与管道控件的方向建立变量联系，管道内水体可根据输出继电器的状态实现顺时针或逆时针旋转。

4. 实验内容及实验步骤

实验内容如下：

1）在组态软件中设置正反转起动按钮和停止按钮（用中间继电器链接），程序中用输出继电器 0 和 1 分别驱动电动机的正反转的执行。

2）利用组态软件中的管道形成闭合路径，利用其流动属性分别在电动机正反转运行时使之进行顺时针和逆时针流动，来模拟传送带的运转。

实验步骤如下：

1）按实验要求，分配PLC的I/O（配合设定的按钮和指示灯）。

2）编制组态控制界面，进行控制软元件绘制和建立新变量；添加设备连接，添加FP0编程口，并与PLC内部继电器建立通道连接。

3）连接PLC外部（输入、输出）电路，编写用户PLC程序，并实现相应的自锁和互锁功能。

4）输入、编辑、编译、下载、调试用户程序。

5）运行用户程序，观察程序运行结果。

6）检验执行情况。

5. 实验报告要求

1）总结组态界面编制的一般过程。

2）总结设备连接和通道连接的基本步骤。

6.10 基于DDE的电动机正反转的PLC控制

1. 实验目的

1）用PLC控制电动机正反转。

2）利用组态软件编制上位控制界面，并与PLC链接。

3）将PLC运行信息通过DDE方式传入EXCEL表格。

2. 实验仪器及设备

1）计算机一台（预装组态软件和编程软件）

2）TVT-90系列学习机主机箱

3）连接导线若干

3. 实验原理

1）使用DDE方式可以通过WINDOWS自带的功能组件将两种具有DDE功能的软件动态链接，实现动态数据实时传输。

2）将外部装置的运行情况通过DDE方式传至EXCEL表单，可以方便地进行打印和编辑等。

3）利用MCGS组态软件的DDE功能可以将PLC寄存器的数据传至EXCEL表格中。

4. 实验内容及实验步骤

实验内容如下：

1）在组态界面中按下“正转”按钮，电动机正转运行，即完成正转起动。按下“停止”按钮，电动机停止运行。按下“反转”按钮，电动机反转运行，即完成反转起动。

2）在组态软件中设置软开关和运行指示灯，利用管道流动效果实现由电动机产生的正、反方向流动效果，加载实时时钟显示。

3）通过DDE连接，将电动机实时效果记录在EXCEL表单中，要求利用脚本程序能记录停机次数。

实验步骤如下：

1）编制PLC程序。

2）编制组态控制界面（见图6-17），进行与PLC的通道连接。

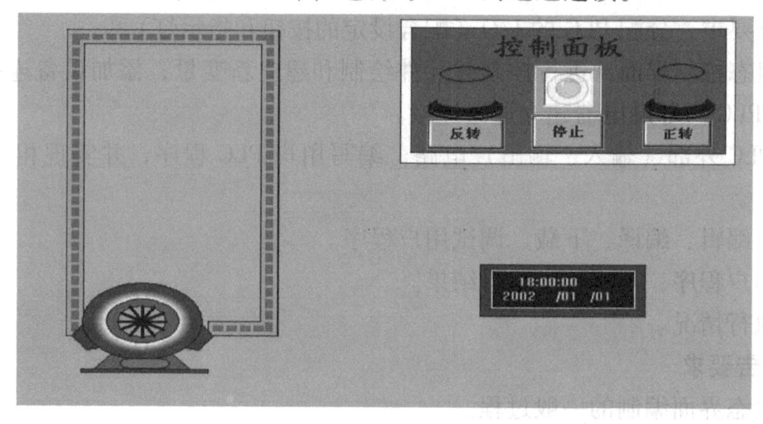

图6-17　组态控制界面

3）在组态软件中进行DDE设置，将数据传输到EXCEL表格中，并记录停机次数（需在组态软件中利用Data4编制脚本程序）。MCGS使用DDE和Excel进行交互的过程如下：

①在MCGS的“实时数据库”窗口中进行变量定义工作，定义4个数值类型的变量Data、Data2、Data3、Data4。

②在MCGS组态环境的“工具”菜单中选取“DDE连接管理”菜单项，在DDE连接管理窗口设置DDE输出变量（选中各数据对象对应的DDE输出选项框）。按“服务节点配置”按钮，按“增加”按钮，弹出如下配置窗口，把服务节点名设为“Excel表单”，把服务名设为“Excel”，主题名设为“Sheet1”（当把Excel应用软件作为DDE服务器时，服务名永远为“Excel”，主题名为对应表单—Sheet的名称），配置好服务器节点后，把Data1到Data4（利用Data4实现停机次数记录）的连接节点都设为“Excel表单”，连接项目分别设为R2C1、R2C2、R2C3、R2C4。

③在所设计界面单击右键添加脚本程序，达到记录停机次数（利用Data4）的目的。最后，接通PLC电源，打开EXCEL文件（Sheet1），进入组态界面，进行运行效果检查。

5. 实验报告要求

1）简述DDE工作原理以及本实验中的一般设置方法，总结添加实时时钟的步骤。

2）简述脚本程序的使用方法，总结记录停机次数的方法。

第7章　模拟电子技术实验

7.1　常用电子仪器的使用

1. 实验目的

1）掌握电子电路实验中常用的函数信号发生器、交流毫伏表和示波器等电子仪器使用，学习仪器仪表的主要技术指标、性能及掌握正确的使用方法。

2）初步掌握用示波器观察各种信号波形和读取波形参数的方法。

2. 实验仪器与设备

1）函数信号发生器

2）交流毫伏表

3）示波器

4）可调直流电源

3. 实验原理

在模拟电子电路实验中，我们经常使用的电子仪器主要有示波器、函数信号发生器和交流毫伏表等。它们和万用电表一起，可以完成对模拟电子电路的静态和动态工作情况的测试。本实验采用函数信号发生器、交流电压表和双踪示波器组成基本的实验电路，各仪器之间的布局与连接如图7-1所示。接线时应注意，为防止外界干扰，各仪器的公共接地端应连接在一起，称共地。信号源和交流毫伏表的引线通常用屏蔽线或专用电缆线，示波器接线使用专用电缆线，直流电源的接线用普通导线。

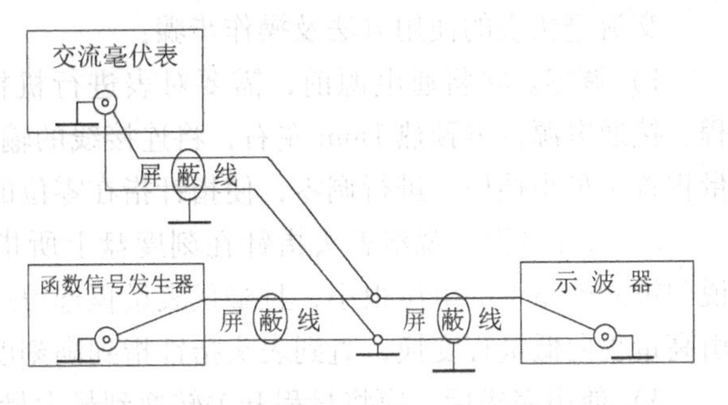

图7-1　模拟电子电路中常用电子仪器布局图

（1）函数信号发生器

函数信号发生器按需要可以输出正弦波、方波和三角波三种信号波形，函数信号发生器主要由信号产生电路、信号放大电路等部分组成。输出信号电压幅度可通过输出幅度调节旋钮进行调节，输出信号频率可通过频段选择及调频旋钮进行调节。使用时先打开电源开关，波形选择开关选择所需信号波形，然后通过频段选择找到所需信号频率所在的频段，配合调频旋钮，调得所需信号频率。通过调幅旋钮调得所需信号幅度。

实验介绍的SFG-1000型函数信号发生器（见图7-2），是一多功能函数信号发生器。它可以输出正弦波、方波和三角波三种信号波器，频率范围为0.3Hz~3MHz。SFG-1000型函数信号发生器采用DDS技术，其高频率精确度为±20ppm（$1ppm = 10^{-6}$），失真度：−55dBc @ ≤200kHz，高分辨率：100mHz，其最大输出电压幅度大于20V峰峰值。这里仅简单的介绍其使用方法。

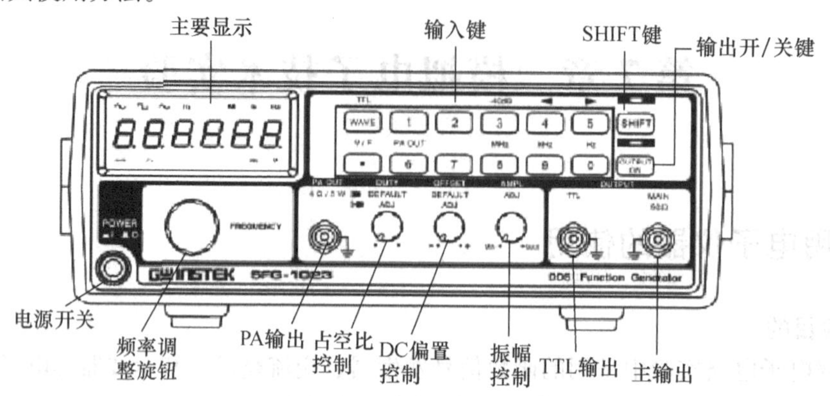

图 7-2　SFG-1000 型函数信号发生器面板

（2）交流毫伏表

交流毫伏表是一种用于测量正弦电压有效值的电子仪器。常用的单通道晶体管毫伏表，具有测量交流电压、电平测试、监视输出等三大功能。交流测量范围是 100nV ~ 300V、5Hz ~ 2MHz，共分 1mV、3mV、10mV、30mV、100mV、300mV 及 1V、3V、10V、30V、100V、300V 共 12 档；电平 dB 刻度范围是 -60 ~ +50dB。使用时注意要在其工作频率内，为避免过载损坏，测量之前应先将量程放到最大档，再根据读数逐步减小量程，直到合适的量程为止，用完后也应将选择测量范围开关放到最大量程档，然后关掉电源。

交流毫伏表的使用方法及操作步骤：

1）调零。在将通电源前，需要对表进行机械零点的校准工作，将量程开关选最高量程。接通电源，需预热 1min 左右，将连接线的输入测试探头上的红、黑鳄鱼夹短接后，把量程置于最小档位，进行调零，使指针指在零位的位置，完成调零的工作。

2）选择量程。观察表头指针在刻度盘上所指的位置，若指针在起始点位置基本没动，说明被测电路中的电压很小，且毫伏表量程选得过高。此时逆时针旋转量程开关，用递减法由高量程向低量程变换，直到表头指针指到满刻度的 2/3 处或中间部分即可。

3）使用完毕后，应将量程开关转换到最大量程档，以免下次使用时损坏毫伏表。

注意：由于电压表指示值是以正弦有效值为刻度的，若被测电压波形为非正弦波时，测量电压的读数会有一定的误差。

（3）示波器

示波器的是一种应用很广泛的测量仪器，它可以用来测试各种周期性变化的电压和电流波形的电子图示测量仪器，可测量电信号的幅度、频率、相位、调制度等。示波器的种类很多，有高频和低频示波器；单综、双综和多综示波器；取样、记忆和存储示波器；数字式和逻辑示波器。各种不同种类的示波器很多，但它们基本都由主机、垂直通道和水平通道组成。主机包括示波管及其所需的各种直流供电电路；在面板上的控制旋钮有辉度、垂直移位和水平移位等；垂直通道主要用来控制电子束按被测信号的幅值大小在垂直方向的偏移；水平通道主要用来控制电子束按时间值在水平方向上的偏移，主要由扫描发生器、水平放大器和触发电路组成。

使用方法：打开电源开关，首先应调节“辉度”，“聚焦”和“辅助聚焦”等各旋钮，使屏幕上显示一条细而清晰的扫描基线，调节“X轴位移”和“Y轴位移”旋钮，使基线位于屏幕中央；然后，将被观测信号通过专用电缆线与Y1（或Y2）输入插口接通，将触发方式开关置于“自动”位置，触发源选择开关置于“内”触发源方式，改变示波器扫速开关及Y轴灵敏度开关，直到在荧光屏上显示出稳定的信号波形。各种型号的示波器使用详细参见相关资料。

4. 实验内容及步骤

（1）调节函数信号发生器的有关旋钮，输出频率分别为100Hz、1kHz、10kHz、1000kHz，幅值分别为100mV和400mV的正弦波信号。用交流毫伏表进行参数的测量。

（2）交流信号电压幅值的测量

从函数信号发生器输出频率分别为100Hz、200Hz、1kHz和10kHz，幅度为1V和5V的正弦波信号，信号通过示波器探头连接到示波器通道。先将垂直通道输入方式开关置于“AC”，适当选择示波器灵敏度选择开关“V/div”的位置，使示波器屏上能观察到完整、稳定的正弦波，则此时纵向坐标表示每格的电压伏特数，根据被测波形在纵向高度所占格数便可读出电压的数值，并把所测出的结果记入表7-1中。

表7-1　电压幅值的测量

信号频率	信号输出/V	示波器/V·div^{-1}	峰峰波形高度（div）	峰-峰电压值/V	电压有效值/V
100Hz	1				
200Hz	1				
1kHz	5				
10kHz	5				

注意：要保证信号源地线、毫伏表和示波器的探头线地线接在一起。

（3）交流信号电压频率的测量

从函数信号发生器输出频率分别为100Hz、200Hz、1kHz和10kHz幅度为1V和5V的正弦波信号，信号通过示波器探头连接线到示波器通道。先将垂直通道输入方式开关置于“AC”，适当选择示波器灵敏度选择开关“V/div”的位置，使示波器屏上能观察到完整、稳定的正弦波。将示波器扫描速率中的微调置于校准位置，此时扫描速率开关“*t*/div”的刻度值表示屏幕横向坐标每格所表示的时间值。根据被测信号波形在横向所占的格数直接读出信号的周期，若要测量频率只需将被测的周期求倒数即为频率值，把所测的结果记入表7-2中。

表7-2　电压频率的测量

信号频率	信号输出/V	示波器扫描速度（*t*/div）	一个周期占有水平格数	计算输出信号频率
100Hz	1			
200Hz	1			
1kHz	5			
10kHz	5			

（4）用示波器测量直流电压

测量直流信号时，先将垂直（Y）轴耦合方式开关置于“GND”，调节Y轴位移旋钮使扫描基线移至合适的位置并记录下来，然后将垂直（Y）轴耦合方式开关置于“DC”，通过示波器探头连接线到示波器垂直（Y）轴通道分别接入直流电压 -5V 和 5V 直流信号，适当选择示波器灵敏度选择开关“V/div”的位置，根据基线变化的纵向高度所占格数便可读出电压的数值，并把所测出的结果记入表 7-3 中。

表 7-3　示波器直流电压的测量

直流电压/V	示波器/$V \cdot div^{-1}$	div	计　算　值
-5			
+5			

（5）交流信号相位的测量

如何使用示波器测量两个频率相同但相位不同的交流信号间的相位差？并说明具体的操作过程。

5. 实验报告要求

1）整理实验数据，将理论计算结果和实测数据相比较，分析产生误差的原因。

2）分析讨论实验中出现的现象和问题。

3）回答思考题。

6. 思考题

1）用交流电压表测量交流电压时，信号频率的高低对读数有无影响？

2）函数信号发生器有哪几种波形输出？使用函数信号发生器应特别注意什么？

3）示波器输入信号耦合开关置“AC”、“DC”、“GND”位置有何不同？测量时该如何选择？

7.2　晶体管共射极单管放大器

1. 实验目的

1）掌握晶体管放大器静态工作点的设置原则及其调试方法。

2）了解电路元件参数的变化对静态工作点的影响。

3）掌握放大器电压放大倍数、输入电阻、输出电阻及最大不失真输出电压的测试方法。

2. 实验仪器与设备

1）直流电源

2）信号发生器

3）示波器

4）交流毫伏表

5）万用电表

3. 实验原理

图 7-3 所示为共射极单管放大器实验原理图。由偏置电阻 R_{B1} 和 R_{B2} 组成的分压电路，在

发射极中接有电阻 R_E，由于引入了电流负反馈，使电路工作点较为以稳定。当在放大器的输入端输入信号 u_i 后，放大器的输出端输出一个与 u_i 相位相反，幅值被放大了的输出信号 u_o，从而实现了电压放大。

在图7-3电路中，适当选取电阻 R_{B1} 和 R_{B2} 的阻值，使得流过它的电流远大于晶体管V的基极电流 I_B 时（一般5～10倍），则晶体管基极电位 V_B 仅由 R_{B1} 和 R_{B2} 的阻值决定，它的静态工作点 Q 可用下列关系式估算确定：

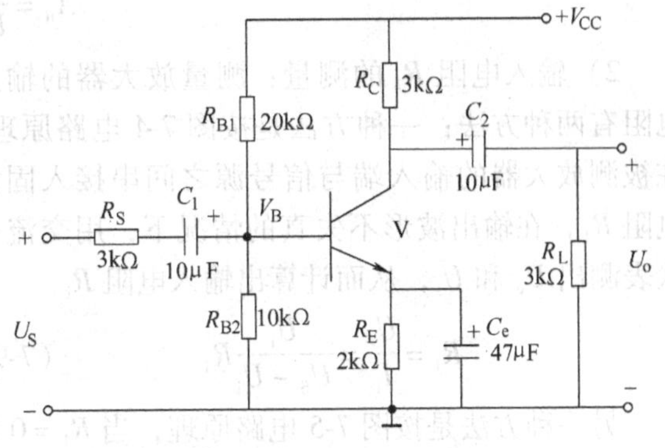

图7-3　共射极单管放大器实验电路

$$V_B \approx \frac{R_{B2}}{R_{B1}+R_{B2}} V_{CC} \tag{7-1}$$

$$I_{EQ} = \frac{V_B - U_{BE}}{R_E} \approx I_{CQ} \tag{7-2}$$

$$U_{CEQ} = V_{CC} - I_{CQ}(R_C + R_E) \tag{7-3}$$

电压放大倍数为

$$A_V = -\beta \frac{R_C /\!/ R_L}{r_{be}} \tag{7-4}$$

（1）静态工作点的测量

测量放大器的静态工作点，应在输入信号 $u_i=0$ 的情况下进行，即将放大器输入端与地端短接，然后选用量程合适的直流毫安表和直流电压表，分别测量晶体管的集电极电流 I_C 以及各电极对地的电位 V_B、V_C 和 V_E。一般实验中，为了避免断开集电极，所以采用测量 V_E 或 V_C，然后算出 I_C 的方法，例如，只要测出 V_E，即可用

$$I_C = \frac{V_{CC} - V_C}{R_C} \tag{7-5}$$

计算出 I_C，同时可用

$$U_{BE} = V_B - V_E \tag{7-6}$$

$$U_{CE} = V_C - V_E \tag{7-7}$$

也能算出 U_{BE} 和 U_{CE}。为了减小误差，提高测量精度，应选用内阻较高的直流电压表。

（2）静态工作点的调试

放大器中静态工作点的选取十分重要，如工作点偏高，放大器在加入交流信号以后易产生饱和失真，此时 U_o 的负半周将被削底，如工作点偏低则易产生截止失真，即 U_o 的正半周被缩顶，不符合不失真放大的要求。

可以通过改变电路参数如 R_C、R_{B1}、R_{B2} 使静态工作点的变化，通常采用调节偏置电阻 R_{B2} 的方法来改变静态工作点，如减小 R_{B2}，则可使静态工作点提高等。需要说明的是，工作点“偏高”或“偏低”并不是绝对的，是相对信号的幅度而言，实际上产生波形失真是信号幅度与静态工作点设置配合不当所致，静态工作点设置最好尽量靠近交流负载线的中点。

（3）放大器动态参数（A_u、R_i、R_o）测试方法

1）电压放大倍数 A_u 的测量：通过改变电路参数 R_C、R_{B1}、R_{B2} 使静态工作点的变化，调

整放大器到合适的静态工作点，然后加入输入电压 u_i，在输出电压 u_o 不失真的情况下，用交流毫伏表测出有效值 U_i 和 U_o，则

$$A_u = \frac{U_o}{U_i} \tag{7-8}$$

2）输入电阻 R_i 的测量：测量放大器的输入电阻有两种方法：一种方法是按图 7-4 电路原理，在被测放大器的输入端与信号源之间串接入固定电阻 R_1，在输出波形不失真的情况下，用交流毫伏表测出 U_o 和 U_i，从而计算出输入电阻 R_i

$$R_i = \frac{U_i}{I_i} = \frac{U_i}{U_S - U_i}R_1 \tag{7-9}$$

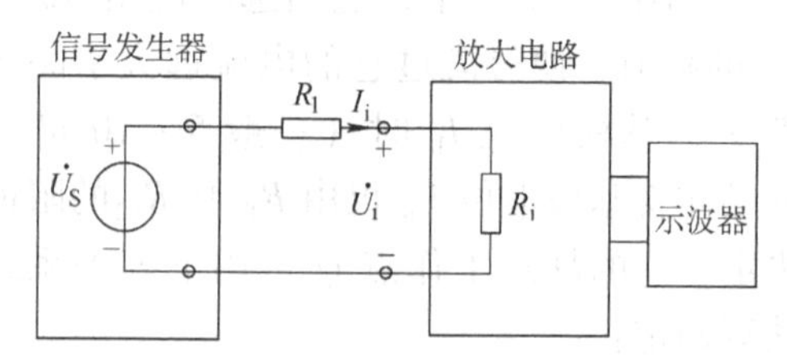

图 7-4　输入电阻测量电路原理一

另一种方法是按图 7-5 电路原理，当 $R_1 = 0$ 时，在输出波形不失真的情况下，用交流毫伏表测量输出 U_{o1}，当 $R_1 = 4\text{k}\Omega$ 时，用交流毫伏表测量输出 U_{o2}，可按式（7-10）计算出输入电阻 R_i

$$R_i = \frac{U_{o2}}{U_{o1} - U_{o2}}R_1 \tag{7-10}$$

3）输出电阻的测量：输出电阻的测量如图 7-6 电路所示。在输出信号不能失真情况下，测出输出端不接负载电阻 R_L 时的输出电压 U_o 和接入负载电阻后的输出电压 U_L，计算出输出电阻。

$$R_o = \left(\frac{U_o}{U_L} - 1\right)R_L \tag{7-11}$$

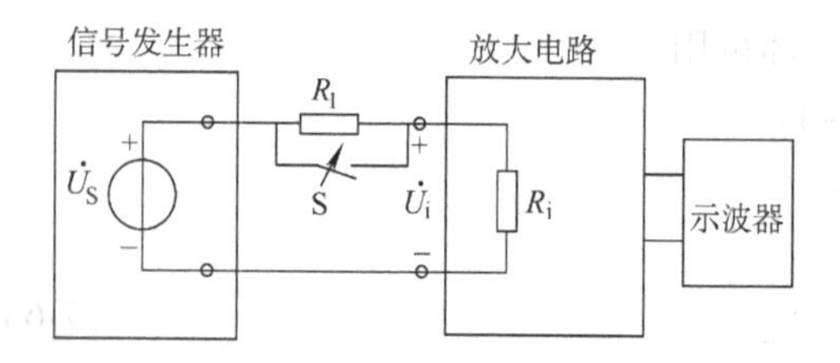

图 7-5　输入电阻测量电路原理二

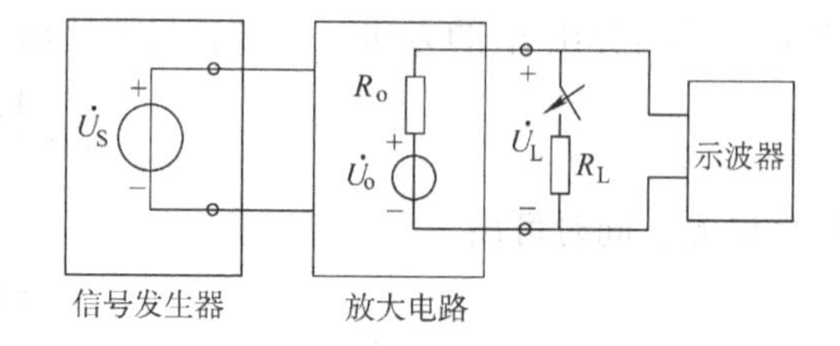

图 7-6　输出电阻测量电路原理

（4）放大器频率特性的测量

放大电路的幅频特性曲线如图 7-3 所示，电路中的电容是影响放大器幅频特性的主要原因。图中 A_{um} 为中频电压放大倍数，通常规定电压放大倍数随频率变化降到中频放大倍数的 1/2，即 0.707A_{um} 所对应的频率分别称为下限频率 f_L 和上限频率 f_H，则通频带为

$$f_{BW} = f_H - f_L \tag{7-12}$$

在测量电路的幅频特性时，通过每改变一个信号频率，在保持输入信号的幅度不变，并且输出波形不失真时，测量其相应的电压放大倍数，然后，由测量

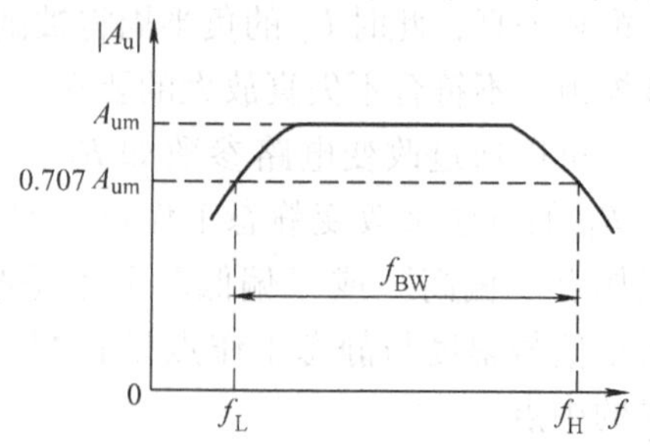

图 7-7　放大电路的幅频特性曲线

数据画出放大电路的幅频特性曲线。

4. 实验内容及步骤

(1) 调试静态工作点

按图7-3所示连接电路，注意电容器的极性不要接反。先将信号发生器输出为零。接通+12V电源，用直流电压表测量各静态电压值。测量结果记入表7-4中。

表7-4 静态工作点实验数据

测 量 值					理 论 值				
U_B/V	U_E/V	U_C/V	U_{CE}/V	I_C/mA	U_B/V	U_E/V	U_C/V	U_{CE}/V	I_C/mA

(2) 测量电压放大倍数

在放大器输入端接入频率为1kHz的正弦信号 u_i，调节函数信号发生器的输出旋钮，同时用示波器观察放大器输出电压 u_o 波形，在保证输出波形不失真的情况下，保持输入电压 u_i 不变，按表7-5要求调节参数，用交流毫伏表测量输出电压 U_o 值，并用示波器观察 u_o 和 u_i 的相位关系，测量结果记入表7-5中。

表7-5 测量电压放大倍数实验数据

R_L	U_o/V	A_u 测量值	A_u 理论值	观察并记录一组 u_i 和 u_o 波形
∞				
600Ω				
1kΩ				
3.2kΩ				

(3) 观察静态工作点对电压放大倍数的影响

置 $R_C=3\text{k}\Omega$、$R_L=\infty$，调节函数信号发生器的输出电压，同时用示波器观察放大器输出电压 u_o 波形，在保证输出波形不失真的情况下，保持输入电压 u_i 不变，调节 R_{B1} 的值，分别观察 R_{B1} 值变化对静态工作点及输出波形的影响，用交流毫伏表测量输出电压 U_o 值，并用示波器观察 u_o 和 u_i 的相位关系，测量结果记入表7-6中。

表7-6 R_{B1} 值对静态及动态影响的实验结果

R_{B1}/kΩ	U_B/V	U_E/V	U_C/V	U_{CE}/V	观察并记录一组 u_i 和 u_o 波形	波 形 性 质
7.8						
20						
92						

(4) 测量最大不失真输出电压

置 $R_C=3\text{k}\Omega$、$R_L=20\text{k}\Omega$，按照实验原理所述方法，同时调节输入信号的幅度和电位器RP，用示波器和交流毫伏表测量 U_{opp} 及 U_o 值，测量结果记入表7-7中。

表 7-7 测量最大不失真输出电压

I_C/mA	U_{im}/mV	U_{om}/V	U_{opp}/V

(5) 测量输入和输出电阻

输入和输出电阻测量可按实验原理的所描述方法进行，根据实验数据分别计算出输出电阻。

(6) 研究发射极电阻 R_E 和旁路电容 C_E 的作用

1) 改变发射极电阻 R_E 的阻值，用上述 4) 中介绍的方法测量出 $R_C=3k\Omega$、$R_L=20k\Omega$ 时，最大不失真输出电压，并分析发射极电阻 R_E 对电路的输出动态范围有何影响。

2) 在放大器输入端接入频率为 1kHz 的正弦信号 u_i，调节函数信号发生器的输出旋钮，同时用示波器观察放大器输出电压 u_o 波形，在保证输出波形不失真的情况下，保持输入电压 u_i 不变，用示波器观察发射极接有和不接有旁路电容 C_E 两种情况下的输出电压波形，并将以上两项测量结果进行比较，分析旁路电容 C_E 的作用。

5. 实验报告要求

1) 整理实验中测量结果，并把实测的静态工作点、电压放大倍数、输入电阻、输出电阻之值与理论计算值比较（取一组数据进行比较），分析产生误差原因。

2) 讨论 R_C、R_L 及静态工作点对放大器电压放大倍数、输入电阻、输出电阻的影响。

3) 讨论静态工作点变化对放大器输出波形、电压放大倍数的影响，以及改善失真的方法。

4) 分析讨论在调试过程中出现的问题。

6. 思考题

1) 如果电路的静态工作点正常，当输入交流信号后，放大器无输出信号，故障可能出在什么地方？如何分析和排除故障？

2) 当调节偏置电阻 R_{B2}，使放大器输出波形出现饱和或截止失真时，晶体管的管压降 U_{CE} 会怎样变化？

3) 电路的静态工作点正常，如果发现电压增益只有几倍时，可能是哪个器件出了故障？

7.3 射极跟随器

1. 实验目的

1) 掌握射极跟随器的特性及测试方法。

2) 进一步学习放大器各项参数的测试方法。

2. 实验仪器与设备

1) 函数信号发生器

2) 可调直流电源

3) 交流毫伏表

4) 双踪示波器

5）3DG12×1或9013

6）电阻器、电容及插线若干

3. 实验原理

如图7-8所示为射极跟随器电路的原理图，它是一个电压串联负反馈放大器，具有高输入电阻、低输出电阻，放大器的输出取自发射极，放大倍数接近于1，输出电压能够在较大的范围内跟随输入电压作线性变化，射极跟随器的输出取自晶体管的发射极，所以称之为射极跟随器。

（1）输入电阻

射极跟随器实验电路如图7-9所示，若考虑偏置电阻 R_B 和负载 R_L 的影响，则射极跟随器输入电阻计算公式（7-13）为

$$R_i=(R_b+R_{RP})/\!/[r_{be}+(1+\beta)(R_e/\!/R_L)] \tag{7-13}$$

由式（7-13）可知，射极跟随器的输入电阻 R_i 比共射极基本放大电器的输入电阻 $R_i=(R_b+R_{RP})/\!/r_{be}$ 要大得多，射极跟随器输入电阻的测试方法与共射极基本放大电器相同，只需要测得B点到参考地的电位，再利用式（7-14）计算可得

$$R_i=\frac{U_i}{I_i}=\frac{U_i}{U_S-U_i}R_1 \tag{7-14}$$

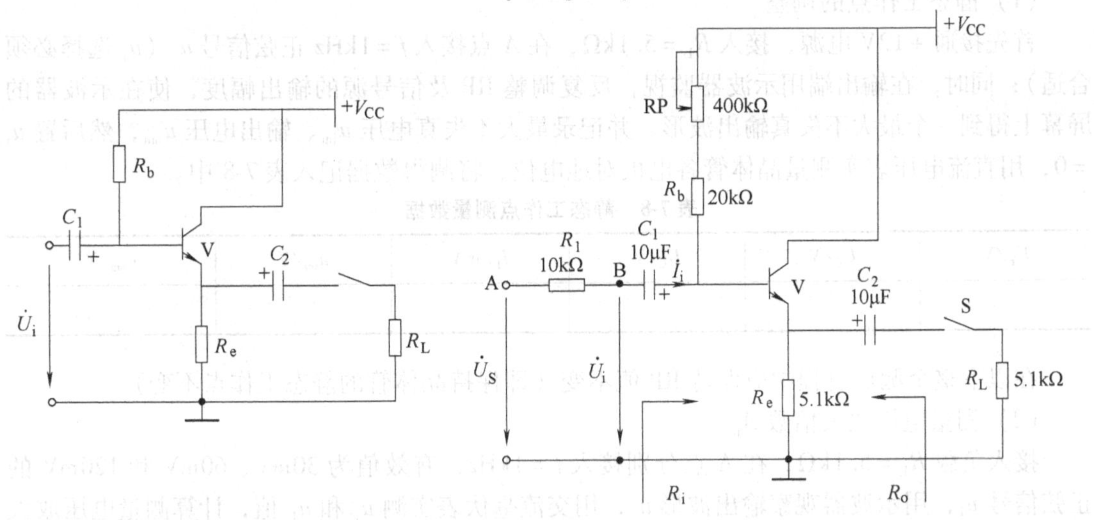

图7-8　射极跟随器电路原理图　　图7-9　射极跟随器实验电路

（2）输出电阻

由图7-9所示射极跟随器可知其输出电阻 R_o 为

$$R_o=\frac{r_{be}}{1+\beta}/\!/R_e\approx\frac{r_{be}}{\beta} \tag{7-15}$$

如果考虑信号源内阻 R_1，则 R_o 为

$$R_o=\frac{r_{be}+[R_S/\!/(R_b+R_{RP})]}{1+\beta}/\!/R_e\approx\frac{r_{be}+[R_S/\!/(R_b+R_{RP})]}{\beta} \tag{7-16}$$

由式（7-16）可知，射极跟随器的输出电阻 R_o 比共射极基本放大电器的输出电阻 $R_o=$

R_c 要小得多。从计算公式可知当 β 越大，输出电阻越小。射极跟随器输出电阻的测试方法与共射极基本放大电器相同，先测得放大器空载时输出电压 U_∞ 值，再测接入负载 R_L 后的输出电压 U_L，利用式（7-17）计算可得输出电阻。

$$R_o = \left(\frac{U_\infty}{U_L} - 1\right)R_L \tag{7-17}$$

（3）电压放大倍数

射极跟随器的放大倍数计算公式为

$$A_u = \frac{(1+\beta)(R_e /\!/ R_L)}{1+(1+\beta)(R_e /\!/ R_L)} \approx 1 \tag{7-18}$$

式（7-18）表明，射极跟随器的放大倍数近似为 1，且大于 0，这是深度负反馈的结果。但它的射极电流仍比基极电流大（$1+\beta$）倍，所以射极跟随器具有一定的电流放大和功率放大的作用。

4. 实验内容及步骤

按图 7-9 连接电路，自行搭接。

（1）静态工作点的调整

首先接通 +12V 电源，接入 $R_L = 5.1\text{k}\Omega$，在 A 点接入 $f = 1\text{kHz}$ 正弦信号 u_i（u_i 选择必须合适）；同时，在输出端用示波器监视，反复调整 RP 及信号源的输出幅度，使在示波器的屏幕上得到一个最大不失真输出波形，并记录最大不失真电压 u_{im}、输出电压 u_{om}，然后置 $u_i = 0$，用直流电压表实测量晶体管各电极对地电位，将测得数据记入表 7-8 中。

表 7-8　静态工作点测量数据

U_E/V	U_B/V	U_C/V	I_E/mA	u_{im}/V	u_{om}/V

在以下整个测试过程中应保持 RP 值不变（即保持晶体管的静态工作点不变）。

（2）测量电压放大倍数 A_u

接入负载 $R_L = 5.1\text{k}\Omega$，在 A 点分别接入 $f = 1\text{kHz}$，有效值为 30mV、60mV 和 120mV 的正弦信号 u_i，用示波器观察输出波形 u_o，用交流毫伏表实测 u_i 和 u_L 值，计算测量电压放大倍数，将测量数据记入表 7-9 中。

表 7-9　电压放大倍测量数据

u_i/mV	u_o/V 峰峰值	u_o/V 有效值	A_u
30			
60			
120			

（3）测量输出电阻 R_o

断开负载 R_L，在 A 点分别接入 $f = 1\text{kHz}$，有效值为 30mV、60mV 和 120mV 的正弦信号 u_i，用示波器监视输出波形，用交流毫安表实负载端分别测量当空载和接上负载 $R_L = 5.1\text{k}\Omega$

时两种情况下的输出电压。其中，空载电压用 u_0 表示，负载输出电压为 U_L，并计算其输出电阻，将测量数据记入表7-10中。

表7-10　输出电阻测量数据

u_i/mV	u_0/mV 空载 $R_L=\infty$	u_0/mV 负载 $R_L=2k\Omega$	R_o/Ω
30			
60			
120			

（4）测量输入电阻 R_i

在A点加在B点分别接入 $f=1kHz$，有效值为30mV、60mV和120mV的正弦信号 u_i，用示波器监视输出波形，用交流毫伏表实分别测出A、B点对地的电压 u_i，计算输入电阻，将测量数据记入表7-11中。

表7-11　输出电阻测量数据

u_S/mV	u_i/mV	R_i/Ω
30		
60		
120		

（5）测量跟随性能

在A点加在B点分别接入 $f=1kHz$ 的正弦信号 u_i，然后慢慢加大信号，用示波器监视输出波形直到输出最大不失真，测量对应的输出电压 u_L，并分析其跟随性能，数据记入表7-12中。

表7-12　测量跟随性能

u_i/mV	
u_L/V	

（6）测试频率响应特性

在A点加在B点分别接入幅值大小合适的正弦信号 u_i，然后改变信号的频率 f，用示波器监视输出波形，测量对应的输出电压 u_L，分析其测试频率响应特性，数据记入表7-13中。

表7-13　测试频率响应特性

f/kHz	
u_L/V	

5. 实验报告要求

1）整理实验数据，将理论计算结果和实测数据相比较。

2）分析射极跟随器的性能和特点。

3）整理数据并列表实进行比较。

7.4　场效应晶体管放大器

1. 实验目的

1）了解结型场效应晶体管共源极放大器的性能特点。

2）进一步掌握放大器主要性能指标的测试方法。

2. 实验仪器与设备

1）直流电源

2）信号发生器

3）示波器

4）交流毫伏表

5）结型场效应晶体管 3DJ6F ×1

6）电阻器、电容器若干

3. 实验原理

实验电路如图 7-10 所示。场效应晶体管是一种电压控制型器件，按结构可分为结型和绝缘栅型两种类型。由于场效应晶体管栅源之间处于绝缘或反向偏置，所以输入电阻很高，又由于场效应晶体管是一种多数载流子控制器件，因此热稳定性好，抗辐射能力强，噪声系数小。加之制造工艺较简单，便于大规模集成，因此得到越来越广泛的应用。

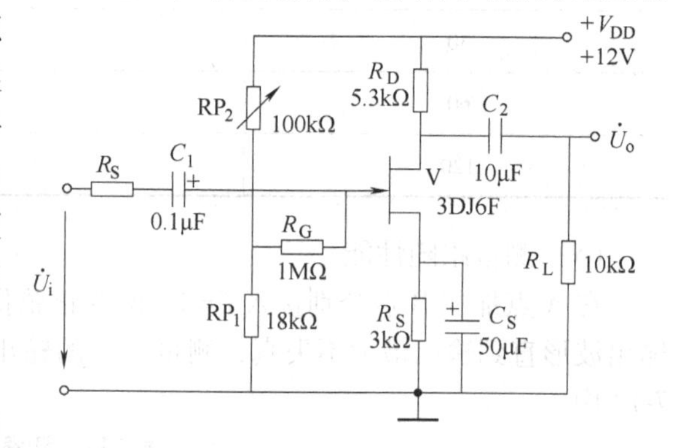

图 7-10　结型场效应晶体管共源极放大器

（1）结型场效应晶体管的特性和参数

场效应晶体管的特性主要有输出特性和转移特性。其直流参数主要有饱和漏极电流 I_{DSS}，夹断电压 U_P 等；交流参数主要有低频跨导 g_m 的计算公式为

$$g_m = \left.\frac{\Delta I_D}{\Delta I_{GS}}\right|_{U_{DS}=\text{常数}} \tag{7-19}$$

（2）场效应晶体管放大器性能分析

图 7-10 所示结型场效应晶体管组成的共源极放大电路，其静态工作点的计算公式为

$$U_{GS} = U_G - U_S = \frac{R_{RP1}}{R_{RP1}+R_{RP2}}U_{DD} - I_D R_S \tag{7-20}$$

$$I_D = I_{DSS}\left(1 - \frac{U_{GS}}{U_P}\right)^2 \tag{7-21}$$

中频电压放大倍数计算公式为

$$A_u = -g_m R_L' = -g_m R_D // R_L \tag{7-22}$$

输入电阻计算公式为

$$R_i = R_G + R_{RP1} /\!/ R_{RP2} \tag{7-23}$$

输出电阻计算公式为

$$R_0 \approx R_D \tag{7-24}$$

式中，跨导 g_m 可由特性曲线用作图法求得，或用式（7-25）计算：

$$g_m = -\frac{2I_{DSS}}{U_P}\left(1 - \frac{U_{GS}}{U_P}\right) \tag{7-25}$$

（3）输入电阻的测量方法

场效应晶体管放大器的静态工作点、电压放大倍数和输出电阻的测量方法，与晶体管共射极单管放大器的测量方法相同。其输入电阻的测量，从原理上讲，也可采用晶体管共射极单管放大器的测量方法实验中所述方法，但由于场效应晶体管的输入电阻比较大，如直接测输入电压 U_S 和 U_i，由于测量仪器的输入电阻有限，会带来较大的误差。因此为了减小误差，常利用被测放大器的隔离作用，通过测量输出电压来计算输入电阻。测量电路如图7-11所示。

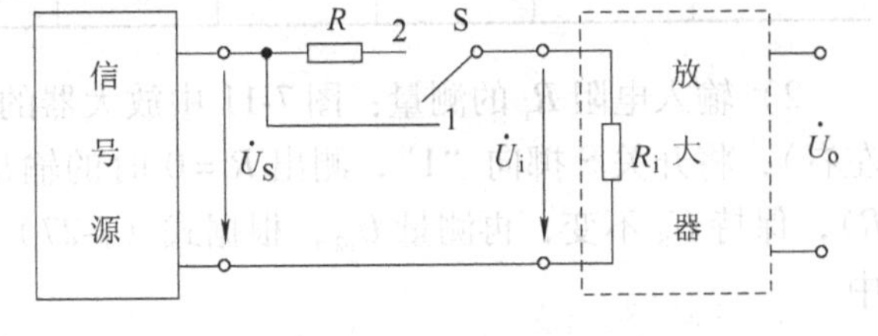

图7-11　输入电阻测量电路

在放大器的输入端串入电阻 R，把开关S掷向位置1（即使 $R=0$），测量放大器的输出电压 $U_{o1}=A_u U_S$；保持 U_S 不变，再把S掷向2（即接入 R），测量放大器的输出电压 U_{o2}。由于两次测量中 A_u 和 U_S 保持不变，所以

$$U_{o2} = A_u U_i = \frac{R_i}{R + R_i} U_S A_u \tag{7-26}$$

由此可以求出：

$$R_i = \frac{U_{o2}}{U_{o1} - U_{o2}} R \tag{7-27}$$

注意：式中 R 和 R_i 不要相差太大，取 R 在 100 ~ 200kΩ 之间。

4. 实验内容及步骤

（1）调整和测量静态工作点

按图7-10连接电路，令输入电压 $u_i=0$，接通电源，调整电路 R_{RP2} 的大小值，用数字万用表测量 U_G、U_S 和 U_D。检查静态工作点是否在特性曲线放大区的中间部分，若合适则把测量结果记入表7-14中，并根据测量值完成相关参数的计算。

表7-14　静态工作点测量数据

测量值						计算值		
U_G/V	U_S/V	U_D/V	U_{DS}/V	U_{GS}/V	I_D/mA	U_{DS}/V	U_{GS}/V	I_D/mA

（2）电压放大倍数 A_u、输入电阻 R_i 和输出电阻 R_o 的测量

1）放大倍数 A_u 和输出电阻 R_o 的测量：图7-10中放大器的输入端接入 $f=1$kHz 的正弦信号 u_i（100mV左右），并用示波器监视输出电压 u_o 的波形。在输出电压 u_o 没有失真的条件下，用交流毫伏表分别测量 $R_L=\infty$ 和 $R_L=1$kΩ 时的输出电压 U_o（注意：保持 U_i 大小不

能改变)，用示波器同时观察输入和输出的波形，并分析它们的相位关系，测量结果记入表7-15中。

表7-15　A_u 和 R_o 的测量数据

	测量值				计算值		u_i 和 u_o 波形
	U_i/V	U_o/V	A_u	R_o/kΩ	A_u	R_o/kΩ	u_o t
$R_L=\infty$							u_o t
$R_L=10\text{k}\Omega$							

2）输入电阻 R_i 的测量：图7-11中放大器的输入端接入 $f=1\text{kHz}$ 的正弦信号 u_i（100mV左右)，将开关S掷向“1”，测出 $R=0$ 时的输出电压 U_{o1}，然后将开关掷向“2”，（接入 R)，保持 U_S 不变，再测量 U_{o2}，根据式（7-27）计算出输入电阻 R_i，测量结果记入表7-16中。

表7-16　输入电阻 R_i 的测量数据

测量值			计算值
U_{o1}/V	U_{o2}/V	R_i/kΩ	R_i/kΩ

（3）通频带的测量

通频带的测量可以参考晶体管共射极单管放大器的测量方法，在测量电路的幅频特性时，通过每改变一个信号频率，在保持输入信号的幅度不变，并且输出波形不失真时，测量其相应的电压放大倍数，然后，由测量数据画出放大电路的幅频特性曲线（见图7-12)。通常规定电压放大倍数随频率变化降到中频放大倍数的1/2，即0.707A_{um}所对应的频率分别称为下限频率 f_L 和上限频率 f_H，则通频带为

$$f_{BW}=f_H-f_L \tag{7-28}$$

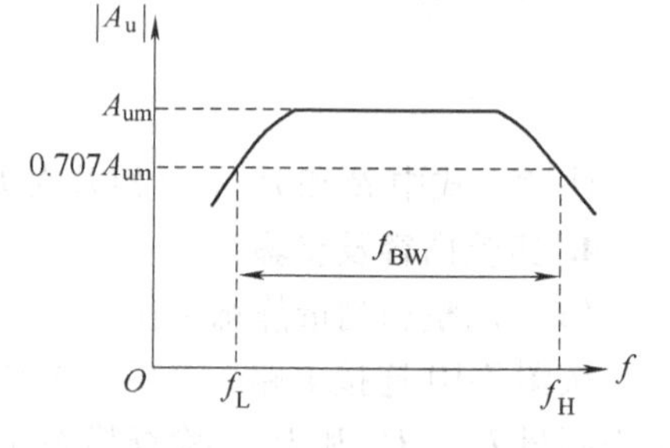

图7-12　幅频特性曲线

在测量电路的幅频特性时，通过每改变一个信号频率，在保持输入信号的幅度不变，并且输出波形不失真时，测量其相应的电压放大倍数，然后，由测量数据画出放大电路的幅频特性曲线。

5. 实验报告要求

1）理实验数据，将测得的 A_u、R_i、R_o 和理论计算值进行比较。

2）场效应晶体管放大器与晶体管放大器进行比较，总结场效应晶体管放大器的特点。

3）分析测试中的问题，总结实验收获。

6. 思考题

1）场效应晶体管放大器输入回路的电容 C_1 为什么可以取得小一些?

2）测量场效应晶体管静态工作电压 U_{GS} 时，能否用直流电压表直接并在G、S两端测

量？

3）为什么测量场效应晶体管输入电阻时要用测量输出电压的方法？

7.5　两级放大器

1. 实验目的

1）加深理解放大电路中引入负反馈的方法。

2）加深理解放大电路中引入负反馈对放大器各项性能指标的影响。

2. 实验仪器与设备

1）直流稳压电源

2）函数信号发生器

3）示波器

4）数字万用表

3. 实验原理

图7-13为带有电压串联负反馈的两级阻容耦合放大电路，在电路中通过反馈电阻 R_F 把输出电压 u_o 引回到输入端，加在晶体管 V_1 的发射极上，在发射极电阻 R_{F1} 上形成反馈电压 u_F，是电压串联负反馈。

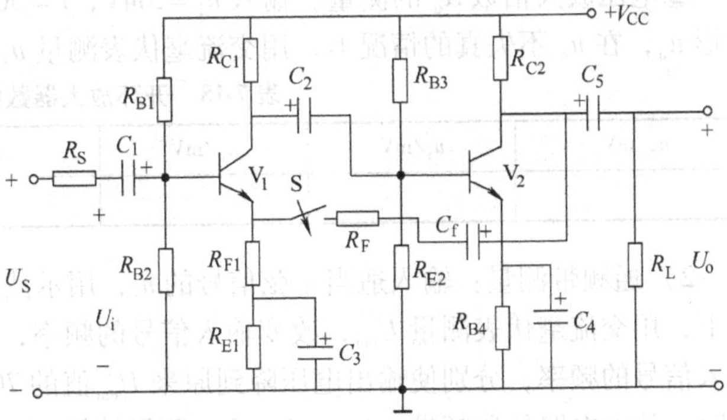

图7-13　带有电压串联负反馈的两级阻容耦合放大器电路

$R_{B1}=91\text{k}\Omega$　$R_{B2}=36\text{k}\Omega$　$R_{C1}=6.2\text{k}\Omega$　$R_{F1}=200\Omega$　$R_{E1}=2.3\text{k}\Omega$　$R_{E2}=4.3\text{k}\Omega$　$R_{C2}=4.7\text{k}\Omega$　$R_S=5.1\text{k}\Omega$　$R_{B3}=51\text{k}\Omega$　$R_{B4}=24\text{k}\Omega$　$R_F=R_L=10\text{k}\Omega$　$C_f=22\mu\text{F}$　$C_1=C_2=C_5=10\mu\text{F}$　$C_3=C_4=47\mu\text{F}$

（1）闭环电压放大倍数

$$A_{uf}=\frac{A}{1+AF}\qquad(7\text{-}29)$$

$A=u_o/u_i$ 为开环电压放大倍数，反馈网络系数为 F，$1+AF$ 为反馈深度，当深度反馈时 $A_{uf}\approx\frac{1}{F}$，由式(7-29)可知放大器引负反馈以后，放大倍数为开环放大倍数的 $1/(1+AF)$，当深度反馈时它的大小取决于反馈网络系数 F 的倒数。

（2）反馈系数

$$F=\frac{R_{F1}}{R_{F1}+R_F}\qquad(7\text{-}30)$$

（3）闭环输入电阻

$$R_{if}=(1+AF)R_i\qquad(7\text{-}31)$$

式中，R_i 为开环放大器的输入电阻。

（4）闭环输出电阻

$$R_{of}=\frac{R_o}{1+AF}\qquad(7\text{-}32)$$

式中，R_o 为开环放大器的输出电阻；A 为开环放大器；R_L 为 $R_L=\infty$ 时的电压放大倍数。

4. 实验内容及步骤

（1）测量静态工作点

按图 7-13 连接实验电路，检查无误后接通电源 $V_{CC}=+12V$，$u_i=0$，分别测量第一级、第二级的静态工作点，测量结果记入表 7-17 中。

表 7-17　第一级、第二级的静态工作点数据表

测量数据	U_B/V	U_C/V	U_E/V
第一级			
第二级			

（2）测量开环放大器的各项性能指标

1）测量中频电压放大倍数 A_u，输入电阻 R_i 和输出电阻 R_o

①测量开环输入电阻 R_i 和输出电阻 R_o。输入电阻 R_i 和输出电阻 R_o 的测量方法同单管放大电路实验有关内容，这里不再重复。把所测量结果记入表 7-18 中。

②电压放大倍数 A_u 的测量。输入 $u_i=5mV$，$f=500Hz$ 的正弦信号，用示波器监视输出波形 u_o，在 u_o 不失真的情况下，用交流毫伏表测量 u_s、u_i 和 u_o。

表 7-18　开环放大器数据表

u_S/mV	u_i/mV	u_o/mV	A_u	R_i/kΩ	R_o/kΩ

2）通频带测量：输入适当正弦信号的 u_i，用示波器监视输出波形 u_o，在 u_o 不失真的情况下，用交流毫伏表测量 U_{om}，改变输入信号的频率，在确保 u_i 不变的情况下，增加和减小输入信号的频率，分别使输出电压降到原来 U_{om} 值的 70.7% 时，找出上、下限频率 f_H 和 f_L，此时，放大电路的通频带：$f_{BW}=f_H-f_L$，测量结果记入表 7-19 中。

表 7-19　基本放大器

f_L/kHz	f_H/kHz	$f_{BW}=f_H-f_L$

（3）测试负反馈放大器的各项性能指标

1）测量闭环下的电压放大倍数 A_{uf}，输入电阻 R_{if} 和输出电阻 R_{of}

①测量闭环输入电阻 R_{if} 和输出电阻 R_{of}。输入电阻 R_{if} 和输出电阻 R_{of} 的测量方法同开环测量。把所测量结果记入表 7-20 中。

②电压放大倍数 A_u 的测量。先断开负载 R_L，输入适当正弦信号的 u_i 及 $f=500Hz$ 的频率，用示波器监视输出波形 u_o，在 u_o 不失真的情况下，用交流毫伏表测量 u_S、u_i 和 u_o，测量结果记入表 7-20 中。

表 7-20　闭环放大器数据表

u_S/mV	u_i/mV	u_o/mV	A_{uf}	R_{if}/kΩ	R_{of}/kΩ

2）通频带测量：输入适当正弦信号的 u_i，在 u_o 不失真的情况下，用交流毫伏表测量 u_{om}，改变输入信号的频率，在确保 u_i 不变的情况下，然后增加和减小输入信号的频率，分别使输出电压降到原来 u_{om} 值的70.7%时，找出上、下限频率 f_H 和 f_L，测量结果记入表7-21中。

表7-21 负反馈放大器

f_L/kHz	f_H/kHz	$f_{BW}=f_H-f_L$

5. 实验报告要求

1）将放大器动态参数的实测值和理论估算值列表进行比较。

2）根据实验结果，总结电压串联负反馈对放大器性能的影响。

6. 思考题

1）负反馈放大电路的反馈深度（$1+AF$）决定了电路性能的改善程度，但是否越大越好？

2）如按深负反馈估算，则闭环电压放大倍数 A_{uf} 是多少？与测量值是否一致？为什么？

7.6 差动放大器

1. 实验目的

1）加深对差动放大器性能及特点的理解。

2）掌握对典型差动放大器的主要特性及其测试方法。

2. 实验仪器与设备

1）直流电源

2）函数信号发生器

3）示波器

4）交流毫伏表

5）直流电压表

3. 实验原理

图7-14是差动放大器的实验电路，它也是一种采用直接耦合方式的放大电路，由两个完全相同的共射放大电路组成。图中所接的两管共用的发射极电阻 R_E、负电源 V_{CC} 是为了改善放大电路的零点漂移。电阻 R_E 对差模信号无负反馈作用，因而不影响差模电压放大倍数，但对共模信号有较强的负反馈作用，故可以有效地抑制零点漂移，稳定静态工作点。调零电位器RP用来调节

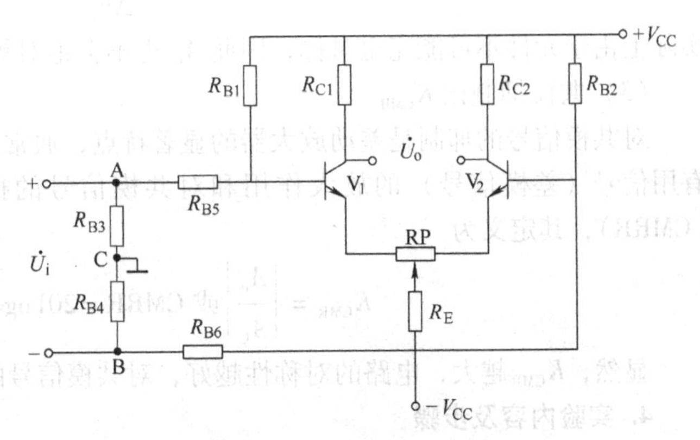

图7-14 差动放大器实验电路

$R_{B1}=240\Omega$ $R_{B2}=240\Omega$ $R_{B3}=100\Omega$ $R_{B4}=100\Omega$

$R_{B5}=20k\Omega$ $R_{B6}=20k\Omega$ $R_E=10k\Omega$ $R_{RP}=470\Omega$

$R_{C1}=10\Omega$ $R_{C2}=10\Omega$

V_1、V_2 管的静态工作点，使得输入信号 $u_i=0$ 时双端输出电压为零。

(1) 静态工作点的估算

如图 7-14 差动放大器所示，其静态为

$$I_E \approx \frac{|U_{EE}| - U_{BE}}{R_E} \quad (设 U_{B1}=U_{B2}\approx 0) \tag{7-33}$$

$$I_{C1}=I_{C2}=\frac{1}{2}I_E \tag{7-34}$$

(2) 差模电压放大倍数和共模电压放大倍数

当射极电阻取 R_E 足够大、差模电压放大倍数 A_d 只由输出端方式决定，与输入方式无关。当差模输入双端输出时，取 $R_E=10\text{k}\Omega$，RP 在中心位置。

$$A_d=\frac{\Delta u_o}{\Delta u_i}=\frac{\beta R_C}{R_B+r_{be}+\frac{1}{2}(1+\beta)R_{RP}} \tag{7-35}$$

差模输入单端输出时

$$A_{d1}=\frac{\Delta u_{C1}}{\Delta u_i}=\frac{1}{2}A_d \tag{7-36}$$

$$A_{d2}=\frac{\Delta U_{C2}}{\Delta u_i}=-\frac{1}{2}A_d \tag{7-37}$$

当输入共模信号时，若为单端输出，则有

$$A_{C1}=A_{C2}=\frac{\Delta u_{C1}}{\Delta u_i}=\frac{-\beta R_C}{R_B+r_{be}+(1+\beta)\left(\frac{1}{2}R_{RP}+2R_E\right)}\approx -\frac{R_C}{2R_E} \tag{7-38}$$

若为双端输出，在理想情况下时

$$A_C=\frac{\Delta u_o}{\Delta u_i}=0 \tag{7-39}$$

实际上由于元件不可能完全对称，因此 A_C 也不会绝对等于零。

(3) 共模抑制比 K_{CMR}

对共模信号的抑制是差动放大器的显著特点，通常用一个综合指标来表征差动放大器对有用信号（差模信号）的放大作用和对共模信号的抑制能力，引入放大器共模抑制比(CMRR)，其定义为

$$K_{CMR}=\left|\frac{A_d}{A_C}\right| \text{或 } \text{CMRR}=20\text{Log}\left|\frac{A_d}{A_C}\right|(\text{dB}) \tag{7-40}$$

显然，K_{CMR}越大，电路的对称性越好，对共模信号的抑制能力越强。

4. 实验内容及步骤

(1) 静态工作点的测量

按图 7-14 接好电路。先调节放大器零点，接通直流电源 $V_{CC}=(\pm 12\text{V})$，在 $u_i=0$ 的情况下（输入端短路并接地），用直流电压表测量输出电压 u_o，若不为零，调节调零电位器 RP，使 $u_o=0$（以下保持 RP 不变）。零点调好以后，用直流电压表测量 V_1、V_2 管各电极电

位及射极电阻 R_E 两端电压 U_{BE}，测量结果记入表7-22中。

表7-22　差动电路静态工作点数据表

<table>
<tr><td rowspan="2">测量值</td><td>U_{C1}/V</td><td>U_{B1}/V</td><td>U_{E1}/V</td><td>U_{C2}/V</td><td>U_{B2}/V</td><td>U_{E2}/V</td><td>U_{BE}/V</td></tr>
<tr><td></td><td></td><td></td><td></td><td></td><td></td><td></td></tr>
<tr><td rowspan="2">计算值</td><td colspan="2">I_B/mA</td><td colspan="2">I_C/mA</td><td colspan="3">U_{CE}/mV</td></tr>
<tr><td></td><td></td><td></td><td></td><td></td><td></td><td></td></tr>
</table>

（2）差模电压放大倍数的测量

1）双端输入、双端输出（单端输出）差模电压放大倍数测量：将信号发生器的输出端接入放大器的输入端A、B，构成双端输入方式，调节信号频率 $f=500\text{Hz}$、20mV的正弦信号 u_i，并用示波器监视输出端电压情况（集电极 C_1 或 C_2 与地之间的电压）。在输出波形无失真的情况下，用交流毫伏表测 u_i、u_{C1}、u_{C2}，逐渐增大输入电压 u_i 到100mV，测量结果记入表7-23差动电路双端输入、双端输出（单端输出）数据表，并用示波器观察 u_i、u_{C1}、u_{C2} 之间的相位关系。

表7-23　差动电路双端输入、双端输出（单端输出）数据表

<table>
<tr><td rowspan="2">输入电压 u_i/mV</td><td colspan="3">测量值</td><td colspan="3">计算值</td></tr>
<tr><td>u_{C1}</td><td>u_{C2}</td><td>u_0</td><td>A_{d1}</td><td>A_{d2}</td><td>A_d</td></tr>
<tr><td>20</td><td></td><td></td><td></td><td></td><td></td><td></td></tr>
<tr><td>40</td><td></td><td></td><td></td><td></td><td></td><td></td></tr>
<tr><td>60</td><td></td><td></td><td></td><td></td><td></td><td></td></tr>
<tr><td>80</td><td></td><td></td><td></td><td></td><td></td><td></td></tr>
<tr><td>100</td><td></td><td></td><td></td><td></td><td></td><td></td></tr>
</table>

$$A_{d1}=\frac{u_{C1}}{u_i}、A_{d2}=\frac{u_{C2}}{u_i}及\ A_d=\frac{u_o}{u_i}=\frac{|u_{C1}|+|u_{C2}|}{u_i} \tag{7-41}$$

利用上式分别计算双端输入、单端输出时的差模电压增益 A_{d1} 和 A_{d2} 及双端输入、双端输出的差模电压增益 A_d。

2）单端输入、双端输出（单端输出）差模电压放大倍数测量：先使C、B端短接接地，将信号发生器的输出端接入放大器的输入端A、C构成单端输入方式，调节信号频率 $f=500\text{Hz}$、20mV的正弦信号 u_i，并用示波器监视输出端电压情况。在输出波形无失真的情况下，用交流毫伏表测 $u_i/2$ 和单端输出电压 u_{C1}、u_{C2}，逐渐增大输入电压 u_i 到100mV，测量结果记入表7-24差动电路单端输入、双端输出（单端输出）数据表。

表7-24　差动电路单端输入、双端输出（单端输出）数据表

<table>
<tr><td rowspan="2">输入电压 u_i/mV</td><td colspan="3">测量值</td><td colspan="3">计算值</td></tr>
<tr><td>u_{C1}</td><td>u_{C2}</td><td>u_0</td><td>A_{d1}</td><td>A_{d2}</td><td>A_d</td></tr>
<tr><td>20</td><td></td><td></td><td></td><td></td><td></td><td></td></tr>
<tr><td>40</td><td></td><td></td><td></td><td></td><td></td><td></td></tr>
<tr><td>60</td><td></td><td></td><td></td><td></td><td></td><td></td></tr>
<tr><td>80</td><td></td><td></td><td></td><td></td><td></td><td></td></tr>
<tr><td>100</td><td></td><td></td><td></td><td></td><td></td><td></td></tr>
</table>

（3）共模电压放大倍数的测量

将放大器A、B短接，信号源的输出端与放大器A、B相接，信号源的地与电路的地相接，构成共模输入方式。调节函数信号发生器，当$f=500\text{Hz}$时，使输入信号$u_i=0.3\text{V}$、0.5V、0.7V和1V。在输出电压无失真的情况下，测量u_{C1}、u_{C2}。测量结果记入表7-25差分电路共模输入数据表，用示波器观察u_i、u_{C1}、u_{C2}之间的相位关系及U_{BE}随u_i变化而变化的情况。

表7-25　差动电路共模输入数据表

输入电压u_i/V	测量值			计算值		
	u_{C1}	u_{C2}	u_0	A_{C1}	A_{C2}	A_C
0.3						
0.5						
0.7						
1						

$$A_{d1}=\frac{u_{C1}}{u_i}、A_{d2}=\frac{u_{C2}}{u_i}及A_C=\frac{|u_{C1}|-|u_{C2}|}{u_i} \tag{7-42}$$

利用上式分别计算双端输入、单端输出时的共模电压增益A_{C1}和A_{C2}及双端输入、双端输出时的共模电压增益A_C。

（4）共模抑制比K_{CMR}的计算

利用实验所得到的数据分别计算差模电压增益A_d和共模电压增益A_C通过下式即可计算出电路共模抑制比。

$$K_{CMR}=\frac{A_d}{A_C} \tag{7-43}$$

5. 实验报告要求

1）整理实验数据，列表比较实验结果和理论计算值，分析误差原因。

2）计算静态工作点和差模电压放大倍数。

3）典型差动放大电路单端输出时的CMRR实验值与理论值比较。

4）比较u_i、u_{C1}和u_{C2}之间的相位关系。

6. 思考题

1）差动放大器中两管及元件对称对电路有什么影响？

2）为什么电路在工作前需要进行调整？

3）电路中R_E起何作用？R_E提高受到什么限制？它的大小对电路性能有什么影响？

7.7　负反馈放大器

1. 实验目的

1）学会识别放大器中负反馈电路的类型。

2）了解不同反馈形式对放大器的输入和输出阻抗的不同影响。

3）加深理解负反馈对放大器性能的影响。

2. 实验仪器与设备

1）函数信号发生器

2）可调直流电源

3）交流毫伏表

4）双踪示波器

5）3DG6 ×2

6）电阻器、电容若干

3. 实验原理

负反馈在电子电路中有着非常广泛的应用，它能在多方面改善放大器的动态指标，比如可以稳定放大倍数、改变输入电阻和输出电阻值，也可以减小非线性失真，扩展宽通频带等。负反馈放大器有4种组态：电压串联、电压并联、电流串联和电流并联。如图7-15为带有负反馈的两级阻容耦合放大实验电路，在电路中通过电阻R_F把输出电压U_o引回到输入端，加在晶体管V_1的发射极上，在发射极电阻R_{F1}上形成反馈电压U_F，它属于电压串联负反馈。

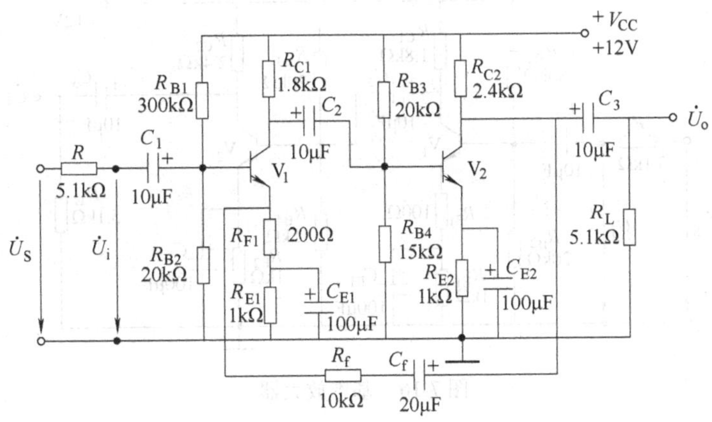

图7-15　负反馈放大器实验电路图

（1）主要性能指标

1）闭环电压放大倍数A_{uf}：

$$A_{uf}=\frac{A_u}{1+A_uF_u} \tag{7-44}$$

从式（7-44）可知，加上负反馈后，A_{uf}比A_u降低了$1+A_uF_u$，并且$|1+A_uF_u|$越小，放大倍数降低越多。其中，$A_u=U_o/U_i$为基本放大器（无反馈）的电压放大倍数，即开环电压放大倍数。$1+A_uF_u$为反馈深度，它的大小决定了负反馈对放大器性能改善的程度。

2）反馈系数

$$F_u=\frac{R_{F1}}{R_f+R_{F1}} \tag{7-45}$$

3）输入电阻：负反馈对放大电路的输入电阻和输出电阻的影响比较复杂，不同的反馈类型对其的影响程度也不一样。但总的来说，并联负反馈有利于降低输入电阻，而串联负反

馈会提高其输入电阻，此外，反馈量是电压还是电流，对其的影响也不一样。对上述实验电路，其输入电阻为的计算公式为

$$R_{if}=(1+A_uF_u)R_i \tag{7-46}$$

式中，R_i 为基本放大器的输入电阻（不包括偏置电阻）。

4）输出电阻：

$$R_{of}=\frac{R_o}{1+A_uF_u} \tag{7-47}$$

式中，R_o 为基本放大器的输出电阻；A_u 为基本放大器 $R_L=\infty$ 时的电压放大倍数。

（2）测试基本放大器的各项性能指标

在基本放大电路的基础上把输出部分的电压引入输入部分，构成一个反馈系统。在测量基本放大器的动态参数时我们可以断开反馈支路，将实验电路中的反馈作用去掉，得到基本放大电路，如图 7-16 所示的基本放大电路。

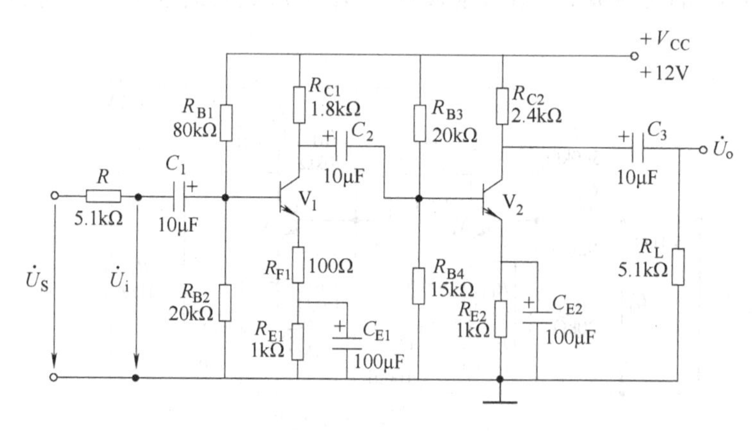

图 7-16　基本放大器

4. 实验内容及步骤

（1）测量静态工作点

按图 7-15 连接实验电路，取 $V_{CC}=+12V$，$U_i=0$，用数字电压表分别测量第一级、第二级的静态工作点，记入表 7-26 中。

表 7-26　测量静态工作点测量

第一级	I_{C1}/mA	U_{B1}/V	U_{E1}/V	U_{CE1}/V	U_{C1}/V
第二级	I_{C2}/mA	U_{B2}/V	U_{E2}/V	U_{CE2}/V	U_{C2}/V

（2）测试基本放大器的各项性能指标

将实验电路按图 7-16 改接，即把 R_F 断开就可以，其他连线不动，取 $V_{CC}=12V$。

1）测量中频电压放大倍数 A_u，输入电阻 R_i 和输出电阻 R_o。

① 以 $f=1kHz$，U_S 约 50mV 正弦信号输入放大器，用示波器监视输出波形 u_o，在 u_o 不

失真的情况下，用交流毫伏表测量U_S、U_i、U_L，记入表7-27中。

表7-27　放大倍数、输入电阻和输出电阻测量

基本放大器	U_S/mV	U_i/mV	U_L/mV	U_o/mV	A_u	R_i	R_o
负反馈放大器	U_S/mV	U_i/mV	U_L/mV	U_o/mV	A_u	R_i	R_o

②保持U_S不变，断开负载电阻R_L，测量空载时的输出电压U_o，记入表7-24中。

2）通频带测量：接上R_L，保持1）中的U_S不变，然后增加和减小输入信号的频率，找出上、下限频率f_H和f_L，记入表7-28中。

表7-28　通频带测量

基本放大器	f_L/kHz	f_H/kHz	Δf/kHz
负反馈放大器	f_L/kHz	f_H/kHz	Δf/kHz

（3）观察负反馈对非线性失真的改善

1）实验电路改接成基本放大器形式，在输入端加入$f=1$kHz的正弦信号，输出端接示波器，逐渐增大输入信号的幅度，使输出波形出现失真，记下此时的波形和输出电压的幅度。

2）再将实验电路改接成负反馈放大器形式，增大输入信号幅度，使输出电压幅度的大小与1）相同，比较有负反馈时，输出波形的变化。

5. 实验报告

1）将基本放大器和负反馈放大器动态参数的实测值和理论估算值列表进行比较。

2）根据实验结果，总结电压串联负反馈对放大器性能的影响。

7.8　集成运算放大器指标测试

1. 实验目的

1）掌握运算放大器主要指标的测试方法。

2）进一步的明确集成运算放大组件的主要参数的定义和表示方法。

2. 实验仪器与设备

1）集成运算放大器

2）函数信号发生器

3）双踪示波器

4）直流电压表

5）可调直流电源

6）交流毫伏表

7）电阻器、电容器若干

3. 实验原理

集成运算放大器是一种线性集成电路，和其他半导体器件一样，它是用一些性能指标来衡量其质量的优劣，集成运算放大器的性能指标主要有输入失调电压、输入失调电流、开环差模放大倍数、共模抑制比、共模输入电压范围和输出电压最大动态范围等来表示。通常，集成运放组件的各项指标通常是由专用仪器进行测试的，这里介绍的是一种简易测试方法。

（1）输入失调电压 U_{OS}

理想运算放大器，在其输入信号为零时的输出直流电压亦应为零。但实际上，由于运放放大器内部差动输入级参数的不完全对称，输出电压往往不为零，这种零输入时输出不为零的现象称为集成运放的失调。输入失调电压 U_{OS} 是指输入信号为零时，输出端失调电压折算到同相输入端的数值。本实验采用图 7-17 所示电路来进行集成放大器的失调测试。

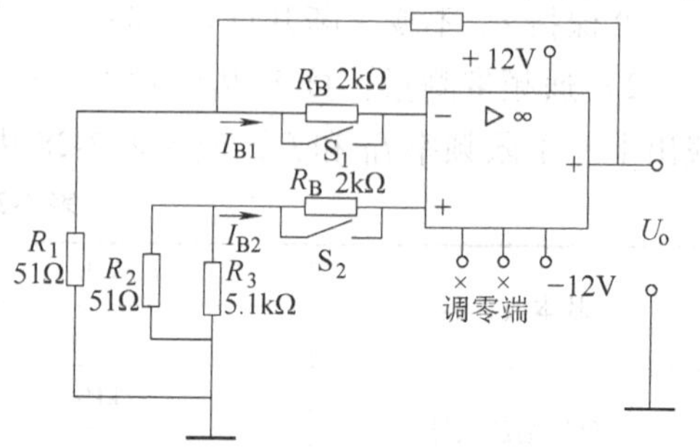

图 7-17　失调电压测试电路

在进行失调测试时，所选择的电阻 R_1 与 R_2，R_3 与 R_F 的参数严格对称。闭合开关 S_1 及 S_2，使电阻 R_B 短接，测量此时的输出电压 U_{o1} 即为输出失调电压，则输入失调电压：

$$U_{OS}=\frac{R_1}{R_1+R_F}U_{o1} \tag{7-48}$$

注意：实际测出的 U_{o1} 可能为正，也可能为负，高质量的运算 U_{OS} 一般在 1mV 以下。

（2）输入失调电流 I_{OS}

输入失调电流 I_{OS} 是指当输入信号为零时，运放的两个输入端的基极偏置电流之差，可表示为：

$$I_{OS}=|I_{B1}-I_{B2}| \tag{7-49}$$

输入失调电流的大小反映了运放内部差动输入级两个晶体管 β 的失配度，由于 I_{B1}、I_{B2} 本身的数值已很小，因此它们的差值通常不是直接测量。可以参考如下两步进行测量：

1）闭合开关 S_1 及 S_2，在低输入电阻下，测出输出电压 U_{o1}，如前所述，这是由输入失调电压 U_{OS} 所引起的输出电压。

2）断开 S_1 及 S_2，两个输入电阻 R_B 接入，由于 R_B 阻值较大，流经它们的输入电流的差异，将变成输入电压的差异，因此，也会影响输出电压的大小，可见测出两个电阻 R_B 接入时的输出电压 U_{o2}，若从中扣除输入失调电压 U_{OS} 的影响，则输入失调电流 I_{OS} 为

$$I_{OS}=|I_{B1}-I_{B2}|=|U_{o2}-U_{o1}|\frac{R_1}{R_1+R_F}\frac{1}{R_B} \tag{7-50}$$

（3）开环差模放大倍数 A_{ud}

集成运放在没有外部反馈时的直流差模放大倍数称为开环差模电压放大倍数，用 A_{ud} 来表示。它定义为开环输出电压 U_o 与两个差分输入端之间所加信号电压 U_{id} 之比：

$$A_{ud}=\frac{U_o}{U_{id}} \tag{7-51}$$

按定义，A_{ud}应是信号频率为零时的直流放大倍数，但为了测试方便，通常采用低频正弦交流信号进行测量。由于集成运放的开环电压放大倍数很高，难以直接进行测量，故一般采用闭环测量方法。A_{ud}的测试方法很多，现采用交、直流同时闭环的测试方法，如图7-18所示，共模抑制比CMRR实验电路如图7-19所示。

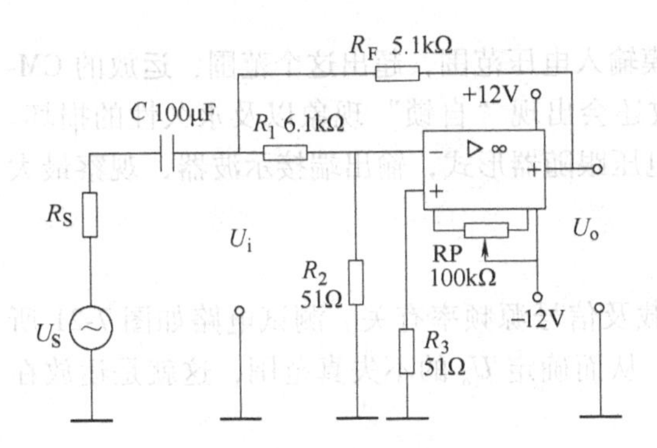

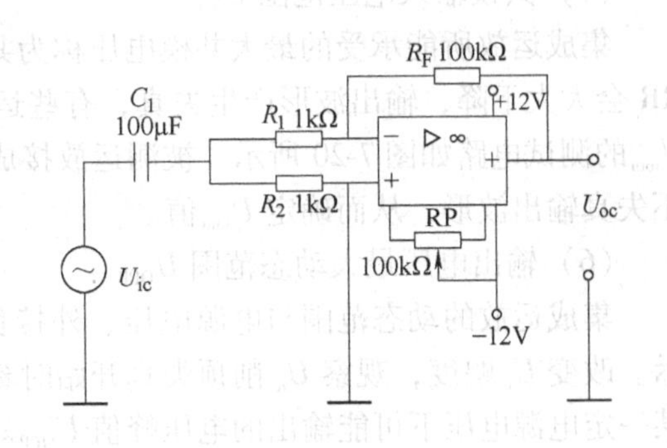

图7-18　开环差模放大倍数实验电路

图7-19　共模抑制比CMRR实验电路

被测运放一方面通过R_F、R_1和R_2完成直流闭环，以抑制输出电压漂移，另一方面通过R_F和R_S实现交流闭环，外加信号U_S经R_1、R_2分压，使u_i足够小，以保证运放工作在线性区，同相输入端电阻R_3应与反相输入端电阻R_2相匹配，以减小输入偏置电流的影响，电容C为隔直电容。被测运放的开环电压放大倍数为

$$A_{ud}=\frac{U}{U_{id}}=\left(1+\frac{R_1}{R_2}\right)\left|\frac{U_o}{U_i}\right| \tag{7-52}$$

测试中应注意：①测试前电路应首先消振及调零；②被测运放要工作在线性区；③输入信号频率应较低，一般用50～100Hz，输出信号幅度应较小，且无明显失真。

（4）共模抑制比CMRR

集成运放的差模电压放大倍数A_d与共模电压放大倍数A_c之比称为共模抑制比：

$$\mathrm{CMRR}=\left|\frac{A_d}{A_c}\right| \text{或} \mathrm{CMRR}=20\lg\left|\frac{A_d}{A_c}\right| \tag{7-53}$$

共模抑制比在应用中是一个很重要的参数，理想运算放大器对输入的共模信号其输出为零，但在实际的集成运放中，其输出不可能没有共模信号的成分，输出端共模信号越小，说明电路对称性越好，也就是说运放对共模干扰信号的抑制能力越强，即CMRR越大。CMRR的测试电路如图7-19所示，集成运放工作在闭环状态下的差模电压放大倍数为

$$A_d=-\frac{R_F}{R_1} \tag{7-54}$$

当接入共模输入信号U_{ic}时，测得U_{oc}，则共模电压放大倍数为

$$A_c=\frac{U_{oc}}{U_{ic}} \tag{7-55}$$

得共模抑制比：

$$\mathrm{CMRR}=\left|\frac{A_d}{A_c}\right|=\frac{R_F U_{ic}}{R_1 U_{oc}} \tag{7-56}$$

在电路测试中应注意：①消振与调零；②R_1 与 R_2，R_3 与 R_F 之间阻值严格对称；③输入信号 U_{ic} 幅度必须小于集成运放的最大共模输入电压 U_{icm}。

（5）共模输入电压范围 U_{iom}

集成运放所能承受的最大共模电压称为共模输入电压范围，超出这个范围，运放的 CMRR 会大大下降，输出波形产生失真，有些运放还会出现“自锁”现象以及永久性的损坏。U_{iom}的测试电路如图 7-20 所示。被测运放接成电压跟随器形式，输出端接示波器，观察最大不失真输出波形，从而确定 U_{iom} 值。

（6）输出电压最大动态范围 U_{OPP}

集成运放的动态范围与电源电压、外接负载及信号源频率有关。测试电路如图 7-21 所示。改变 U_i 幅度，观察 U_o 削顶失真开始时刻，从而确定 U_o 的不失真范围，这就是运放在某一定电源电压下可能输出的电压峰值 U_{OPP}。

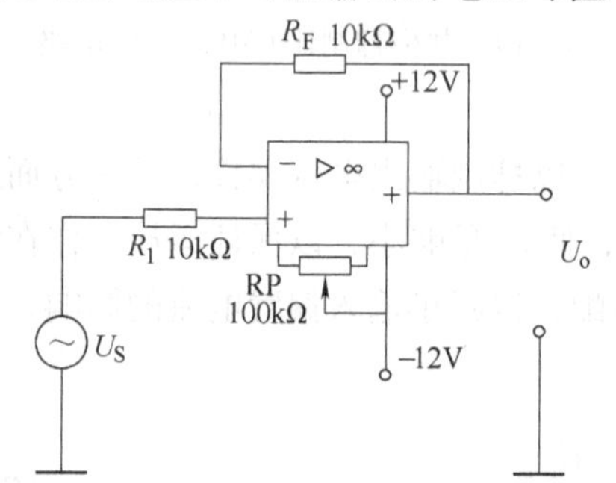

图 7-20　共模输入电压范围实验电路

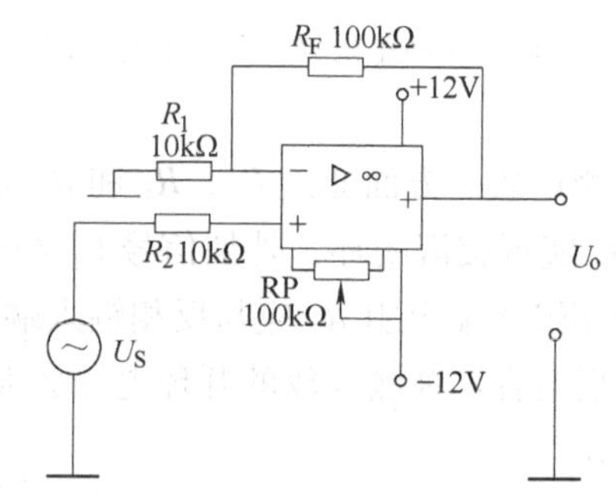

图 7-21 输出电压最大动态范围

4. 实验内容及步骤

（1）测量输入失调电压 U_{OS}

选择合适的元件参数，按图 7-17 连接实验电路，按前述输入失调电压测量方法进行失调电压的测量，并记入表 7-29 中。

表 7-29　失调电压测量数据

U_{OS}/mV		I_{OS}/nA		A_{ud}/dB		CMRR/dB	
实测值	典型值	实测值	典型值	实测值	典型值	实测值	典型值

（2）测量输入失调电流 I_{os}

连接实验电路，按前述输入失调电压测量方法进行失调电流的测量，并记入表 7-29 中。

（3）测量开环差模电压放大倍数 A_{ud}

连接实验电路，运放输入端加频率为 100Hz，大小约 30～50mV 的正弦信号，用示波器监视输出波形。用交流毫伏表测量 U_o 和 U_i，并计算 A_{ud}。记入表 7-29 中。

（4）测量共模抑制比 CMRR

连接实验电路，运放输入端加 $f=10\text{Hz}$，$U_{ic}=1\sim2\text{V}$ 正弦信号，监视输出波形。测量

U_{oc}和U_{ic}，计算A_c及CMRR，记入表7-29中。

5. 实验报告要求

1）将所测得的数据与典型值进行比较。

2）对实验结果及实验中碰到的问题进行分析、讨论。

7.9　集成运算放大器的基本运算电路

1. 实验目的

1）了解运算放大器的性质、特点及使用方法。

2）用集成运算放大器组成基本运算电路。

3）研究由集成运算放大器组成的比例、加法、减法和积分等基本运算电路的功能。

2. 实验仪器与设备

1）示波器

2）信号发生器

3）直流稳压电源

4）数字万用表

3. 实验原理

集成运算放大器是一种具有电压放大倍数较高的直接耦合多级放大电路，可以灵活地实现各种特定的函数关系。在线性应用方面，可组成比例、加法、减法、积分、微分、对数、反对数等模拟运算电路。

实验采用LM741型、双列直插式集成运算放大器芯片，其管脚排列如图7-22所示。

（1）反相比例运算电路

反相比例运算放大器是最基本的电路，如图7-23所示，该电路的输出电压与输入电压之间的关系为

$$u_o = -\frac{R_F}{R_1}u_i \tag{7-57}$$

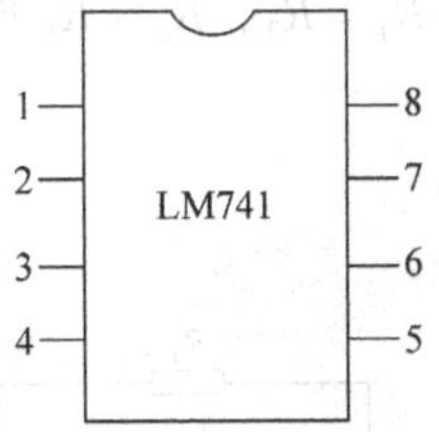

图7-22　LM741管脚排列

1—失调调零　2—反相输入　3—同相输入　4—负电源　5—失调调零　6—输出　7—正电源　8—空脚

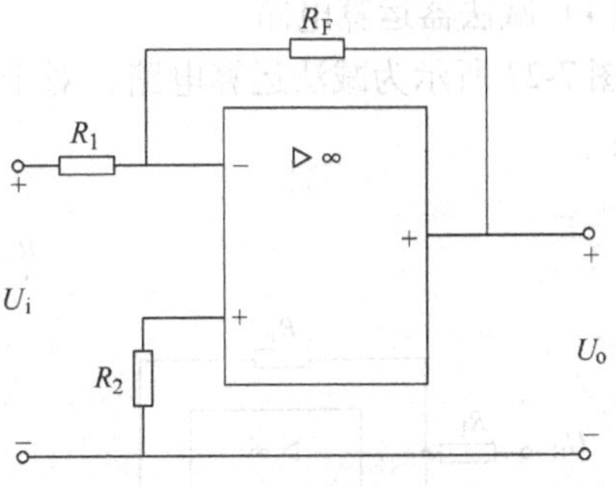

图7-23　反相比例运算电路

图中，为了减小输入级偏置电流引起的运算误差，在同相输入端应接平衡电阻 $R_2 = R_1 // R_F$，电路的输入阻抗 $r_i = R_1$，输出阻抗 $r_o \approx 0$。需要注的是反馈电阻 R_F 的取值不能过大，取值过大会产生大的噪声和漂移。另外，注意 R_1 的取值应远远大于信号源的内阻。

（2）同相比例运算电路

图 7-24 是同相比例运算电路，它的输出电压与输入电压之间的关系为

$$u_o = \left(1 + \frac{R_F}{R_1}\right)u_i \tag{7-58}$$

图中，$R_2 = R_1 // R_F$，同相比例放大器的输入阻抗非常高，通常有 $10^8\Omega$ 左右，输出阻抗 $r_o \approx 0$，当 $R_1 \to \infty$ 时，$u_o = u_i$，即得到如图 7-25 所示的电压跟随器。图中 $R_2 = R_F$，用以减小漂移和起保护作用。一般 R_F 取 10kΩ，R_F 太小起不到保护作用，影响跟随性。

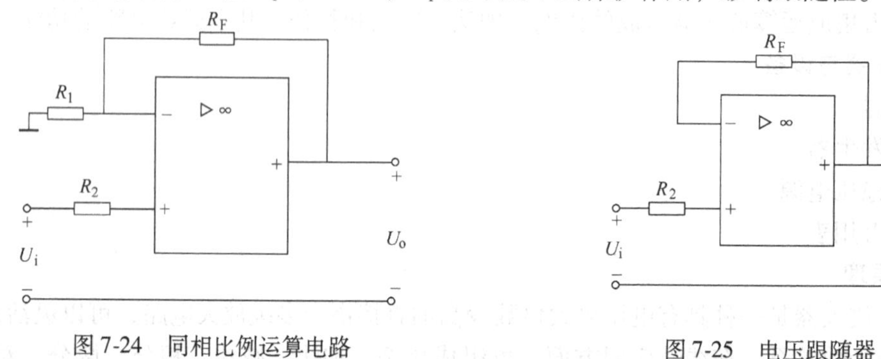

图 7-24　同相比例运算电路　　图 7-25　电压跟随器

（3）反相加法电路

反相加法电路如图 7-26 所示，输出电压与输入电压之间的关系为

$$u_o = -\left(\frac{R_F}{R_1}u_{i1} + \frac{R_F}{R_2}u_{i2}\right) \tag{7-59}$$

其中平衡电阻 $R_3 = R_1 // R_2 // R_F$。当 $R_1 = R_2 = R_3$ 时，输出信号为 $u_o = -(u_{i1} + u_{i2})$，是输入信号的相加。

（4）减法器运算电路

图 7-27 所示为减法运算电路，对于理想运算放大器，当 $R_1 = R_2$，$R_3 = R_F$ 时，有如下关系式：

$$u_o = \frac{R_3}{R_1}(u_{i2} - u_{i1}) \tag{7-60}$$

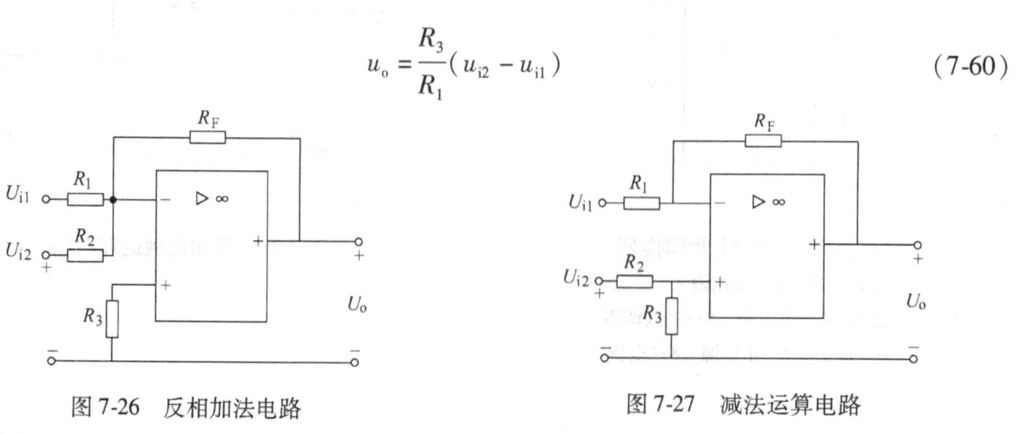

图 7-26　反相加法电路　　图 7-27　减法运算电路

电路的输入电阻 $r_i = R_1 + R_2$，当 $R_1 = R_2 = R_3$ 时，输出信号为 $u_o = u_{i2} - u_{i1}$，是输入信号的相减。

(5) 积分运算电路

基本积分运算电路如图 7-28 所示，输出电压 u_o 等于

$$u_o(t) = -\frac{1}{R_1C}\int_0^t u_i \mathrm{d}t + u_C(0) \tag{7-61}$$

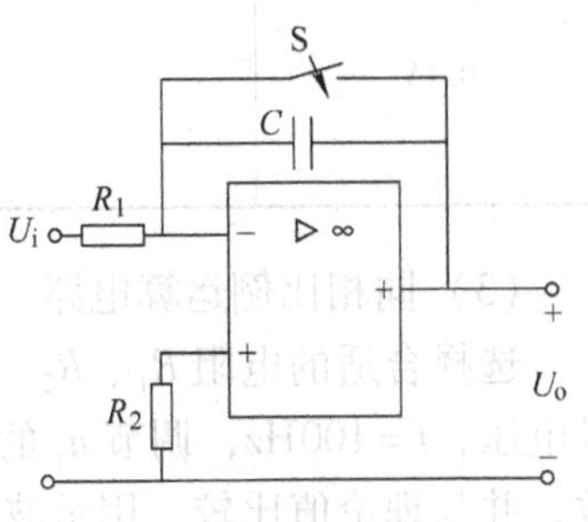

图 7-28　基本积分运算电路

u_C (0) 是 $t=0$ 时刻电容 C 两端的电压值，即初始值。当输入信号为恒定值时，例如当 $u_i(t)$ 为幅值为 1V 的阶跃电压时，则 u_o 为

$$u_o(t) = -\frac{1}{R_1C}\int_0^t 1\mathrm{d}t = -\frac{1}{R_1C}t \tag{7-62}$$

上式说明了输出是输入信号对时间的积分。在进行积分运算之前，首先应对运放调零。图 7-29 为改进后的积分运算电路。为了便于调节，将图中开关 S_1 闭合，即通过电阻 R_F 的负反馈作用帮助实现调零。但在完成调零后，应将开关 S_1 打开，以免因 R_2 的接入造成积分误差。开关 S_2 的设置一方面为积分电容放电提供通路，同时也实现了积分电容初始电压 $u_C(0)=0$，另一方面，还可控制积分起始点，即在加入信号 u_i 后，只要开关 S_2 打开，电容就将被恒流充电，电路也即开始进行积分运算。

(6) 微分运算电路

微分运算电路如图 7-30 所示。在理想化条件下，输出电压为

$$u_o(t) = -R_1C\frac{\mathrm{d}u_c(t)}{\mathrm{d}t} \tag{7-63}$$

上式说明了输出信号是输入信号的微分。

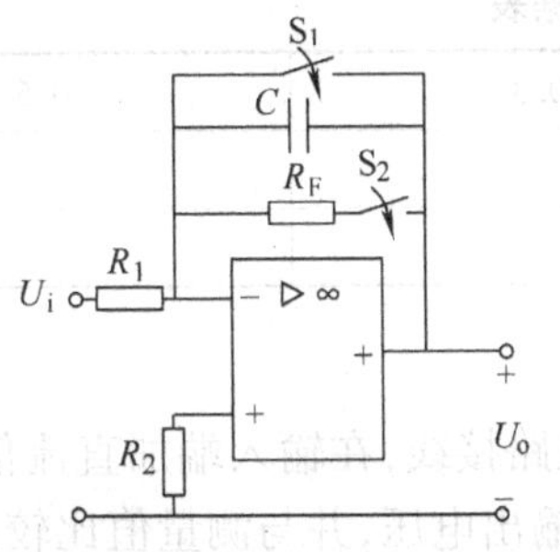

图 7-29　改进后的积分运算电路

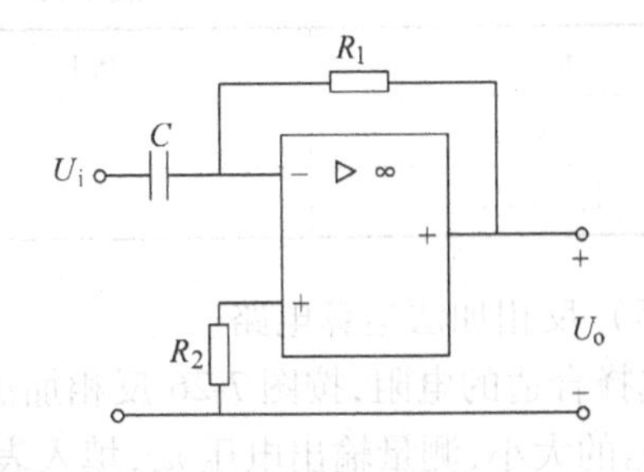

图 7-30　微分运算电路

4. 实验内容及步骤

(1) 电路调零

按图 7-23 接线，芯片引脚排列见图 7-22。引脚 1 与引脚 5 之间接入一只 100kΩ 的电位器 RP，并将滑动触头接到负电源端。调零时，将输入端接地（$u_i=0$），用直流电压表测量输出电压 u_o，调节 RP，使 $u_o=0$V。以下操作中，RP 应保持不变。

(2) 反相比例运算电路

选择合适的电阻 R_1、R_2、R_3 和 R_F，按图 7-23 接线，在电路输入端接入交流信号，$f=100Hz$，调节 u_i 的大小，测量输出电压 u_o，填入表 7-30 中，计算其电压放大倍数，并与理论值比较。用示波器观察输入、输出波形是否反相。

表 7-30　反相比例运算电路数据表

u_i	u_o	A_u 理论值	$A_u=u_o/u_i$	输出波形
0.1V				

(3) 同相比例运算电路

选择合适的电阻 R_1、R_2、R_3 和 R_F，按图 7-24 所示电路接线，在电路输入端接入交流信号电压，$f=100Hz$，调节 u_i 的大小，测量输出电压 u_o，填入表 7-31 中，计算其电压放大倍数，并与理论值比较。用示波器观察输入、输出波形是否同相。

表 7-31　同相比例运算电路数据表

u_i/V	0.1	0.3	0.5
u_o			
$A_u=u_o/u_i$			

(4) 电压跟随器电路

按图 7-25 所示电压跟随器电路接线，在电压跟随器输入端接入 $f=100Hz$ 的交流信号，调节 u_i 的大小，测量输出电压 u_o，填入表 7-32 中，计算其电压放大倍数，并与理论值比较。用双踪示波器观察输入、输出波形是否跟随。

表 7-32　电压跟随器电路数据表

u_i/V	0.1	0.3	0.5
u_o			
$A_u=u_o/u_i$			

(5) 反相加法运算电路

选择合适的电阻，按图 7-26 反相加法运算电路所示电路接线，在输入端加直流信号，调节 u_{i1} 和 u_{i2} 的大小，测量输出电压 u_o，填入表 7-33 中，计算其输出电压，并与测量值比较。

表 7-33　反相加法运算电路数据表

u_{i1}/V	0.1	0.2	0.3
u_{i2}/V	0.2	-0.3	0.3
u_o			

(6) 减法运算电路

选择合适的电阻，按图 7-27 所示减法运算电路接线，当 $R_1=R_2$、$R_3=R_F$ 时，在输入端加直流信号，调节 u_{i1}、u_{i2} 的大小，测量输出电压 u_o，填入表 7-34 中，计算其输出电压，并与测量值比较。

表7-34　减法运算电路数据表

u_{i1}/V	0.2	0.1	0.1
u_{i2}/V	0.1	-0.2	0.2
u_o			

（7）积分运算电路

改进后的积分运算电路见图7-29。首先闭合 S_1，对运放输出进行调零；调零后，再打开 S_1，闭合 S_2，使 $u_C(0)=0$；然后输入频率1kHz、幅度100mV左右的方波信号，打开 S_2，然后用示波器测量输出电压 u_o，画出输出信号与输入信号对应的波形。分别改变输入信号的频率和幅度，观察输出波形的变化，并作好记录。

（8）微分运算电路

微分电路见图7-30。在理想化条件下，输出电压是输入信号的微分在 u_i 处输入频率为100Hz的方波信号，用示波器观察输入、输出波形，并记录下来，分析输入、输出之间的关系。改变 u_i 的频率，观察输出波形如何变化，分析电路时间常数与 u_i 脉冲宽度之间的关系。

5. 实验报告要求

1）整理实验数据，进行误差分析。

2）整理实验数据，准确画出波形图。

3）分析讨论实验中出现的现象和问题。

6. 思考题

1）在反相加法器中，如 u_{i1} 和 u_{i2} 均采用直流信号，并选 $u_{i2}=-0.9$V，当考虑到运算放大器的最大输出幅度±12V时，$|u_{i1}|$ 的大小不应超过多少伏？

2）在积分电路中，如 $R_1=300\text{k}\Omega$、$C=3.8\mu\text{F}$，求时间常数。假设 $u_i=60$mV，问要使输出电压 u_o 达到4V，需多长时间（设 $u_C(0)=0$）？

7.10　*RC* 正弦波振荡器

1. 实验目的

1）学习用集成运放构成 *RC* 正弦波振荡器的方法。

2）学习波形发生器的调整和主要性能指标的测试方法。

2. 实验仪器与设备

1）数字频率计

2）示波器

3）交流毫伏表

4）集成运放

5）二极管、电阻

3. 实验原理

正弦波振荡器从结构上来看，它是没有输入信号的带选频网络的正反馈放大器。若用

R、C 组成选频网络，就称为 RC 振荡器。

图 7-31 为 RC 桥式正弦波振荡器，振荡器由两部分组成，即放大器和选频网络。其中 RC 串、并联电路构成正反馈支路，通常 $R_1 = R_2 = R$，同时兼作选频网络；R_1、RP 及二极管等构成负反馈和稳幅环节，调节电位器 RP，可以改变负反馈深度，以满足振荡的振幅条件和改善波形。

电路的振荡频率：

$$f_0 = \frac{1}{2\pi RC} \qquad (7\text{-}64)$$

起振的幅值条件：

$$\frac{R_1}{R_F} \geqslant 2 \qquad (7\text{-}65)$$

调整反馈电阻 R_F（调节 RP 值），使电路起振，且波形失真最小。如不能起振，则说明负反馈太强，应适当加大 R_F；如波形失真严重，则应适当减小 R_F。当电路起振后，随振荡的增强，振荡波形将因超出运放的线性区而出现波形的失真。此时，利用两个反向并联二极管 VD_1、VD_2 正向电阻的非线性特性来实现稳幅。VD_1、VD_2 采用硅管，要求其温度稳定性好且满足特性匹配，才能保证输出波形正、负半周对称。R_2 的接入是为了削弱二极管非线性的影响，以改善波形失真。

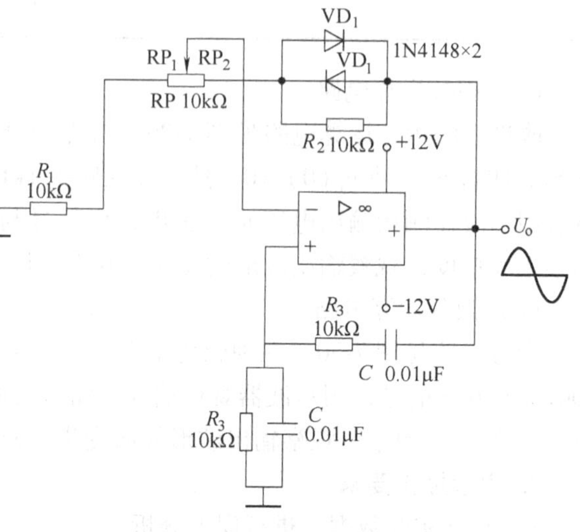

图 7-31　RC 桥式正弦波振荡器

4. 实验内容及步骤

按图 7-31 连接实验电路，接通 ±12V 电源，输出端接示波器。

（1）振荡器起振条件及波形观测

1）调节电位器 RP，使输出波形从无到有，从正弦波到出现失真。描绘 u_o 的波形，记下临界起振，正弦波输出及失真情况下的 RP 值，分析负反馈强弱对起振条件及输出波形的影响。

2）调节电位器 RP，使输出电压 u_o 幅值最大且不失真，用交流毫伏表分别测量输出电压 U_o、反馈电压 $U+$ 和 $U-$，分析研究振荡的幅值条件。

3）用示波器测量振荡频率 f_o，然后在选频网络的两个电阻 R 上并联电阻，观察记录振荡频率的变化情况，并与理论值进行比较。

4）断开二极管 VD_1、VD_2，重复 2）的内容，将测试结果与 2）进行比较，分析 VD_1、VD_2 的稳定幅值的作用。

（2）正弦波振荡器的频率测量

1）取 R（R_1、R_2）的大小为 20kΩ，C = 0.2μF，接通电源，利用示波器观察输出 U_o 的波形。调节 RP 的值，使电路起振，并将输出的幅值最大且输出正弦波形无明显的失真现象。读取示波器中正弦波信号的周期，计算其频率，记录于表 7-35 中。

2）取 R（R_1、R_2）的大小为 20kΩ，C = 0.1μF。接通电源，利用示波器观察输出 U_o 的波形。调节 RP 的值，使电路起振，并将输出的幅值最大且输出正弦波形无明显的失真现象。读取示波器中正弦波信号的周期，计算其频率，记录于表7-35中。

3）取R（R_1、R_2）的大小为40kΩ，$C=0.01\mu F$。接通电源，利用示波器观察输出U_o的波形。调节RP的值，使电路起振，并将输出的幅值最大且输出正弦波形无明显的失真现象。读取示波器中正弦波信号的周期，计算其频率，记录于表7-35中。

表7-35　正弦波振荡器的频率测量

元件参数		测量值		理论计算值	相对误差
R/kΩ	C/μF	T	f	f_0	
20	0.2				
20	0.1				
40	0.01				

5. 实验报告要求

1）列表整理实验数据，画出波形，把实测频率与理论进行比较。

2）根据实验分析RC振荡器的振幅条件。

3）讨论二极管VD_1、VD_2的稳幅作用。

7.11　有源滤波器

1. 实验目的

1）熟悉用运放、电阻和电容组成有源低通滤波、高通滤波、带通和带阻滤波器。

2）学会测量有源滤波器的幅频特性。

2. 实验仪器与设备

1）可调直流电源

2）交流毫伏表

3）函数信号发生器

4）频率计

5）双踪示波器

6）各电阻、电容若干

3. 实验原理

滤波器是一种能让一定频率范围内的信号通过，抑制或急剧衰减此频率范围以外的信号的电路。由电阻R、电容C和运算放大器组成的滤波器称为RC有源滤波器，根据对频率范围的选择不同，可分为低通滤波器、高通滤波器、带通滤波器与带阻滤波器等4种滤波器，按性能分一阶、二阶和高阶滤波器。阶数越高，其幅频特性越接近理想情况，滤波器的性能越好，它们的幅频特性通常可由如图7-32来描述。

（1）低通滤波器

低通滤波器是用来传输低频信号衰减或抑制高频信号的电路。典型的二阶有源低通滤波器如图7-33所示。它由两级RC滤波环节与同相比例运算电路组成，其中第一级电容C接至输出端，引入适量的正反馈，以改善幅频特性。

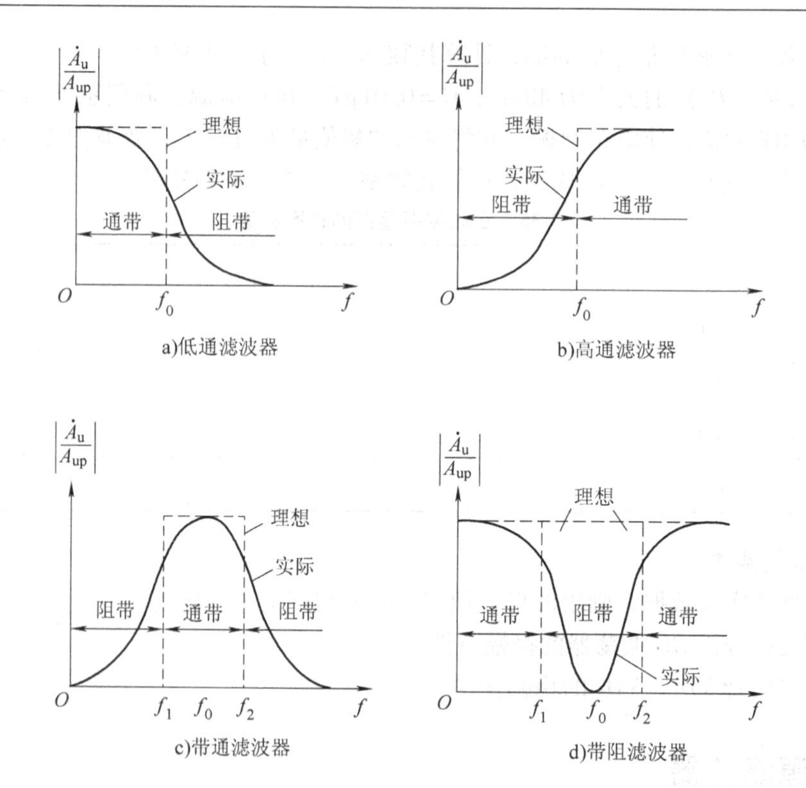

图 7-32　4 种滤波电路的幅频特性

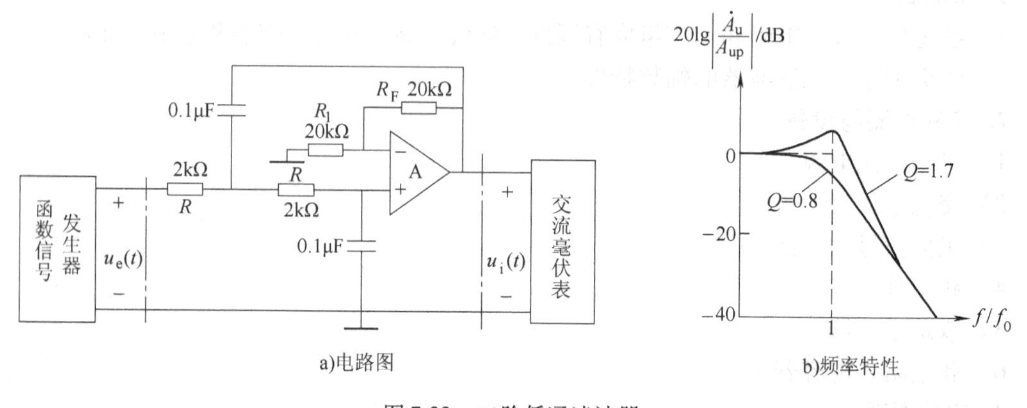

图 7-33　二阶低通滤波器

低通滤波器电路性能主要性能参数如下：

1）二阶低通滤波器的通带增益计算公式：

$$A_{uf}=1+\frac{R_F}{R_1} \tag{7-66}$$

2）截止频率计算公式：

$$f_0=\frac{1}{2\pi RC} \tag{7-67}$$

3）品质因数计算公式：

$$Q = \frac{1}{3 - A_{up}} \tag{7-68}$$

（2）高通滤波器

与低通滤波器相反，高通滤波器用来通过高频信号，衰减或抑制低频信号的电路。将图7-33低通滤波电路中起滤波作用的电阻、电容互换，即可变成二阶有源高通滤波器，如图7-34所示。高通滤波器性能与低通滤波器相反，其频率响应和低通滤波器是“镜像”关系，仿照二阶低通滤波器分析方法，不难求得高通滤波器的幅频特性。

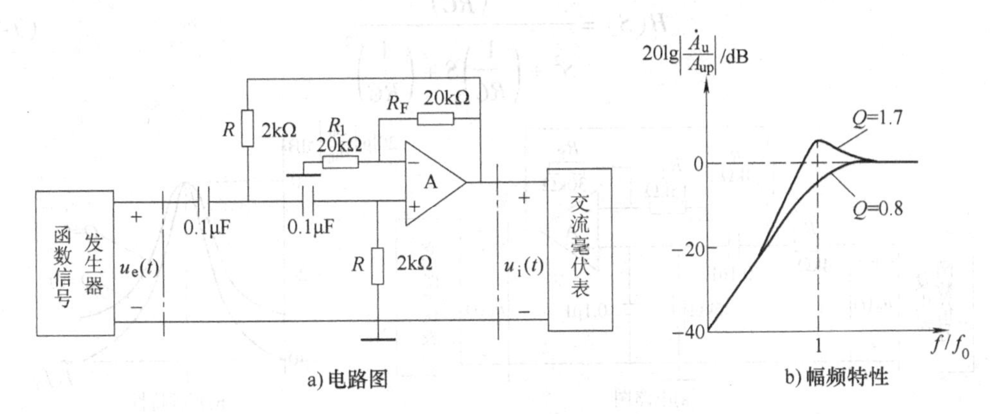

图7-34　二阶高通滤波器

高通滤波器电压转移函数的典型表达式：

$$H(S) = \frac{KS^2}{S^2 + \left(\frac{\omega_p}{Q_p}\right)S + \omega_p^2} \tag{7-69}$$

可得增益常数 $K=2$，极点频率 $\omega_p = \frac{1}{RC}$，极点品质因数 $Q_p = 1$。

正弦稳态时的电压转移函数可写成：

$$H(j\omega) = \frac{2(j\omega)^2}{(j\omega)^2 + \left(\frac{1}{RC}\right)(j\omega) + \left(\frac{1}{RC}\right)^2} = \frac{K}{1 - \frac{\omega_p^2}{\omega^2} - j\frac{1}{Q_p}\frac{\omega_p}{\omega}} \tag{7-70}$$

幅值函数为

$$|H(j\omega)| = \frac{2}{\sqrt{\left(1 - \frac{1}{R^2C^2\omega^2}\right)^2 + \left(\frac{1}{RC\omega}\right)^2}} = \frac{K}{\sqrt{\left(1 - \frac{\omega_p^2}{\omega^2}\right)^2 + \left(\frac{1}{Q_p}\frac{\omega_p}{\omega}\right)^2}} \tag{7-71}$$

与无源情况相比，由于 Q_p 增大，随着频率增加幅值函数增大较快。

注：因为运算放大器本身的高频特性差，故有源 RC 高通滤波器的频率不能达到无穷大。

(3) 带通滤波器

带通滤波器是只允许在某一个通频带范围内的信号通过，而比通频带下限频率低和比上限频率高的信号均加以衰减或抑制的滤波电路。典型的带通滤波器可以从二阶低通滤波器中将其中一级改成高通而成。

图 7-35a 为二阶有源 RC 带通滤波器，运算放大器构成同相放大器，若采用复频域分析，可以得到电路的电压转移函数为

$$H(S)=\frac{2\left(\frac{1}{RC}\right)S}{S^2+\left(\frac{1}{RC}\right)S+\left(\frac{1}{RC}\right)^2} \tag{7-72}$$

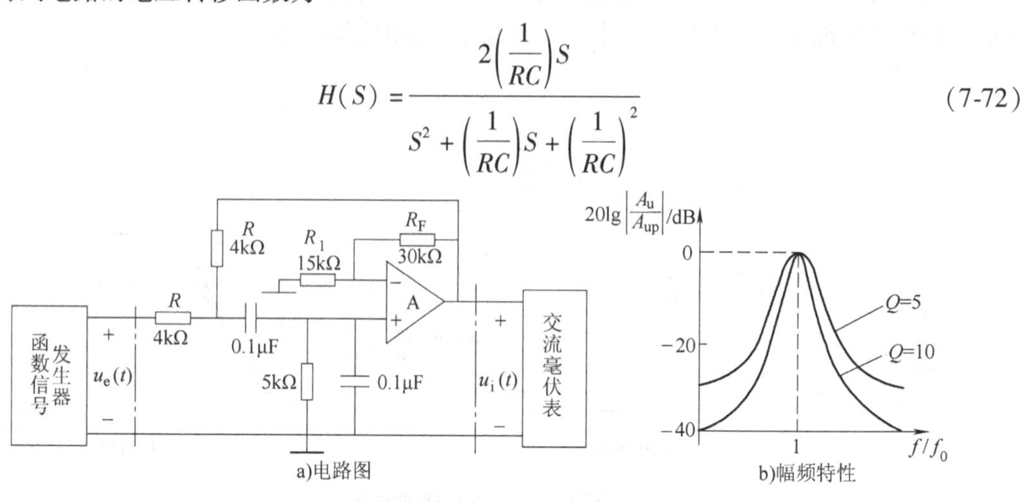

图 7-35　二阶带通滤波器

带通滤波器电压转移函数的典型表达式：

$$H(S)=\frac{K\left(\frac{\omega_p}{Q_p}\right)S}{S^2+\left(\frac{\omega_p}{Q_p}\right)S+\omega_p^2} \tag{7-73}$$

可得增益常数 $K=2$，中心频率 $\omega_0=\omega_p=\frac{1}{RC}$，品质因数 $Q=Q_p=1$。

正弦稳态时的电压转移函数可写成：

$$H(j\omega)=\frac{2\left(\frac{1}{RC}\right)j\omega}{(j\omega)^2+\left(\frac{1}{RC}\right)j\omega+\left(\frac{1}{RC}\right)^2}=\frac{K}{1+jQ_p\left(\frac{\omega}{\omega_p}-\frac{\omega_p}{\omega}\right)^2} \tag{7-74}$$

其幅频函数为

$$|H(j\omega)|=\frac{2}{\sqrt{1+\left(RC\omega-\frac{1}{RC\omega}\right)^2}}=\frac{K}{\sqrt{1+Q_p^2\left(\frac{\omega}{\omega_p}-\frac{\omega_p}{\omega}\right)^2}} \tag{7-75}$$

其幅频特性如图 7-35b 所示。

与无源情况相比，由于品质因数提高，通频带宽度减小，滤波器的选择性改善。

（4）带阻滤波器

如图7-36a所示，这种电路的性能和带通滤波器相反，即在规定的频带内，信号不能通过（或受到很大衰减或抑制），而在其余频率范围，信号则能顺利通过。

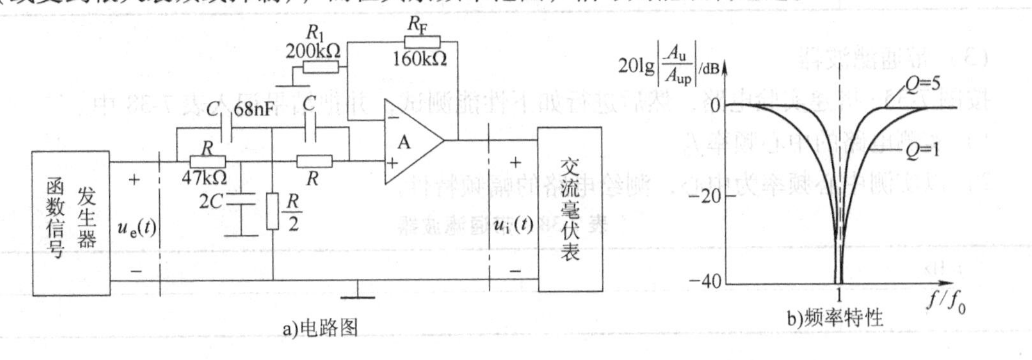

图7-36　二阶带阻滤波器

带阻滤波器电路各性能参数：

1）通带增益：
$$A_{up}=1+\frac{R_F}{R_1} \tag{7-76}$$

2）中心频率：
$$f_0=\frac{1}{2\pi RC} \tag{7-77}$$

3）阻带宽度：
$$BW=2(2-A_{up})f_0 \tag{7-78}$$

4）选择性：
$$Q=\frac{1}{2(2-A_{up})} \tag{7-79}$$

4. 实验内容及步骤

（1）二阶低通滤波器

按图7-33a搭建实验电路，然后进行如下性能测试：

1）粗测：接通±12V电源。U_i接函数信号发生器，令其输出为$U_i=1\text{V}$的正弦波信号，在滤波器截止频率附近改变输入信号频率，用示波器或交流毫伏表观察输出电压幅度的变化是否具备低通特性，如不具备，应排除电路故障。

2）在输出波形不失真的条件下，选取适当幅度的正弦输入信号，在维持输入信号幅度不变的情况下，逐点改变输入信号频率。测量输出电压，记入表7-36中，描绘频率特性曲线。

表7-36　二阶低通滤波器

f/Hz	
U_o/V	

（2）二阶高通滤波器

按图7-34a搭建实验电路，然后进行如下性能测试：

1）粗测：输入$U_i=1\text{V}$正弦波信号，在滤波器截止频率附近改变输入信号频率，观察电路是否具备高通特性。

2）测绘高通滤波器的幅频特性曲线，记入表 7-37 中。

表 7-37　二阶高通滤波器

f/Hz	
U_o/V	

（3）带通滤波器

按图 7-35a 搭建实验电路，然后进行如下性能测试，并把结果记入表 7-38 中。

1）实测电路的中心频率 f_0。

2）以实测中心频率为中心，测绘电路的幅频特性。

表 7-38　带通滤波器

f/Hz	
U_o/V	

（4）带阻滤波器

按图 7-36a 所示搭建实验电路，然后进行如下性能测试：

1）实测电路的中心频率 f_0。

2）测绘电路的幅频特性，记入表 7-39 中。

表 7-39　带阻滤波器

f/Hz	
U_o/V	

5. 实验报告

1）整理实验数据，画出各电路实测的幅频特性。

2）根据实验曲线，计算截止频率、中心频率，带宽及品质因数。

3）总结有源滤波电路的特性。

6. 思考题

1）从电压转移函数表达式和实验结果分析比较无源滤波器与有源滤波器的特点。

2）讨论运算放大器的闭环增益对有源滤波器特性的影响？

3）测量幅频特性时，可以采用扫频仪快速测量，设想一下对一台扫频仪会有哪些要求？

7.12　OTL 功率放大器

1. 实验目的

1）熟悉 OTL 功率放大器的工作原理

2）学会 OTL 电路的调试及主要性能指标的测试方法

2. 实验仪器与设备

1）示波器

2）信号发生器

3）直流稳压电源

4）数字万用表

3. 实验电路

图7-37所示为OTL低频功率放大器实验。其中由晶体管V_1组成推动级（也称前置放大级），V_2、V_3是一对参数对称的NPN型和PNP型晶体管，它们组成互补对称功率放大电路。V_1管的集电极电流IC_1由电位器RP_1进行调节，IC_1的一部分流经电位器RP_2及二极管VD_1、VD_2，给V_2、V_3提供偏压，V_1管工作于甲类状态。通过调节RP_2可以使V_2、V_3得到合适的静态电流而工作于甲乙类状态，以克服交越失真。RP_1的一端接在A点，因此在电路中引入交、直流电压并联负反馈，一方面能够稳定放大器的静态工作点，同时也改善了非线性失真。

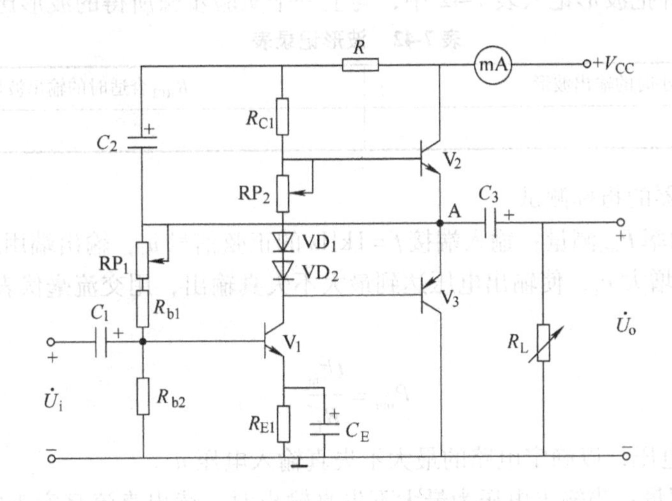

图7-37　OTL功率放大器实验电路

$R_{b1}=2.4\text{k}\Omega$　$R_{b2}=3.3\text{k}\Omega$　$R_{RP1}=12\text{k}\Omega$　$R_{RP2}=1\text{k}\Omega$　$R_{C1}=340\Omega$　$R=510\Omega$

$R_{E1}=10\Omega$　$C_1=C_2=10\mu\text{F}$　$C_3=100\mu\text{F}$　$C_E=100\mu\text{F}$

4. 实验内容及步骤

（1）静态工作点的测量

按图7-37连接实验电路，输入端不接入信号，负载数值一定，检查接线无误后接通电源，调节电位器RP_1，用直流电压表测量A点电位，使$V_A=\frac{1}{2}V_{CC}$，然后再测量各级静态工作点，记入表7-40中。

表7-40　各级静态工作点实验数据

	V_1	V_2	V_3
V_B/V			
V_C/V			
V_E/V			

（2）观察正偏电压对输出波形交越失真的影响

1）先把电位器RP_2短路，输入端接入1kHz、幅值一定的交流信号，输入信号由小调节逐渐加大，同时用示波器观察，并把所观察到的波形填入表 7-41 中。

表 7-41　波形记录表

R_{RP2}最小时的输出波形	R_{RP2}合适时的输出波形

2）断开输入信号，调节 RP_2 的使直流毫安表的读数为 5mA，并调节 RP_1，以保证 $V_A=\frac{1}{2}V_{CC}$。然后接入 1kHz、幅值一定的交流信号，用示波器观察放大器输出电压波形交越失真的改善情况。输入信号由小调节逐渐加大，反复调节 R_{RP1}、R_{RP2}的值，直至放大器出现最大不失真输出波形，并把波形记入表 7-42 中，与上一个实验步骤所得的波形比较。

表 7-42　波形记录表

R_{RP2}最小时的输出波形	R_{RP2}合适时的输出波形

（3）功率放大器的指标测试

1）最大输出功率 P_{om}测量：输入端接 $f=1$kHz 的正弦信号 u_i，输出端用示波器观察输出电压 u_o 波形。逐渐增大 u_i，使输出电压达到最大不失真输出，用交流毫伏表测出负载 R_L 上的电压 U_{om}，则

$$P_{om}=\frac{U_{om}^2}{R_L}$$

并测出此时的输入电压，以确定电路的最大不失真输入电压 u_i。

2）效率 η 的测量：当输出电压为最大不失真输出时，读出直流毫安表中的电流值，此电流即为直流电源供给的平均电流 I_{dc}（有一定误差），由此可近似求得 $P_E=V_{CC}I_{dc}$，再根据上面测得的 P_{om}，即可求出：

$$\eta=\frac{P_{om}}{P_E}$$

（4）研究自举电路的作用

1）测量有自举电路，且 $P_o=P_{omax}$时的电压增益 $A_V=\frac{U_{om}}{U_i}$。

2）将 C_2 开路，R 短路（无自举），再测量 $P_o=P_{omax}$的 A_V。

用示波器观察 1）、2）两种情况下的输出电压波形，并将以上两项测量结果进行比较，分析研究自举电路的作用。

5. 实验报告要求

1）整理实验数据，并与理论值进行比较。

2）分析自举电路的作用。

6. 思考题

1）为了不损坏输出管，调试中应注意什么问题？

2）电路中二极管 VD_1、VD_2 如果开路或短路，对电路工作有何影响？

3）交越失真产生的原因是什么？如何克服交越失真？

4）如电路有自激现象，应如何消除？

7.13 集成直流稳压电源

1. 实验目的

1）掌握集成稳压电源的工作原理

2）完成集成稳压电路的调整及性能指标的测试

2. 实验仪器与设备

1）示波器

2）可调交流电源

3）数字万用表

3. 实验电路

采用集成稳压器组成的直流稳压电源具有性能稳定、结构简单等优点。集成稳压器的种类很多，应根据设备对直流电源的要求进行选择。对于大多数电子仪器、设备和电子电路来说，通常采用串联线性集成稳压器。在这种类型的器件中，又以固定式三端稳压器和可调式三端稳压器应用最为广泛。

固定三端集成稳压器有正压系列78××和负压系列79××系列，两种系列除了输出电压极性、管脚定义不同外，其他特点都相同。其××表示输出直流电压的值，它有5V、6V、9V、12V、15V、18V、24V这7个挡次，78××系列芯片其三个管脚分别为输入端1、公共端2和输出端3，芯片管脚分布如图7-38所示。

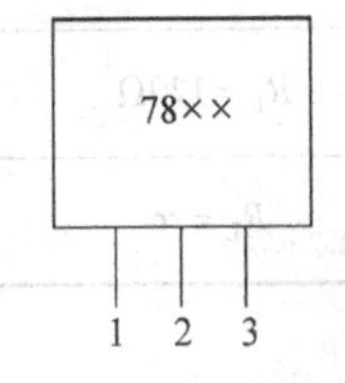

图7-38　78××芯片管脚分布图

本实验使用的是W7812固定式三端稳压芯片，输出+12V不可调电压，更详细技术指标可查阅有关产品手册。由W7812构成的串联型稳压电源的实验电路如图7-39所示。

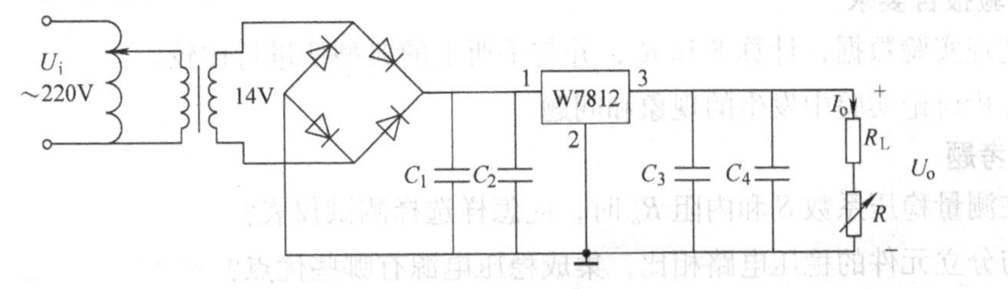

图7-39　由W7812构成的串联型稳压电源的实验电路

$C_1=300\mu F$　$C_2=0.33\mu F$　$C_3=300\mu F$　$C_4=0.1\mu F$　$R_L=R=60\Omega$

滤波电容C_1、C_3一般选取几百～几千微法。当稳压器距离整流滤波电路比较远时，在输入端必须接入C_2以抵消电路的电感效应，防止产生自激振荡。输出端电容C_4用以滤除输出端的高频信号，改善电路的暂态响应。

4. 实验内容及步骤

（1）对照电路图，在实验板上安装电路。在实验过程中，应特别注意安全。调压器先调到0V，检查无误经老师同意后才可接上220V交流电源，并取可调工频电源14V电压作为整流电路输入电压。

（2）集成稳压器性能测试

1）测试稳压电源的稳压系数 S：在输出端接负载电阻 $R_L=60\Omega$、可调电阻 $R=60\Omega$，由于 W7812 输出电压 $U_o=12V$，因此流过 R_L 的电流 $I_{omix}=100mA$。这时 U_o 应基本保持不变，如果变化较大则说明集成块性能不良。稳压系数 S 测试条件：保证 $U_o=12V$，$I_o=100mA$，调节调压器，使输入电压 u_i 波动 ±10%，即当 U_i 分别为198V、220V 和242V 时，记录相应的 u_o，测试数据记录表7-43 中，并由此计算稳压系数 S。

表 7-43　稳压电源的稳压系数 S 的测试数据

u_i/V	198	220	242	$S=\dfrac{\Delta u_o}{u_o}\Big/\dfrac{\Delta u_i}{u_i}$
u_o				

2）测试稳压电源的输出电阻 R_o：调节调压器，使 $U_i=220V$，测量此时的输出电压 U_o 及输出电流 I_o；断开负载，测量此时的 U_o 及 I_o，记录在表7-44 中。

表 7-44　稳压电源的输出电阻 R_o 的测试数据

R_L/Ω	U_o/V	I_o/mA	$R_o=\dfrac{\Delta U_o}{\Delta I_o}$
$R_L=120\Omega$			
$R_L=\infty$			

3）测定纹波电压 $\widetilde{U}_o$：纹波电压是稳压电源输出直流电压 U_o 上所叠加的交流分量，通常在输出电流 I_o 最大值时，纹波电压最大。在测量时，首先用示波器测量 $I_o=200mA$ 时纹波电压峰-峰值 U_{opp}，然后把 I_o 减小到0，并观察纹波电压峰-峰 U_{opp}的变化。

5. 实验报告要求

1）整理实验数据，计算 S 和 R_o，并与手册上的典型值进行比较。

2）分析讨论实验中发生的现象和问题。

6. 思考题

1）在测量稳压系数 S 和内阻 R_o 时，应怎样选择测试仪表？

2）与分立元件的稳压电路相比，集成稳压电源有哪些优点？

3）稳压电源的稳压系数是愈大愈好还是愈小愈好？稳压电源的输出电阻 R_o 愈大愈好还是愈小愈好？为什么？

第 8 章　数字电子技术实验

8.1　TTL 逻辑门的参数测试

1. 实验目的

1）掌握 TTL 集成与非门的逻辑功能和主要参数的测试方法。

2）掌握 TTL 器件的使用规则。

3）熟悉四输入双与非门 74LS20 功能。

4）进一步熟悉数字电路实验装置的结构，基本功能和使用方法。

2. 实验仪器及设备

1）+5V 直流电源

2）逻辑电平开关

3）逻辑电平显示器

4）直流数字电压表

5）直流毫安表

6）直流微安表

7）74LS20×2、1kΩ、10kΩ 电位器，200Ω 电阻器（0.5W）

3. 实验原理

本实验采用四输入双与非门 74LS20，即在一块集成块内含有两个互相独立的与非门，每个与非门有 4 个输入端。其引脚排列如图 8-1 所示。

（1）与非门的逻辑功能

与非门的逻辑功能是：当输入端中有一个或一个以上是低电平时，输出端为高电平；只有当输入端全部为高电平时，输出端才是低电平（即有“0”得“1”，全“1”得“0”。）

其逻辑表达式为

$$Y=\overline{AB\cdots\cdots} \tag{8-1}$$

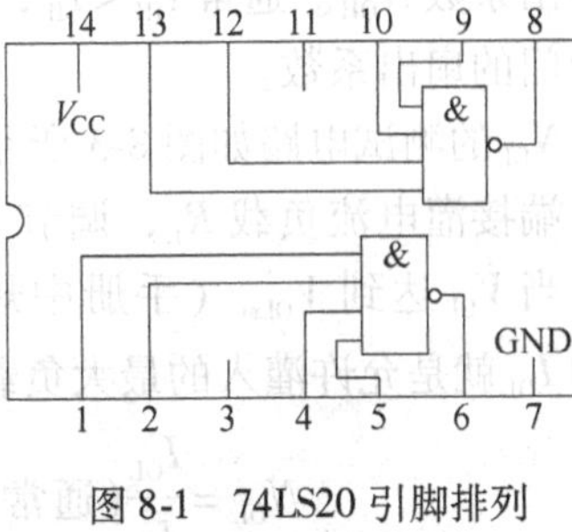

图 8-1　74LS20 引脚排列

（2）TTL 与非门的主要参数

1）高，低电平输出电流 I_{CCH}、I_{CCL}：与非门处于不同的工作状态，电源提供的电流是不同的。I_{CCL}是指所有输入端悬空，输出端空载时，电源提供器件的电流。I_{CCH}是指输出端空载，每个门各有一个以上的输入端接地，其余输入端悬空，电源提供给器件的电流。通常 $I_{CCL}>I_{CCH}$，它们的大小标志着器件静态功耗的大小。器件的最大功耗为 $P_{CCL}=V_{CC}I_{CCL}$。手册中提供的电源电流和功耗值是指整个器件总的电源电流和总的功耗。I_{CCL}和 I_{CCH}测试电路如图 8-2a、b 所示。

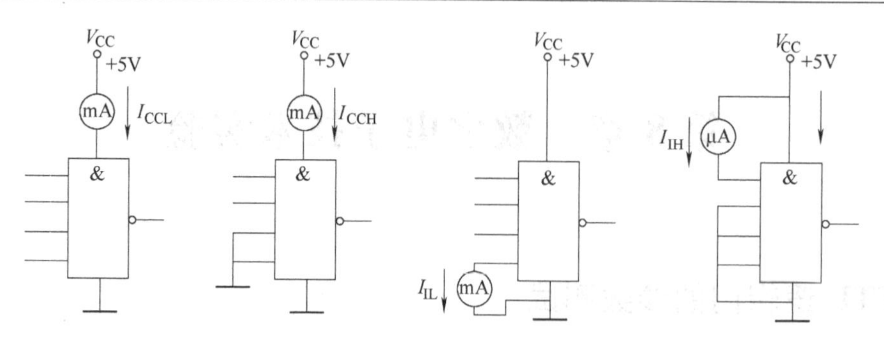

图 8-2　TTL 与非门静态参数测试电路图

需要注意的是，TTL 电路对电源电压要求较严，电源电压 V_{CC}只允许在 +5V（1 ±10%）的范围内工作，超过 5.5V 将损坏器件；低于 4.5V 器件的逻辑功能将不正常。

2）高，低电平输入电流 I_{IH}、I_{IL}：I_{IL}是指被测输入端接地，其余输入端悬空，输出端空载时，由被测输入端流出的电流值。在多级门电路中，I_{IL}相当于前级门输出低电平时，后级向前级门灌入的电流，因此它关系到前级门的灌电流负载能力，即直接影响前级门电路带负载的个数，因此希望 I_{IL}小些。

I_{IH}是指被测输入端接高电平，其余输入端接地，输出端空载时，流入被测输入端的电流值。在多级门电路中，它相当于前级门输出高电平时，前级门的拉电流负载，其大小关系到前级门的拉电流负载能力，希望 I_{IH}小些。由于 I_{IH}较小，难以测量，一般免于测试。

I_{IL}与 I_{IH}的测试电路如图实 8-2c、d 所示。

3）扇出系数 N_o：扇出系数 N_o 是指门电路能驱动同类门的个数，它是衡量门电路负载能力的一个参数，TTL 与非门有两种不同性质的负载，即灌电流负载和拉电流负载，因此有两种扇出系数，即低电平扇出系数 N_{OL}和高电平扇出系数 N_{OH}。通常 $I_{IH} < I_{IL}$，则 $N_{OH} > N_{OL}$，故常以 N_{OL}作为门的扇出系数。

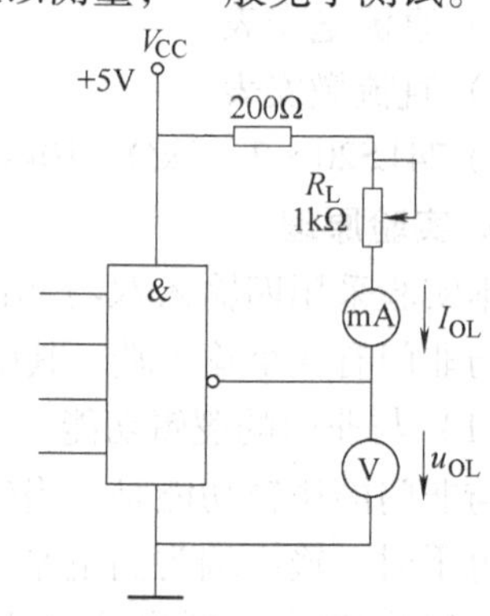

图 8-3　扇出系数试测电路

N_{OL}的测试电路如图 8-3 所示，门的输入端全部悬空，输出端接灌电流负载 R_L，调节 R_L 使 I_{OL}增大，V_{OL}随之增高，当 V_{OL}达到 V_{OLm}（手册中规定低电平规范值 0.4V）时的 I_{OL}就是允许灌入的最大负载电流，则

$$N_{OL} = \frac{I_{OL}}{I_{IL}}(\text{通常 } N_{OL} \geqslant 8) \tag{8-2}$$

4）电压传输特性：门的输出电平 U_O 随输入电压 U_I 而变化的曲线 $U_O = f(U_I)$ 称为门的电压传输特性，通过它可读得门电路的一些重要参数，如输出高电平 U_{OH}、输出低电平 U_{OL}、关门电平 U_{off}、开门电平 U_{ON}、阈值电平 U_T 及抗干扰容限 U_{NL}、U_{NH}等值。测试电路如图 8-4 所示，采用逐点测试法，即调节 RP，逐点测得 U_I 及 U_O，然后绘成曲线。

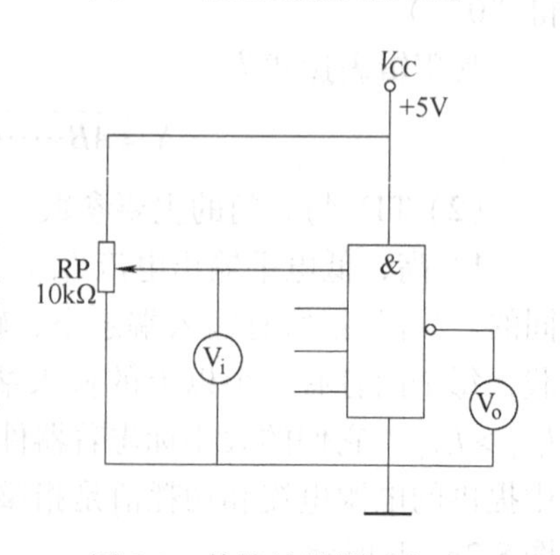

图 8-4　传输特性测试电路

5）平均传输延迟时间 t_{pd}：t_{pd}是衡量门电路开关速度的参数，输出波形下降沿的 $0.5u_m$ 处（A 点）与输入波形上升沿的 $0.5u_m$ 处（B 点）的时间间隔称为导通延迟时间 t_{pdL}，输出波形上升沿的 50% 处（C 点）与输入波形下降沿的 50% 处（D 点）的时间称为截止时间 t_{pdH}。如图 8-5 所示。

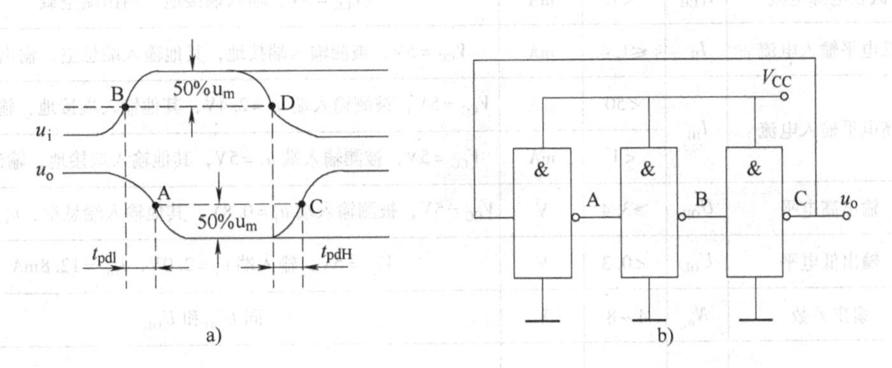

图 8-5　传输延迟特性及平均传输延迟时间测试电路

图 8-5a 中的 t_{pdL} 为导通延迟时间，t_{pdH} 为截止延迟时间，平均传输延迟时间为

$$t_{pd} = \frac{1}{2}(t_{pdL} + t_{pdH}) \tag{8-3}$$

t_{pd}的测试电路如图 8-5b 所示，由于 TTL 门电路的延迟时间较小，直接测量时对信号发生器和示波器的性能要求较高，故实验采用测量由奇数个与非门组成的环形振荡器的振荡周期 T 来求得。其工作原理是：假设电路在接通电源后某一瞬间，电路中的 A 点为逻辑“1”，经过三级门的延迟后，使 A 点由原来的逻辑“1”变为逻辑“0”；再经过三级门的延迟后，A 点电平又重新回到逻辑“1”。电路中其他各点电平也跟随变化。说明使 A 点发生一个周期的振荡，必须经过 6 级门的延迟时间。因此平均传输延迟时间为

$$t_{pd} = \frac{T}{6} \tag{8-4}$$

TTL 电路的 t_{pd}一般在 10 ~40ns 之间。

4. 实验内容

（1）验证 TTL 集成与非门 74LS20 的逻辑功能

按图 8-6 接线，门的 4 个输入端接逻辑开关输出插口，以提供“0”与“1”电平信号，开关向上，输出逻辑“1”，向下为逻辑“0”。门的输出端接由 LED 发光二极管组成的逻辑电平显示器（又称 0—1 指示器）的显示插口，LED 亮为逻辑“1”，不亮为逻辑“0”。74LS20 主要电参数如表 8-1 所示。按表 8-2 的真值表逐个测试集成块中两个与非门的逻辑功能。74LS20 有 4 个输入端，有 16 个最小项，在实际测试时，只要通过对输入 1111、0111、1011、1101、1110 五项进行检测就可判断其逻辑功能是否正常。

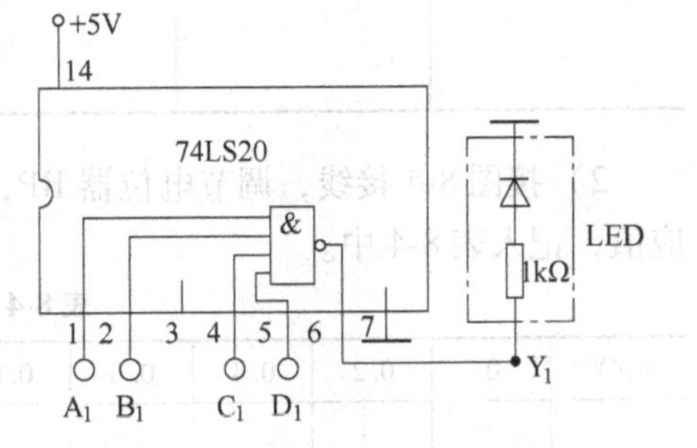

图 8-6　与非门逻辑功能测试电路

表 8-1　74LS20 主要电参数

参数名称和符号			规范值	单位	测试条件
直流参数	导通电源电流	I_{CCL}	<14	mA	$V_{CC}=5V$，输入端悬空，输出端空载
	截止电源电流	I_{CCH}	<7	mA	$V_{CC}=5V$，输入端接地，输出端空载
	低电平输入电流	I_{IL}	≤1.4	mA	$V_{CC}=5V$，被测输入端接地，其他输入端悬空，输出端空载
	高电平输入电流	I_{IH}	<50	μA	$V_{CC}=5V$，被测输入端 $u_i=2.4V$，其他输入端接地，输出端空载
			<1	mA	$V_{CC}=5V$，被测输入端 $u_i=5V$，其他输入端接地，输出端空载
	输出高电平	U_{OH}	≥3.4	V	$V_{CC}=5V$，被测输入端 $u_i=0.8V$，其他输入端悬空，$u_{OH}=400\mu A$
	输出低电平	U_{OL}	<0.3	V	$V_{CC}=5V$，输入端 $u_i=2.0V$，$I_{OL}=12.8mA$
	扇出系数	N_o	4~8	V	同 U_{OH} 和 U_{OL}
交流参数	平均传输延迟时间	t_{pd}	≤20	ns	$V_{CC}=5V$，被测输入端输入信号：$u_i=3.0V$，$f=2MHz$

表 8-2　与非门逻辑功能测试

输入				输出	
An	Bn	Cn	Dn	Y1	Y2
1	1	1	1		
0	1	1	1		
1	0	1	1		
1	1	0	1		
1	1	1	0		

（2）74LS20 主要参数的测试表

1）分别按图 8-2、图 8-3、图 8-5b 接线并进行测试，将测试结果记入表 8-3 中。

表 8-3　74LS40 参数测试 1

I_{CCL}/mA	I_{CCH}/mA	I_{IL}/mA	I_{OL}/mA	$N_o=I_{OL}/I_{IL}$	$t_{pd}=T/6$

2）接图 8-4 接线，调节电位器 RP，使 u_i 从 0V 向高电平变化，逐点测量 u_i 和 u_o 的对应值，记入表 8-4 中。

表 8-4　74LS40 参数测试 2

u_i/V	0	0.2	0.4	0.6	0.8	1.0	1.5	2.0	2.5	3.0	3.5	4.0
u_o/V												

5. 实验报告要求

1）记录、整理实验结果，并对结果进行分析。

2）画出实测的电压传输特性曲线，并从中读出各有关参数值。

6. 实验注意事项

1）安全用电。

2）实验前，先连线再通电，实验后，先切断电源后再拔线。

3）按TTL器件的使用规则正确操作，以防损坏器件。

4）正确使用万用表各档位，避免损坏或烧坏。

8.2　CMOS集成逻辑门的参数测试

1. 实验目的

1）掌握CMOS集成门电路的逻辑功能和器件的使用规则。

2）掌握CMOS集成门电路主要参数的测试方法。

2. 实验仪器及设备

1）+5V直流电源

2）双踪示波器

3）连续脉冲源

4）逻辑电平开关

5）逻辑电平显示器

6）直流数字电压表

7）直流毫安表

8）直流微安表

9）CC4011、CC4001、CC4071、CC4081、电位器100kΩ、电阻1kΩ

3. 实验原理

（1）CMOS集成电路是将N沟道MOS晶体管和P沟道MOS晶体管同时用于一个集成电路中，成为组合两种沟道MOS管性能的更优良的集成电路。CMOS集成电路的主要优点是：

1）功耗低，其静态工作电流在10^{-9}A数量级，是目前所有数字集成电路中最低的，而TTL器件的功耗则大得多。

2）高输入阻抗，通常大于1010Ω，远高于TTL器件的输入阻抗。

3）接近理想的传输特性，输出高电平可达电源电压的99.9%以上，低电平可达电源电压的0.1%以下，因此输出逻辑电平的摆幅很大，噪声容限很高。

4）电源电压范围广，可在+3～+18V范围内正常运行。

5）由于有很高的输入阻抗，要求驱动电流很小，约0.1μA，输出电流在+5V电源下约为500μA，远小于TTL电路，如以此电流来驱动同类门电路，其扇出系数将非常大。在一般低频率时，无需考虑扇出系数，但在高频时，后级门的输入电容将成为主要负载，使其扇出能力下降，所以在较高频率工作时，CMOS电路的扇出系数一般取10～20。

（2）CMOS门电路逻辑功能

尽管CMOS与TTL电路内部结构不同，但它们的逻辑功能完全一样。

（3）CMOS 与非门的主要参数

CMOS 与非门主要参数的定义及测试方法与 TTL 电路相仿，此处从略。

（4）CMOS 电路的使用规则

由于 CMOS 电路有很高的输入阻抗，这给使用者带来一定的麻烦，即外来的干扰信号很容易在一些悬空的输入端上感应出很高的电压，以至损坏器件。CMOS 电路的使用规则如下：

1）VDD 接电源正极，VSS 接电源负极（通常接地⊥），不得接反。CC4000 系列的电源允许电压在 +3 ~ +18V 范围内选择，实验中一般要求使用 +5 ~ +15V。

2）所有输入端一律不准悬空：闲置输入端的处理方法：①按照逻辑要求，直接接 VDD（与非门）或 VSS（或非门）；②在工作频率不高的电路中，允许输入端并联使用。

3）输出端不允许直接与 VDD 或 VSS 连接，否则将导致器件损坏。

4）在装接电路，改变电路连接或插、拔电路时，均应切断电源，严禁带电操作。

5）焊接、测试和储存时的注意事项：①电路应存放在导电的容器内，有良好的静电屏蔽；②焊接时必须切断电源，电烙铁外壳必须良好接地，或拔下电烙铁，靠其余热焊接；③所有的测试仪器必须良好接地。

4. 实验内容

1）验证 CMOS 各门电路的逻辑功能，判断其好坏。

验证与非门 CC4011、与门 CC4081、或门 CC4071 及或非门 CC4001 逻辑功能，其引脚排列如图 8-7 所示。

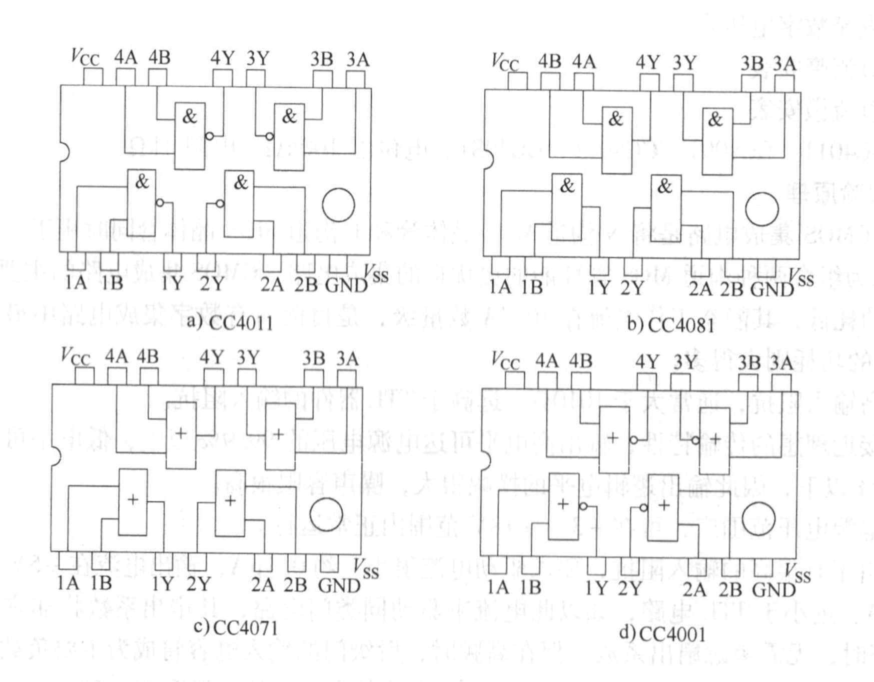

图 8-7　CMOS 各门电路引脚排列

以 CC4011 为例：图 8-7a 中的输入端 A、B 接逻辑开关的输出插口，其输出端Y 接至逻辑电平显示器输入插口，拨动逻辑电平开关，逐个测试各门的逻辑功能，并记入表 8-5 中。

表 8-5　CC4011 逻辑功能测试

输　入		输　出 Y			
A	B	与非门	与门	或门	或非门
0	0				
0	1				
1	0				
1	1				

2）观察与非门、与门、或非门对脉冲的控制作用。

选用与非门按图 8-8a、b 接线，将一个输入端接连续脉冲源（频率为 20kHz），用示波器观察两种电路的输出波形，并记录波形图。然后测定"与门"和"或非门"对连续脉冲的控制作用。

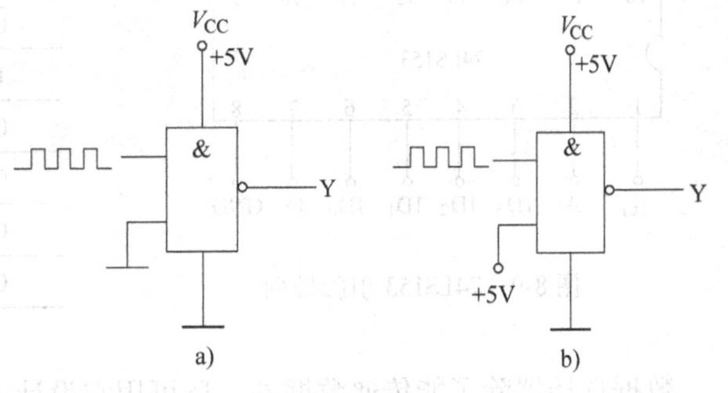

图 8-8　与非门对脉冲的控制作用

5. 实验报告要求

1）整理实验结果，用坐标纸画出传输特性曲线。

2）根据实验结果，写出各门电路的逻辑表达式，并判断被测电路的功能好坏。

6. 实验注意事项

1）安全用电。

2）实验前，先连线再通电，实验后，先切断电源后再拔线。

3）按 CMOS 器件的使用规则正确操作，以防损坏器件。

4）示波器输出端不允许短路。

8.3　数据选择器

1. 实验目的

1）掌握组合电路的特点及其分析方法和设计方法。

2）理解几种常用的组合逻辑电路及其中规模器件的功能并掌握使用方法。

2. 实验仪器及设备

1）数字万用表

2）集成芯片 74LS153

3. 实验原理

数据选择器是常用的组合逻辑部件之一。它由组合逻辑电路对数字信号进行控制来完成较复杂的逻辑功能。它有数据输入端、控制输入端和输出端 Y_0。在控制输入端加上适当的信号，即可从多个输入数据源中将所需的数据信号选择出来，送到输出端。使用时也可以在控制输入端上加上一组二进制编码程序的信号，使电路按要求输出一串信号，所以它也是一种可编程序的逻辑部件。

中规模集成芯片 74LS153 为双四选一数据选择器，引脚排列如图 8-9 所示，其中 D_0、D_1、D_2、D_3 为 4 个数据输入端，Y 为输出端，A_1、A_0 为控制输入端（或称地址端）同时控制两个四选一数据选择器的工作，$\overline{G}$ 为工作状态选择端（或称使能端）。74LS153 的逻辑功能如表 8-6 所示，当 $1\overline{G}$（$2\overline{G}$）$=0$ 时，电路正常工作，被选择的数据送到输出端，如果 $A_0A_1=01$，则选中数据 D_1 输出。

当 $\overline{G}=0$ 时 74LS153 的逻辑表达式为 $Y=\overline{A}_1\overline{A}_0D_0+\overline{A}_1A_0D_1+A_1\overline{A}_0D_2+A_1A_0D_3$。

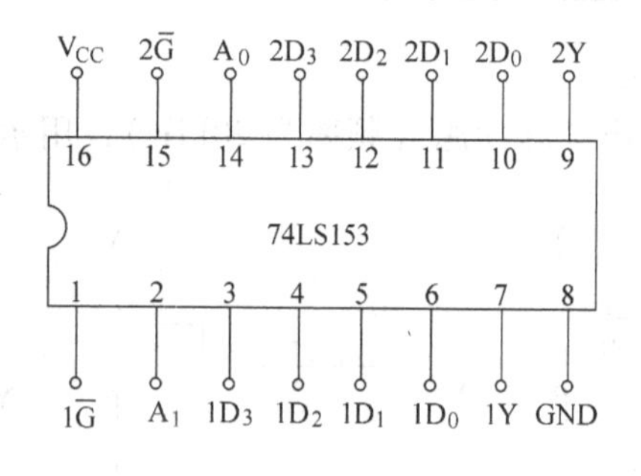

图 8-9　74LS153 引脚排列

表 8-6　74LS153 逻辑功能表

输入				输出
$\overline{G}$	D	A_1	A_0	Y
1	×	×	×	0
0	D_0	0	0	D_0
0	D_1	0	1	D_1
0	D_2	1	0	D_2
0	D_3	1	1	D_3

数据选择器除了能传递数据外，还可用它设计成数码比较器，变并行码为串行码及组成函数发生器。

用数据选择器可以产生任意组合的逻辑函数，因而用数据选择器构成函数发生器方法简便，电路简单。对于任何给定的三输入变量逻辑函数均可用四选一数据选择器来实现，同时对于四输入变量逻辑函数可以用八选一数据选择器来实现。应当指出，数据选择器实现逻辑函数时，要求逻辑函数式变换成最小项表达式。

4. 实验内容

（1）设计三人表决电路

三人表决一件题案，若 2 人以上通过，输出为 1，表示题案通过，否则输出为 0，表示题案被否决。

（2）设计 4 位数码奇偶判别电路

4 位二进制数，当输入数码中有奇数个 1 时，判奇输出为 1，否则判偶输出为 1。

5. 实验报告要求

1）要求列出真值表，进行卡诺图化简，写出表达式，画出电路图（用逻辑符号画）。

2）论证所设计各逻辑电路的正确性及优缺点。

8.4 触发器及其应用

1. 实验目的

1）学习测试触发器逻辑功能的方法。

2）熟悉 RS 触发器、集成 JK 触发器和 D 触发器的逻辑功能及触发方式。

2. 实验仪器

1）数字万用表

2）集成芯片 74LS74、74LS112

3. 实验原理

本实验所用的芯片是 74LS112，其为主从型边沿触发双 JK 集成触发器（带预置端和清除端），其外引脚排列如图 8-10 所示，特性表如表 8-7 所示。

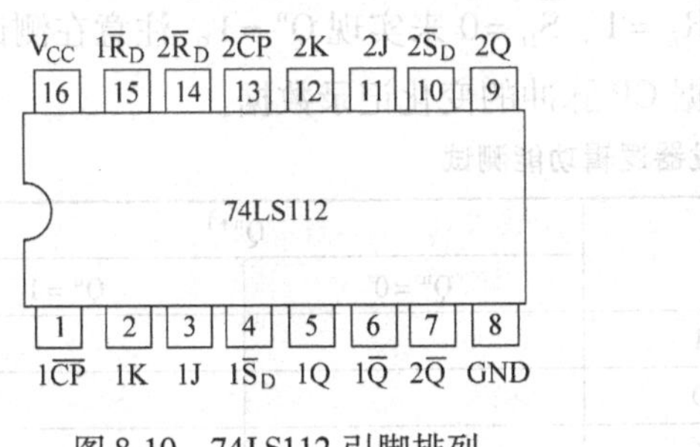

图 8-10　74LS112 引脚排列

表 8-7　74LS112 特性表

J	K	Q^n	Q^{n+1}	功　能
0	0	0	0	$Q^{n+1}=Q^n$ 保持
0	0	1	1	
0	1	0	0	$Q^{n+1}=0$ 置 0
0	0	1	0	
1	0	0	1	$Q^{n+1}=1$ 置 1
1	0	1	1	
1	1	0	1	$Q^{n+1}=\overline{Q^n}$ 翻转
1	1	1	0	

JK 触发器具有保持、置数和计数三种功能。时钟 CP 下降沿有效，即触发器初态和次态按 CP 的下降沿划分。表中 Q^n 是 CP 下跳前触发器状态，称为初态；Q^{n+1} 称为次态。74LS112 的 S 端、R 端是低电平有效的直接置位端、直接复位端，该两引脚信号不受 CP 控制。

74LS74 是边沿型双 D 触发器，时钟 CP 上升沿有效，即触发器初态和次态按 CP 的上升沿划分。74LS74 引脚排列图如图 8-11 所示，功能表如表 8-8 所示。

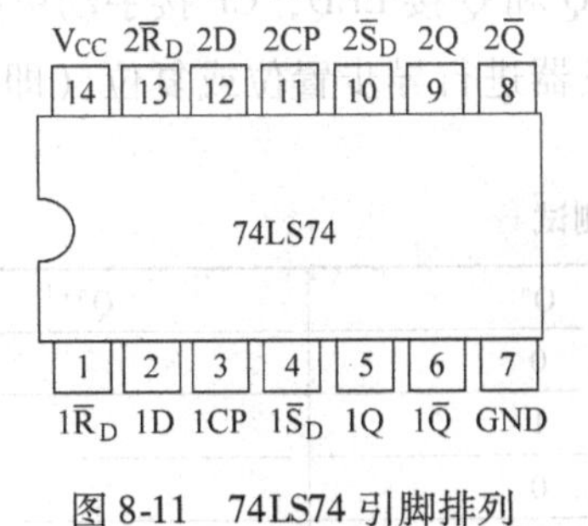

图 8-11　74LS74 引脚排列

表 8-8　74LS74 功能表

D	Q^{n+1}
0	0
1	1

4. 实验内容及步骤

（1）测试 $\overline{R}_D$、$\overline{S}_D$ 的复位、置位功能

取 JK 触发器，$\overline{R}_D$、$\overline{S}_D$、J、K 端接数据开关，CP 端接逻辑开关，Q、$\overline{Q}$ 端接电平指示

端。按表 8-9 要求改变 $\overline{R}_D$、$\overline{S}_D$（J、K 处于任意状态），并在 $\overline{R}_D=0$（$\overline{S}_D=1$）或 $\overline{S}_D=0$（$\overline{R}_D=1$）作用期间任意改变 J、K 及 CP 的状态，观察 Q、$\overline{Q}$ 状态，并记录数据填入表 8-9 中。

表 8-9　$\overline{R}_D$、$\overline{S}_D$ 的复位、置位功能

$\overline{R}_D$	$\overline{S}_D$	Q	$\overline{Q}$
1	1→0		
	0→1		
1→0	1		
0→1			
0	0		

（2）JK 触发器逻辑功能测试

按表 8-10 要求改变 J、K、CP 端状态，观察 Q、$\overline{Q}$ 状态变化，借助 LED 显示观察触发器的状态更新是否发生在 CP 脉冲的下降沿，并记录入表 8-10 中。

利用 $\overline{R}_D=0$、$\overline{S}_D=1$ 来实现 $Q^n=0$，利用 $\overline{R}_D=1$、$\overline{S}_D=0$ 来实现 $Q^n=1$。注意在测试 Q^{n+1} 的状态之前要将 $\overline{R}_D$、$\overline{S}_D$ 恢复高电平，才可根据 CP 脉冲的变化记录数据。

表 8-10　JK 触发器逻辑功能测试

J	K	CP	Q^{n+1}	
			$Q^n=0$	$Q^n=1$
0	0	0 ⟶1		
		1 ⟶0		
0	1	0 ⟶1		
		1 ⟶0		
1	0	0 ⟶1		
		1 ⟶0		
1	1	0 ⟶1		
		1 ⟶0		

（3）D 触发器 74LS74 逻辑功能测试

74LS74 触发器的 S_D、R_D、D 接 0/1 开关，输出端 Q 和 $\overline{Q}$ 接 LED，CP 接手动单脉冲源。按表 8-11 要求，改变 D 的状态，并用 $\overline{R}_D$，$\overline{S}_D$ 端对触发器进行异步置位或复位（即设置 Q^n 的状态）。观察 LED 显示状态，并记录于表 8-11 中。

表 8-11　D 触发器功能测试

D	CP	Q^n	Q^{n+1}
0	0 ⟶1	0	
		1	
	1 ⟶0	0	
		1	
1	0 ⟶1	0	
		1	
	1 ⟶0	0	
		1	

5. 实验报告要求

1）总结各类触发器的逻辑功能。

2）总结JK触发器74LS112和D触发器74LS74的特点。

8.5　集成计数器、译码、显示电路

1. 实验目的

1）掌握集成计数器74LS192的逻辑功能。

2）掌握译码器的基本功能和七段数码显示器的工作原理。

2. 实验仪器

1）集成芯片74LS192

2）集成芯片74LS48

3. 实验原理

本实验所用的74LS192为十进制可逆计数器，具有双时钟输入，可执行加、减法计数，并具有清零、置数功能。管脚排列如图8-12所示，其中$\overline{LD}$为置数端，CP_u为加计数端，CP_d为减计数端，$\overline{BO}$为非同步借位输出端，$\overline{CO}$为非同步进位输出端，Q_A、Q_B、Q_C、Q_D为计数器输出端，D_A、D_B、D_C、D_D为数据输入端，CR为清零端。

当CR=1时，其他管脚任意，74LS192实现输出端清零，当CR=0时，CP_u、CP_d任意，$\overline{LD}=0$，74LS192实现置数功能，功能如表8-12所示。

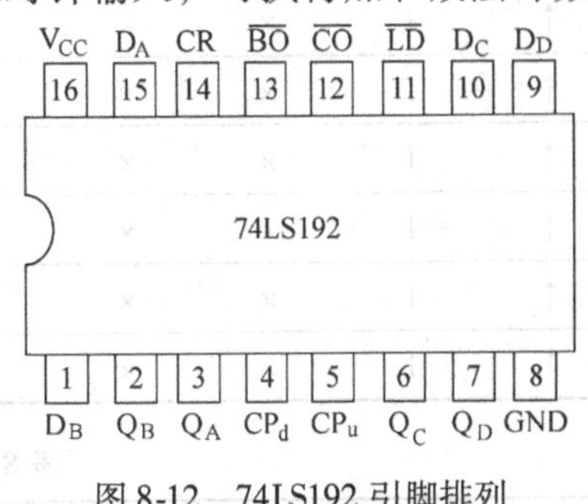

图8-12　74LS192引脚排列

表8-12　74LS192功能表

输入								输出			
CR	$\overline{LD}$	CP_u	CP_d	D_D	D_C	D_B	D_A	Q_D	Q_C	Q_B	Q_A
1	×	×	×	×	×	×	×	0	0	0	0
0	0	×	×	d	c	b	a	d	c	b	a
0	1	↑	1	×	×	×	×	加计数			
0	1	1	↑	×	×	×	×	减计数			

BCD七段译码器74LS48的引脚如图8-13所示，图中A、B、C、D是输入端，输入4位二进制码，a、b、c、d、e、f、g是输出端，各共阴极半导体发光数码管各发光段的阳极引出线相互连接。BI称为灭灯输入端，当BI=0时，不论A、B、C、D的输入状态如何，译码器的输出a、b、c、d、e、f、g均为低电平，显示器各段均不亮，只有BI=1时，译码器才根据A、B、C、D的输入状态而译码输出。

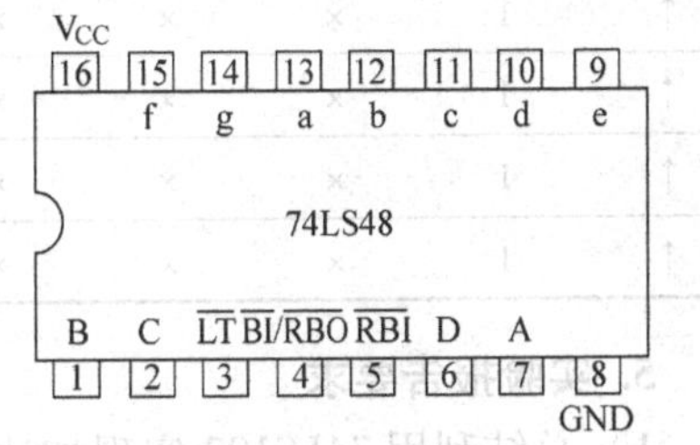

图8-13　BCD七段译码器74LS48的引脚

4. 实验内容及步骤

1）验证74LS192置数功能。

2）用 74LS192 实现加法计数器。

3）用 74LS192 实现减法计数器。

4）在第 2）、3）实验步骤的基础上，将 4 位输出送入 BCD 七段译码器 74LS48 输入端，观察显示器显示的字符与输入逻辑电平的对应关系，并记入表 8-13、表 8-14 中。

5）用 74LS192 实现五进制加法计数器。

表 8-13　加法计数器逻辑功能测试

输入						输出				译码输出
CP_u	$\overline{LD}$	D_D	D_C	D_B	D_A	Q_D	Q_C	Q_B	Q_A	译码显示
↑	0	1	0	0	0					
↑	1	×	×	×	×					
↑	1	×	×	×	×					
↑	1	×	×	×	×					
↑	1	×	×	×	×					
↑	1	×	×	×	×					
↑	1	×	×	×	×					
↑	1	×	×	×	×					
↑	1	×	×	×	×					
↑	1	×	×	×	×					
↑	1	×	×	×	×					

表 8-14　减法计数器逻辑功能测试

输入						输出				译码输出
CP_d	$\overline{LD}$	D_D	D_C	D_B	D_A	Q_D	Q_C	Q_B	Q_A	译码显示
↑	0	0	0	0	0					
↑	1	×	×	×	×					
↑	1	×	×	×	×					
↑	1	×	×	×	×					
↑	1	×	×	×	×					
↑	1	×	×	×	×					
↑	1	×	×	×	×					
↑	1	×	×	×	×					
↑	1	×	×	×	×					
↑	1	×	×	×	×					
↑	1	×	×	×	×					

5. 实验报告要求

1）总结利用 74LS192 实现加法、减法计数器的方法。

2）总结中规模集成计数器构成任意进制计数器的方法。

3）整理数据，画出时序图。

6. 实验注意事项

1）集成电路芯片的电源电压为5V，电压过高或极性加反都会导致集成芯片烧毁。

2）连线要规范整齐，避免交叉和连斜线，同时每一条线都要接实接牢，减少导致电路不正常工作的因素。

8.6 集成555定时器的应用

1. 实验目的

1）熟悉定时器电路的工作原理。

2）握555定时器构成单稳态触发器及施密特触发器的方法及原理。

2. 实验仪器

1）双踪示波器

2）555集成定时器

3）电阻、电容若干

3. 实验原理

集成定时器是一种将模拟电路与数字电路巧妙地结合在一起的单片集成电路，它设计新颖，构思巧妙，被广泛地应用于脉冲的产生、整形、定时和延迟等电路中，利用集成定时器和外接电阻、电容可以构成基本RS触发器、单稳态触发器、多谐振荡器、施密特触发器和延迟电路等多种应用电路。图8-14为集成定时器内部逻辑图及引脚排列。

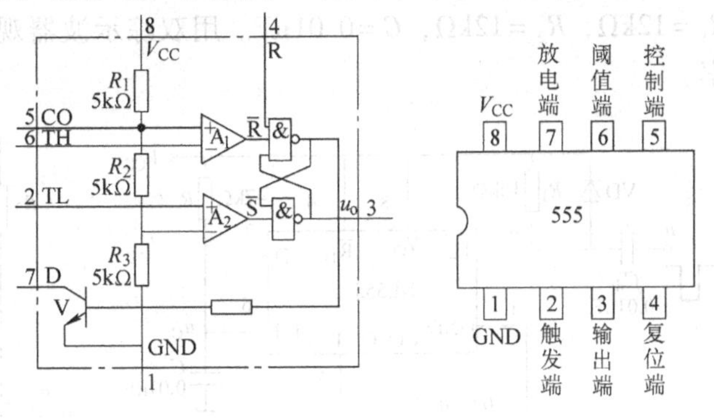

图8-14　集成定时器内部逻辑图及引脚排列

NE555集成定时器各引脚的用途如下：

引脚1和8分别为接地端和电源端。CMOS555集成定时器的电源电压在4.5～18V范围内使用。

引脚2(TL)为低电平触发端。该端输入电压高于$\frac{1}{3}V_{CC}$时，比较器A_2输出为“1”，当输入电压低于$\frac{1}{3}V_{CC}$时，比较器A_2输出为“0”。

引脚3(u_o)为输出端。输出为“1”时的电压比电源电压V_{CC}低2V左右。输出最大电流为200mA。

引脚4($\bar{R}$)为复位端。在此端输入负脉冲（“0”电平，低于0.7V）可使触发器直接置“0”，正常工作时，应将它接“1”（接$+V_{CC}$）。

引脚5(CO)为电压控制端。静态时，此端电位为$\frac{2}{3}V_{CC}$。若在此端外加直流电压，可改变分压器各点电位值。在没有其他外部连线时，应在该端与地之间接入 0.01μF 的电容，以防干扰引入比较器 A_1 的同相端。

引脚 6(TH) 为高电平触发端。该输入端电压低于$\frac{2}{3}V_{CC}$时，比较器 A_1 输出为“1”，当输入电压高于$\frac{2}{3}V_{CC}$时，比较器 A_1 输出为“0”。

引脚 7(D) 为放电端，当输出 u_o =“0” 时，放电晶体管 V 导通，相当于引脚 7 端对地短接。当 u_o 为 “1”，即$\overline{Q}=0$ 时，V 截止，引脚 7 端与地隔离。

4. 实验内容及步骤

(1) 用 555 定时器组成单稳态触发器

图 8-15 中 R、C 是定时元件，二极管 VD 的作用是不让正向尖脉冲加到低触发端（TL)，无触发脉冲时，电路处于稳定状态，输出 u_o 为低电平。

按图 8-15 连接电路。令 $u_i=0V$，用万用表测量输出端 3 的 u_o，输入端加 500Hz 的 TTL 矩形脉冲，占空比为 85% ~90%，用双踪示波器观察并记录 u_C 及 u_o 的波形。测定 u_o 正脉冲的宽度，并与理论计算值相比较。

(2) 用 555 定时器组成多谐振荡器

图 8-16 中 R_1、R_2、C 是电路中的定时元件。按图 8-16 连接电路。取电源 $V_{CC}=5V$，$R_1=12k\Omega$，$R_2=12k\Omega$，$C=0.01\mu F$。用双踪示波器观察，记录 u_C 及 u_o 的波形，测定其频率。

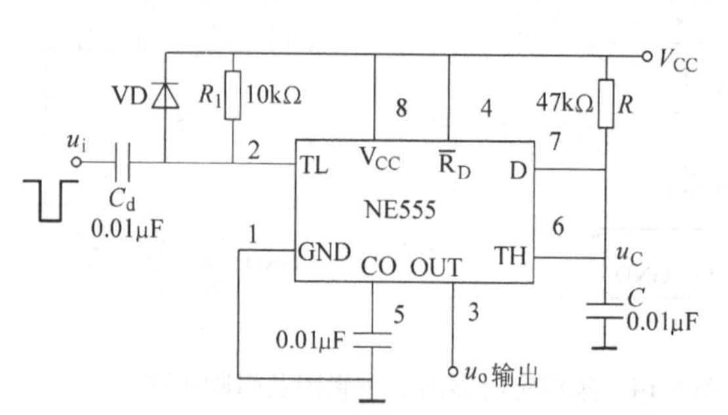

图 8-15　555 定时器组成的单稳态触发器原理图

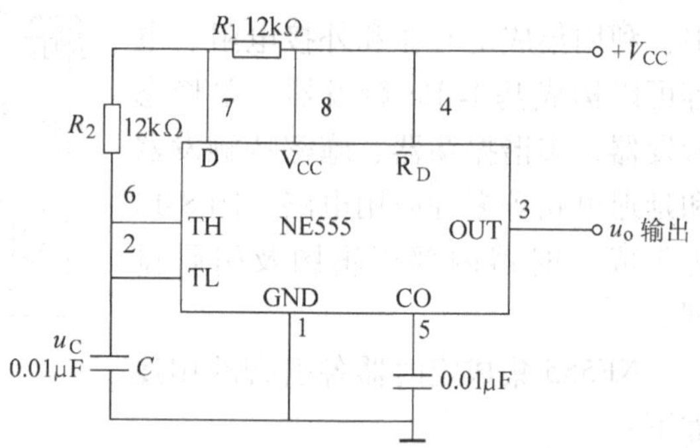

图 8-16　555 定时器组成多谐振荡器原理图

5. 实验报告要求

1）记录所测数据，画出波形图。

2）分析实验结果与理论值的差异，并进行讨论。

8.7　A/D 和 D/A 转换器

1. 实验目的

1）了解 A/D 和 D/A 转换器的基本工作原理和基本结构。

2）掌握 DAC0832 和 ADC0809 的功能及其典型应用。

2. 实验仪器

1）数字万用表

2）集成芯片 DAC0832、ADC0809、LM741

3. 实验原理

数/模转换器（D/A 转换器，简称 DAC）用来将数字量转换成模拟量；模/数转换器（A/D 转换器、简称 ADC）用来将模拟量转换成数字量。目前 A/D、D/A 转换器较多，本实验选用大规律集成电路 DAC0832 和 ADC0809 来分别实现 D/A 转换和 A/D 转换。

（1）D/A 转换器 DAC0832

DAC0832 是一个 8 位的 D/A 转换器，其引脚排列如图 8-17 所示，由 8 位输入寄存器、8 位 DAC 寄存器、8 位 D/A 转换器及逻辑控制单元等功能电路构成。$D_0 \sim D_7$ 为数字信号输入端；ILE 为输入寄存器允许，高电平有效；$\overline{CS}$为片选信号，低电平有效；$\overline{WR_1}$ 为写信号 1，低电平有效；$\overline{XFER}$为传送控制信号，低电平有效；$\overline{WR_2}$ 为写信号 2，低电平有效；I_{OUT1}，I_{OUT2}为 DAC 电流输出端；R_F 为反馈电阻，是集成在片内的外接运放的反馈电阻；U_{REF}为基准电压（$-10 \sim +10$）V；V_{CC}为电源电压（$+5 \sim +15$）V；DGND 为模拟地，DGND 是数字地，两者可接在一起使用；DAC0832 输出的是电流，要转换成电压，还必须外接运算放大器，本实验选用的运放为 LM741，LM741 引脚排列如图 8-18 所示。其中 1、5 为调零端；2 为反相输入端；3 为同相输入端；7 为电源电压正端；4 为电源电压负端；6 为输出端。DAC0832 实验电路如图 8-19 所示。

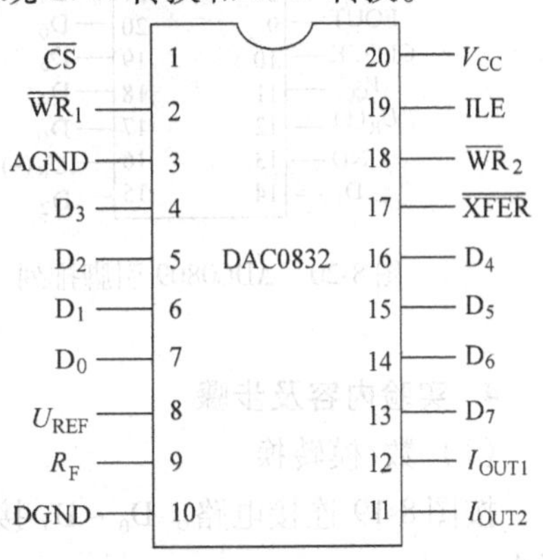

图 8-17 DAC0832 引脚排列

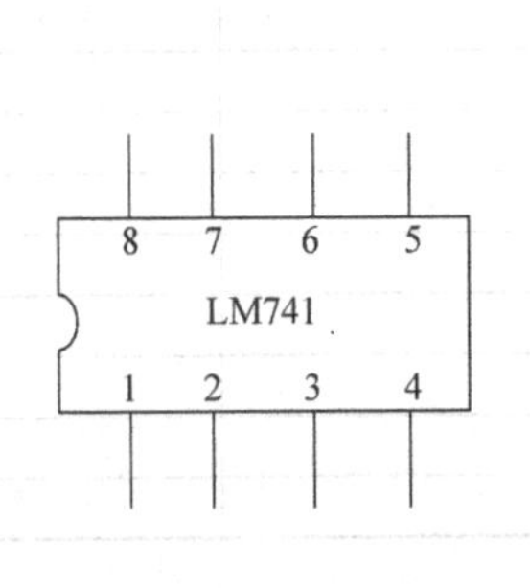

图 8-18 LM741 引脚排列

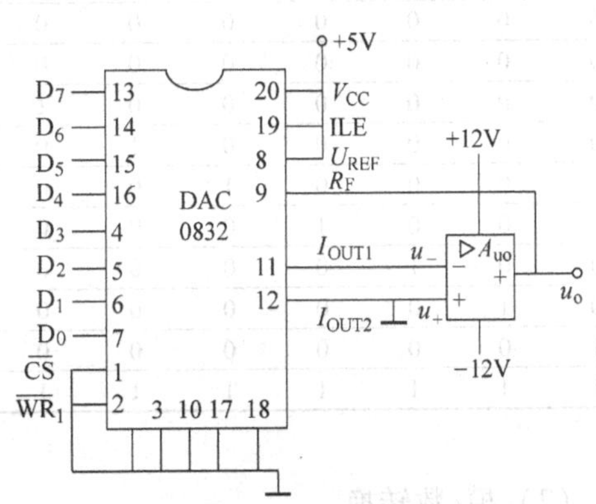

图 8-19 DAC 0832 实验电路

（2）A/D 转换器 ADC0809

ADC0809 是采用 CMOS 工艺制成的 8 位 8 通道逐次渐近型 A/D 转换器。其引脚排列如图 8-20 所示。

$IN_0 \sim IN_7$ 为 8 路模拟信号输入端。A、B、C 为地址输入端。ALE 为地址锁存允许输入信号。START 为启动信号输入端。EOC 为转换结束标志，高电平有效。EOUT 为输入允许信号，高电平有效。CLOCK 为时钟，外接时钟频率一般为 640kHz。V_{CC} 供电电源为 +5V。ADC0809 实验电路如图 8-21 所示。

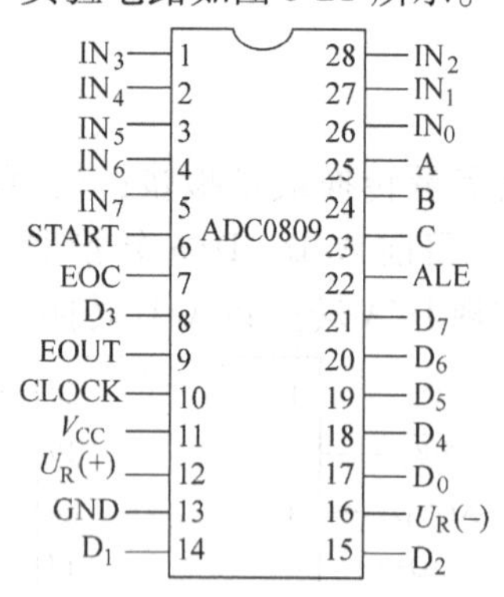

图 8-20　ADC0809 引脚排列

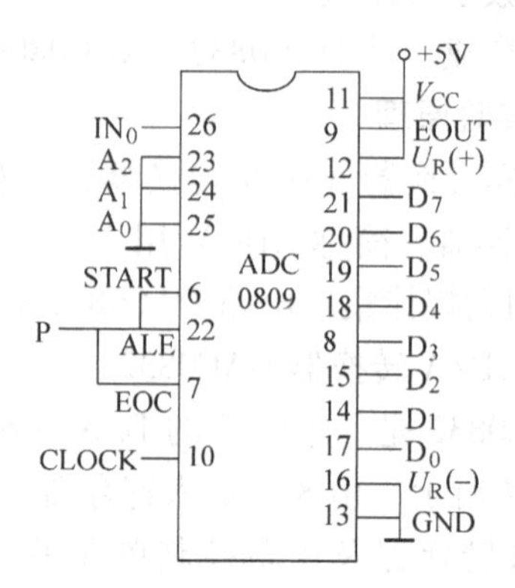

图 8-21　ADC0809 实验电路

4. 实验内容及步骤

（1）数/模转换

按图 8-19 连接电路。D_0 ~ D_7 接数字实验箱上的电平开关的输出端。输出端 u_o 接数字电压表。

1）D_0 ~ D_7 均为零。对 LM741 调零，调节调零电位器，使 u_o = 0V。

2）在 D_0 ~ D_7 输入端依次输入数字信号，用数字电压表测量输出电压 u_o，并记录入表 8-15 中。

表 8-15　数/模转换实验数据记录表

D_7	D_6	D_5	D_4	D_3	D_2	D_1	D_0	实测 u_o	理论值 u_o
0	0	0	0	0	0	0	0		
0	0	0	0	0	0	0	1		
0	0	0	0	0	0	1	0		
0	0	0	0	0	1	0	0		
0	0	0	0	1	0	0	0		
0	0	0	1	0	0	0	0		
0	0	1	0	0	0	0	0		
0	1	0	0	0	0	0	0		
1	0	0	0	0	0	0	0		
1	1	1	1	1	1	1	1		

（2）模/数转换

按图 8-21 连接电路，D_0 ~ D_7 接电平指示，P 接单次脉冲。

（3）设计一个单路信号采样的显示电路

用 ADC0809 实现单路模拟量采样的显示电路，模拟量为变化比较缓慢的信号，显示器用十六进制数进行显示。

5. 实验报告要求

1）A/D 和 D/A 转换器的基本工作原理。

2）整理数据，分析实验结果。

8.8　移位寄存器及其应用

1. 实验目的

1）掌握 MSI 双向移位寄存器的逻辑功能和使用方法。

2）熟悉 MSI 移位寄存器的应用。

2. 实验仪器及设备

1）集成芯片 74LS194

2）数字万用表

3. 实验原理

本实验采用 4 位双向通用移位寄存器，型号为 74LS194，引脚排列如图 8-22 所示，D_0、D_1、D_2、D_3 为并行输入端，Q_0、Q_1、Q_2、Q_3 为并右行输出端，SR 为右移串行输入端，SL 为左移串行输入端，S_1、S_0 为操作模式控制端，$\overline{CR}$为直接无条件清零端，CP 为时钟输入端，寄存器有 4 种不同操作模式：①并行寄存；②左移（方向由 $Q_0 \sim Q_3$）；③右移（方向由 $Q_3 \sim Q_0$）；④保持。S_1、S_0、$\overline{CR}$的作用如表 8-16 所示。

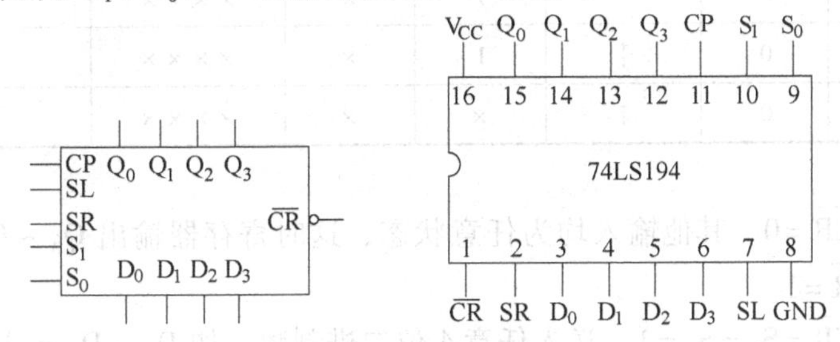

图 8-22　74LS194 的逻辑符号图及引脚功能图

表 8-16　74LS194 特性表

CP	$\overline{CR}$	S_1	S_0	功能	$Q_0Q_1Q_2Q_3$
×	0	×	×	清除	$\overline{CR}=0$，使 $Q_0Q_1Q_2Q_3=0000$，寄存器正常工作时，$\overline{CR}=1$
↑	1	1	1	送数	CP 上升沿作用后，并行输入数据送入寄存器 $Q_0Q_1Q_2Q_3=D_0D_1D_2D_3$，此时串行数据（SR、SL）
↑	1	0	1	右移	串行数据送至右移输入端 SR，CP 上升沿进行右移 $Q_0Q_1Q_2Q_3=D_{SR}D_AD_BD_C$
↑	1	1	0	左移	串行数据送至左移输入端 SL，CP 上升沿进行左移 $Q_0Q_1Q_2Q_3=Q_AQ_BQ_CQ_{SL}$
↑	1	0	0	保持	CP 作用后寄存器内容保持不变。$Q_1^nQ_2^nQ_3^nQ=Q_0Q_1Q_2Q_3$
↓	1	×	×	保持	$Q_0Q_1Q_2Q_3=Q_0^nQ_1^nQ_2^nQ_3$

4. 实验内容

（1）测试 74LS194 的逻辑功能

按 74LS194 引脚功能图连接各引脚，$\overline{CR}$、S_1、S_0、S_L、S_R、D_A、D_B、D_C、D_D 分别接逻

辑电平开关，Q_A、Q_B、Q_C、Q_D 接电平指示器，CP 接单次脉冲源，按表 8-17 规定的输入状态，逐项进行测试。

表 8-17　逻辑功能测试

清除	模式		时钟	串行		输入	输出	功能总结
$\overline{CR}$	S_1	S_0	CP	S_L	S_R	$D_AD_BD_CD_D$	$Q_AQ_BQ_CQ_D$	
0	×	×	×	×	×	××××		
1	1	1	↑	×	×	a b c d		
1	0	1	↑	×	0	××××		
1	0	1	↑	×	1	××××		
1	0	1	↑	×	0	××××		
1	0	1	↑	×	0	××××		
1	1	0	↑	1	×	××××		
1	1	0	↑	1	×	××××		
1	1	0	↑	1	×	××××		
1	1	0	↑	1	×	××××		
1	0	0	↑	×	×	××××		

1）清除：令$\overline{CR}=0$，其他输入均为任意状态，这时寄存器输出 $Q_A \sim Q_D$ 均为零。清除功能完成后，置$\overline{CR}=1$。

2）送数：令$\overline{CR}=S_1=S_0=1$，送入任意 4 位二进制数，如 $D_A \sim D_D = abcd$，加 CP 脉冲，观察 CP =0，CP 由 0→1，CP 由 1→0 三种情况下寄存器输出状态的变化，分析寄存器输出状态变化是否发生在 CP 脉冲上升沿，记录之。

3）右移：令$\overline{CR}=1$，$S_1=0$，$S_0=1$，清零，或用并行送数至寄存器输出。由右移输入端 S_R 送入二进制数码如 0100，由 CP 端连续 4 个脉冲，观察输出端情况，记录之。

4）左移：令$\overline{CR}=1$，$S_1=1$，$S_0=0$，先清零或预置，由左移输入端 SL 送入二进制数码如 1111，连续加 4 个 CP 脉冲，观察输出端情况，记录之。

5）保持：寄存器预置任意 4 位二进制数码 abcd。令$\overline{CR}=1$，$S_1=S_0=0$，加 CP 脉冲，观察寄存器输出状态，记录之。注意要保持接线，待用。

（2）循环移位

将实验内容（1）接线中 Q_D 及 SR 与电平指示器及逻辑开关的接线断开，并将 Q_D 与 SR 直接连接，其他接线均不变动，用并行送数法预置寄存器输出为某二进制数码（如 0100），然后进行右移循环，观察寄存器输出端变化，记入表 8-18 中。

表 8-18　循环移位测试

CP	Q_A	Q_B	Q_C	Q_D
0	0	1	0	0
1				
2				
3				
4				

5. 实验报告要求

1）74LS194 的基本工作原理。

2）整理数据，分析实验结果。

6. 实验注意事项

1）如实验中出现故障，应用逻辑测试笔进行检测，以判断电路的电源、时钟、功能端是否符合要求。

2）构成环形计数器时，改变电路连接如造成数据丢失，必须给电路重新赋初值。

8.9　序列信号发生器

1. 实验目的

1）熟悉序列信号发生器的工作原理。

2）学习序列信号发生器的设计方法。

2. 实验仪器及设备

1）实验芯片 74LS161、74LS00、74LS152

2）发光二极管若干

3）数字万用表

3. 实验原理

在数字信号的传输和数字系统的测试中，有时需要用到一组特定的串行数字信号。通常把这种串行数字信号称为序列信号。产生序列信号的电路成为序列信号发生器。

序列信号的构成方式有多种，比较简单的方式是用计数器和数据选择器组成。例如，产生一个 8 位的序列信号 00010111（时间顺序由左到右）既可以用一个八进制计数器和一个 8 选 1 数据选择器组成。如图 8-23 所示，其中八进制计数器取自 74LS161（4 位二进制计数器）的低 3 位，8 选 1 数据选择器采用 74LS152。

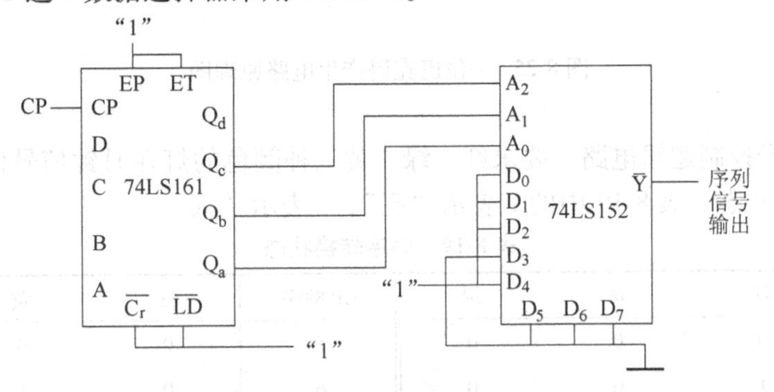

图 8-23　序列信号实验原理图

当 CP 信号连续不断地加到计数器上，$Q_CQ_BQ_A$ 的状态（也为 74LS152 的地址输入代码）按图 8-24 中所示的顺序不断循环，$D_0 \sim D_7$ 的状态取反后就循环不断地依次出现在 $\overline{Y}$ 输出端。

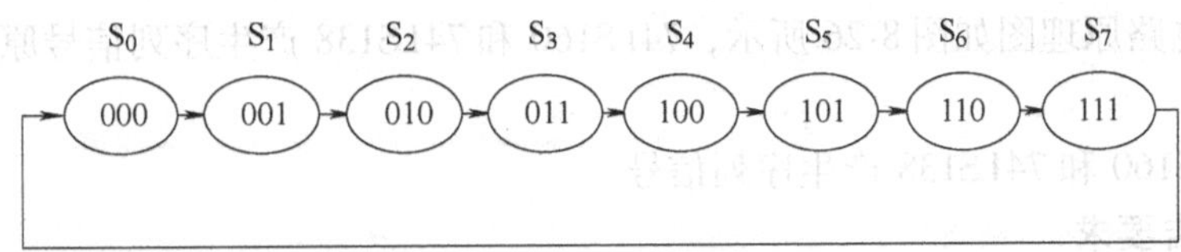

图 8-24　序列信号发生器状态图

由图 8-24 得到 $\overline{Y}$ 的状态为

$$0\to0\to0\to1\to0\to1\to1\to1$$
$$S_0\ S_1\ S_2\ S_3\ S_4\ S_5\ S_6\ S_7$$

若要修改序列信号，只要修改加到的高、低电平即可，而不需要更改电路结构。因此，这种序列信号发生器电路既灵活又方便。

4. 实验内容

1）设计一个 7 位巴克码（0100111）的产生电路，画出电路的时序图。7 位巴克马产生电位原理图如图 8-25 所示。

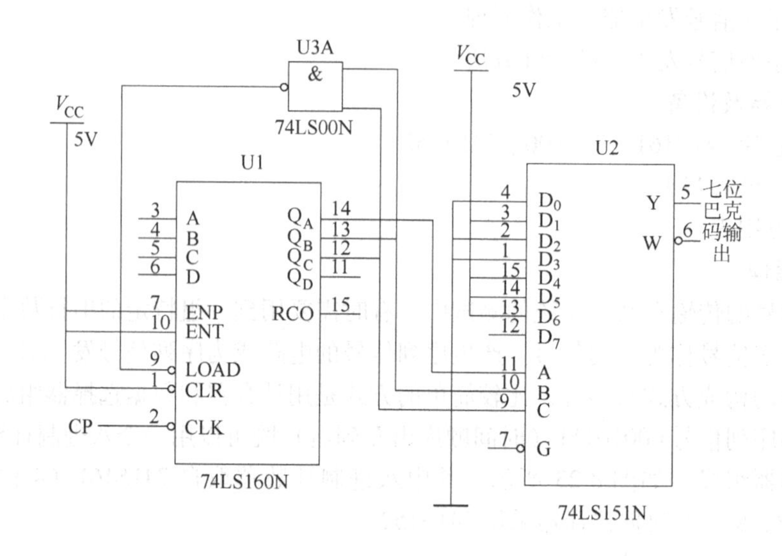

图 8-25　7 位巴克码产生电路原理图

2）设计灯光控制逻辑电路。要求红、绿、黄三种颜色的灯在时钟信号作用下按表 8-19 规定的顺序转换状态。表 8-19 中的 1 表示“亮”，0 表示“灭”。

表 8-19　顺序转换状态

CP 顺序	红	黄	绿	CP 顺序	红	黄	绿
0	0	0	0	5	0	0	1
1	1	0	0	6	0	1	0
2	0	1	0	7	1	0	0
3	0	0	1	8	0	0	0
4	1	1	1				

灯光控制电路原理图如图 8-26 所示，74LS160 和 74LS138 产生序列信号原理图如图 8-27 所示。

3）用 74LS160 和 74LS138 产生序列信号。

5. 实验报告要求

画出电路的时序图。

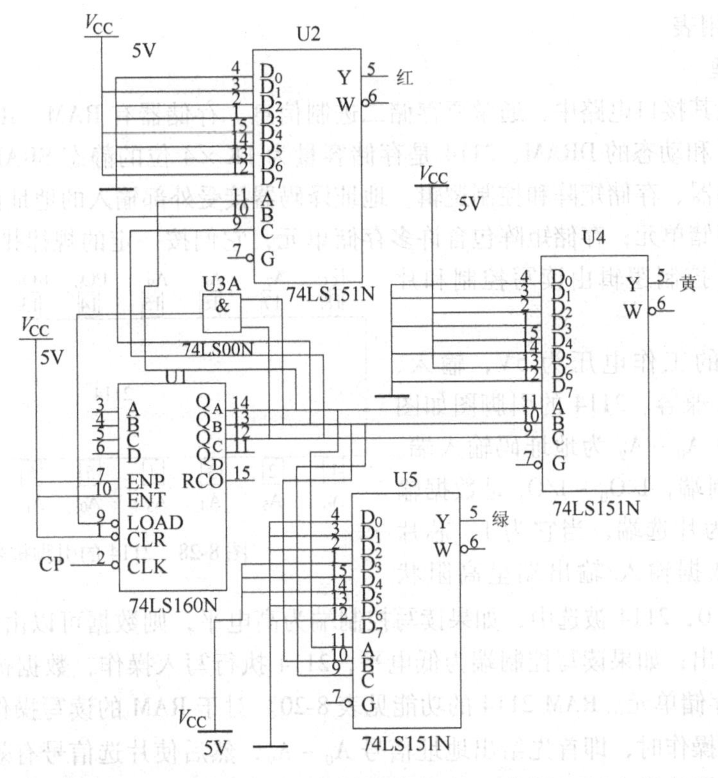

图 8-26　灯光控制电路原理图

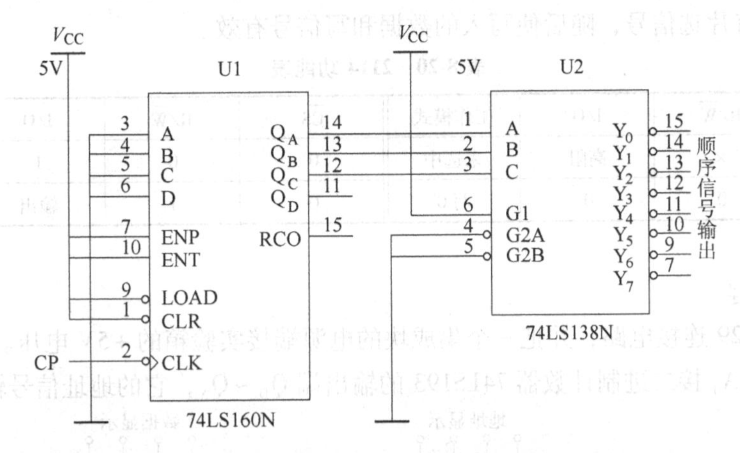

图 8-27　74LS160 和 74LS138 产生序列信号原理图

8.10　随机存取存储器（RAM）的应用

1. 实验目的

1）熟悉 RAM 的工作原理及使用方法。

2）掌握 RAM 存储器 2114 的应用。

2. 实验仪器及设备

1）集成芯片 74LS193、74LS125、74LS00、2114

2）数字万用表

3. 实验原理

在计算机及其接口电路中，通常要存储二进制信息。存储器有 RAM、ROM，RAM 又分为静态的 SRAM 和动态的 DRAM，2114 是存储容量为 1K×4 位的静态 SRAM。它由三部分组成：地址译码器、存储矩阵和控制逻辑。地址译码器接受外部输入的地址信号，经过译码后确定相应的存储单元；存储矩阵包含许多存储单元，它们按一定的规律排列成矩阵形式，组成存储矩阵；控制逻辑由读写控制和片选电路构成。

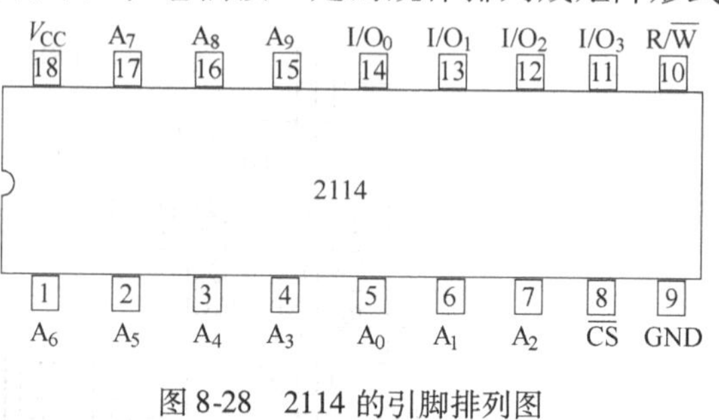

图 8-28　2114 的引脚排列图

RAM 2114 的工作电压为 5V，输入、输出电平与 TTL 兼容。2114 的引脚图如图 8-28 所示，其中 $A_0 \sim A_9$ 为地址码输入端。R/W 为读写控制端，$I/O_0 \sim I/O_3$ 是数据输入输出端，CS 为片选端，当它为 1，芯片未选中，此时数据输入/输出端呈高阻状态。当片选端为 0，2114 被选中，如果读写控制端为高电平，则数据可以由地址 $A_0 \sim A_9$ 指定的存储单元读出；如果读写控制端为低电平，2114 执行写入操作，数据被写入到由地址 $A_0 \sim A_9$ 指定的存储单元。RAM 2114 的功能见表 8-20。对于 RAM 的读写操作，要严格注意时序的要求。读操作时，即首先给出地址信号 $A_0 \sim A_9$，然后使片选信号有效，再使得读控制有效，随后数据从指定的存储单元送到数据输出端。对 2114 进行写操作的时序是：先有地址信号，再有片选信号，随后使写入的数据和写信号有效。

表 8-20　2114 功能表

$\overline{CS}$	R/$\overline{W}$	I/O	工作模式	$\overline{CS}$	R/$\overline{W}$	I/O	工作模式
1	×	高阻	未选中	0	0	1	写 1
0	0	0	写 0	0	1	输出	读出

4. 实验内容

1）按图 8-29 连接电路，并把三个集成块的电源端接实验箱的 +5V 电压。将 RAM 存储器 2114 的 $A_3 \sim A_0$ 接二进制计数器 74LS193 的输出端 $Q_D \sim Q_A$，它的地址信号输入端 $A_4 \sim A_9$

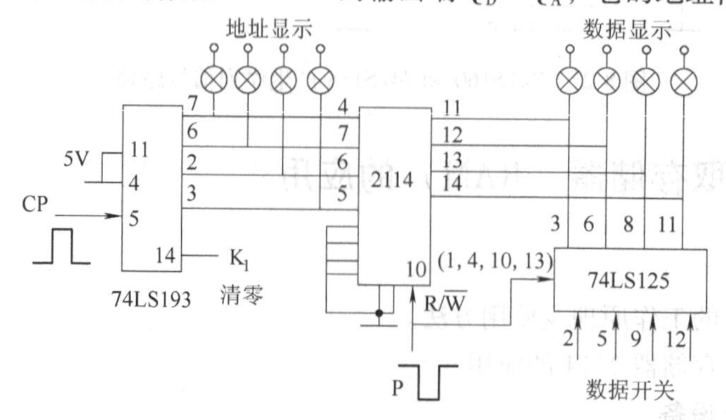

图 8-29　RAM 2114 的读写实验电路

和片选端均接地。即本实验只利用了2114的16个存储单元。74LS125为三态门，它的4个三态门的使能端（1，4，10，13）并联后接到2114的读写控制端，再接到实验箱的单次脉冲输出端。当2114执行读操作时，三态门的输出应该呈高阻状态；当2114执行写操作时，三态门的使能端有效，三态门与数据开关接通。要写入的单元地址由计数器决定，而要写入的数据由数据开关决定。

2）74LS193的引脚排列如图8-30所示，它的清零端引脚14为高电平时，计数器清零，当它为低电平时执行计数操作。所以先让 $K_1=1$，然后让 $K_1=0$。

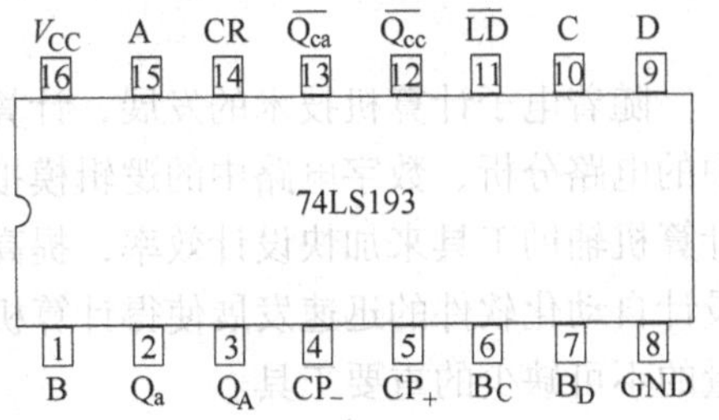

图8-30　74LS193的引脚排列图

3）按动连接在计数器的单次脉冲CP，根据与计数器输出相连的4个LED可以确定2114的存储单元地址。再改变数据开关就能够确定被写入的数据。注意单脉冲产生的应是负脉冲。当其为低电平时有两个作用：一是使三态门工作；二是使得2114的写控制有效。所以按动单次脉冲CP，就可以将给定的数据写入到指定的RAM存储单元。按表8-21的要求改变地址 $A_3 \sim A_0$ 和数据 $I_3 \sim I_0$，将实验结果填入表8-21中。

表8-21　2114读写实验结果

地 址 输 入				数 据 写 入				数 据 读 出			
A_3	A_2	A_1	A_0	I_3	I_2	I_1	I_0	O_3	O_2	O_1	O_0
0	0	0	0								
0	0	0	1								
0	0	1	0								
0	0	1	1								
0	1	0	0								
0	1	0	1								
0	1	1	0								
0	1	1	1								
1	0	0	0								
1	0	0	1								
1	0	1	0								
1	0	1	1								
1	1	0	0								
1	1	0	1								
1	1	1	0								
1	1	1	1								

5. 实验报告要求

1）画出实验电路图。

2）查出74LS193的逻辑功能表，说明在图8-29中，74LS193工作在何种计数方式。

3）根据实验数据填入表8-21中。

4）设计用2114扩展成1K×8位存储器的电路图。

第9章 仿真软件简介及仿真实验

随着电子计算机技术的发展，计算机辅助设计已经逐渐进入电子设计的领域。模拟电路中的电路分析、数字电路中的逻辑模拟，甚至是印制电路板、集成电路版图等等都开始采用计算机辅助工具来加快设计效率，提高设计成功率。同时，微机以及适合于微机系统的电子设计自动化软件的迅速发展使得计算机辅助设计技术逐渐成为提高电子线路设计的速度和质量的不可缺少的重要工具。

9.1 EWB软件简介

虚拟电子工作平台ElectronicsWorkbench（EWB）是加拿大Interactive Image Technologies公司于20世纪80年代末、90年代初推出的电路分析和设计软件，该软件是一个专门用于电子电路仿真的虚拟工作平台，利用它可以方便地进行模拟电路、数字电路和模数混合电路的仿真分析。它的功能非常强大，能够提供电阻、电容、晶体管、集成电路等14大类几千种元件，它具有强大的电路图绘制功能，可绘制出符合标准的电子图纸，并具有强大的波形显示功能，结果可轻松放入各类文档。具有界面直观、操作方便等优点，它改变了有些电路仿真软件输入电路采用文本方式的不便之处，创建电路、选用元器件和测试仪器等均可直接从屏幕图形中选取，而且测试仪器的操作开关、按键、图形同实际仪器极为相似。该软件从原理图的创建、电路的测试分析，到结果的图表显示全部集成在同一电路窗口中，用强大功能的仿真分析操作指令，将分析结果直观地用数值或波形显示出来，与实际电路的测试结果一致。

1. Electronics Workbench软件界面

（1）EWB的主窗口

EWB主窗口图如图9-1所示。

（2）元件库栏

元件库栏图如图9-2所示。

1）信号源库：信号源库（Sources）图如图9-3所示。

2）基本电路元件库：基本电路元件库（Basic）图如图9-4所示。

3）二极管库：二极管库（Diodes）图如图9-5所示。

4）指示仪器：指示仪器（Indicators）图如图9-6所示。

5）仪器库：仪器库（Instruments）图如图9-7所示。

2. Electronics Workbench软件基本操作方法介绍

（1）创建电路

1）元器件操作

元件选用：打开元件库栏，移动鼠标到需要的元件图形上，按下左键，将元件符号拖拽到工作区。

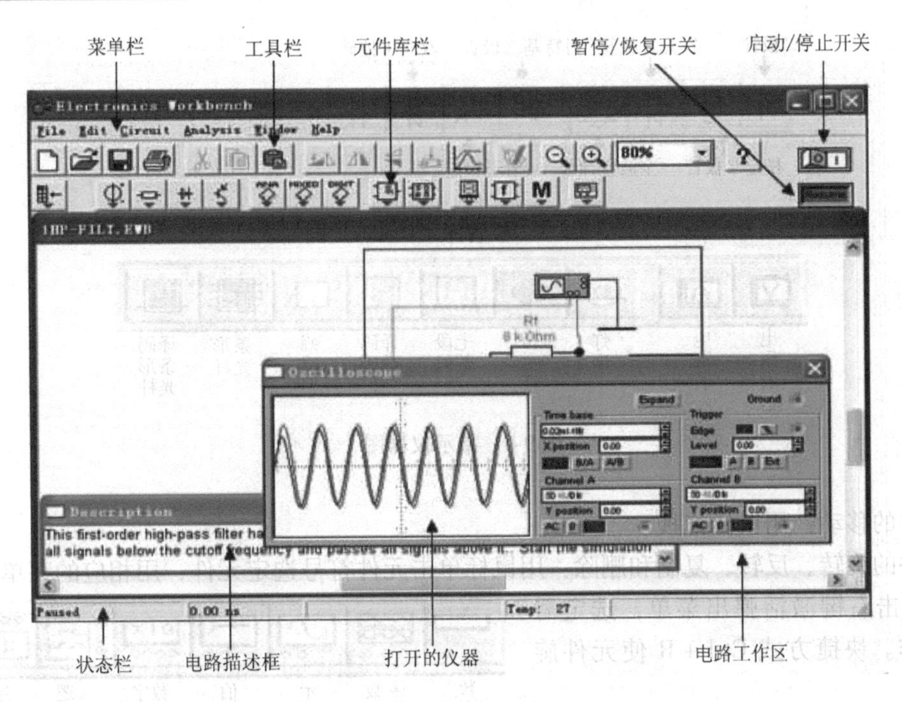

图 9-1 EWB 主窗口图

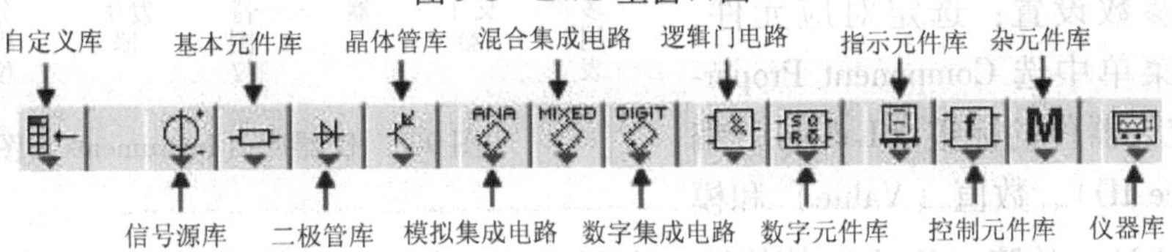

图 9-2 元件库栏图

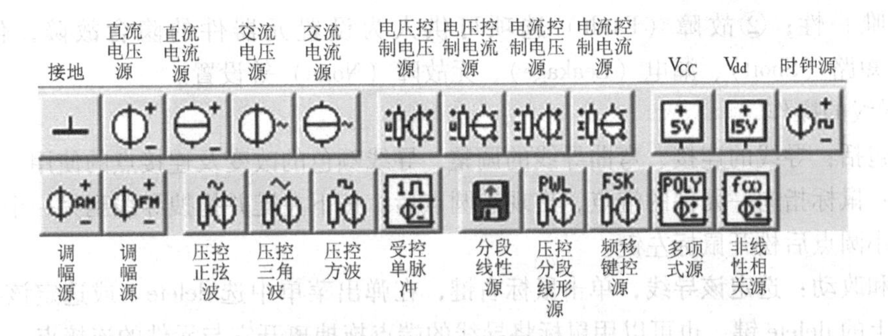

图 9-3 信号源库（Sources）图

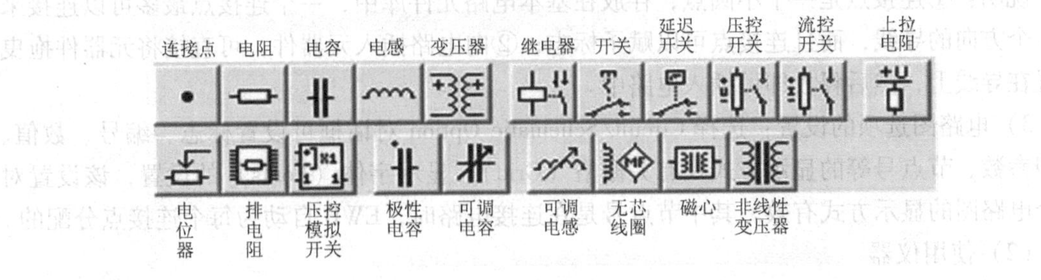

图 9-4 基本电路元件库（Basic）图

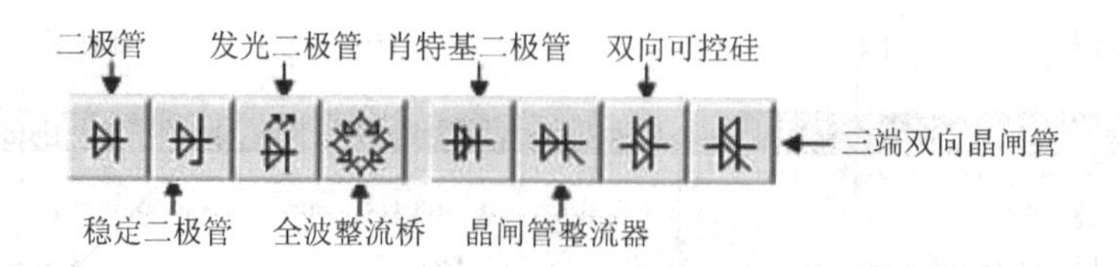

图 9-5　二极管库（Diodes）图

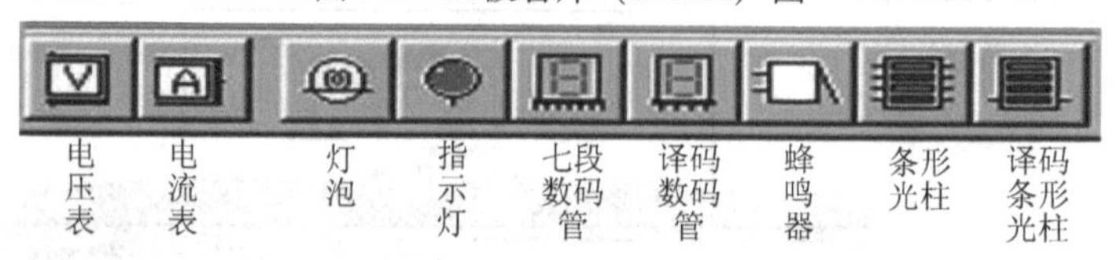

图 9-6　指示仪器图

元件的移动：用鼠标拖拽。

元件的旋转、反转、复制和删除：用鼠标单击元件符号选定元件，用相应的菜单、工具栏，或单击右键激活弹出菜单，选定需要的动作。快捷方式 Ctrl + R 使元件旋转 90°。

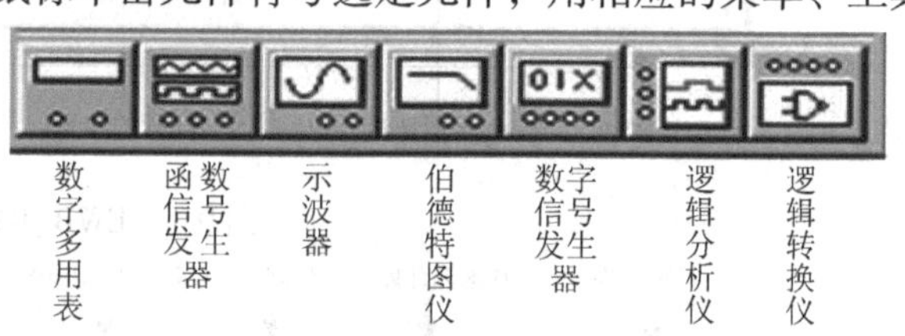

图 9-7　仪器库（Instruments）图

元器件参数设置：选定对应元件，从右键弹出菜单中选 Component Properties 可以设定元器件的标签（Label）、编号（Reference ID）、数值（Value）和模型参数（Model）、故障（Fault）等特性；也可通过双击该元器件弹出属性对话框进行设置。

说明：①元件编号（Reference ID）通常由系统自动分配，必要时可以修改，但必须保证编号的唯一性；②故障（Fault）选项可供人为设置元器件的隐含故障，包括开路（Open）、短路（Short）、漏电（Leakage）、无故障（None）等设置。

2）导线的操作

主要包括：导线的连接、弯曲导线的调整、导线颜色的改变及连接点的使用。

连接：鼠标指向一元件的端点，出现小圆点后，按下左键并拖拽导线到另一个元件的端点，出现小圆点后松开鼠标左键。

删除和改动：选定该导线，单击鼠标右键，在弹出菜单中选 delete。或选定该导线后直接按键盘上的 delete 键，也可以用鼠标将导线的端点拖拽离开它与元件的连接点。

说明：①连接点是一个小圆点，存放在基本电路元件库中，一个连接点最多可以连接来自 4 个方向的导线，而且连接点可以赋予标志；②向电路插入元器件，可直接将元器件拖曳放置在导线上，然后释放即可插入电路中。

3）电路图选项的设置：选择 Circuit/Schematic Option 对话框可设置标志、编号、数值、模型参数、节点号等的显示方式及有关栅格（Grid）、显示字体（Fonts）的设置，该设置对整个电路图的显示方式有效。其中节点号是在连接电路时，EWB 自动为每个连接点分配的。

（2）使用仪器

1）电压表和电流表：从指示器件库中，选定电压表或电流表，用鼠标拖拽到电路工作区中，通过旋转操作可以改变其引出线的方向。双击电压表或电流表可以在弹出对话框中设置工作参数。电压表和电流表可以多次选用。

2）示波器：示波器为双踪模拟式，其图标及面板如图9-8所示。

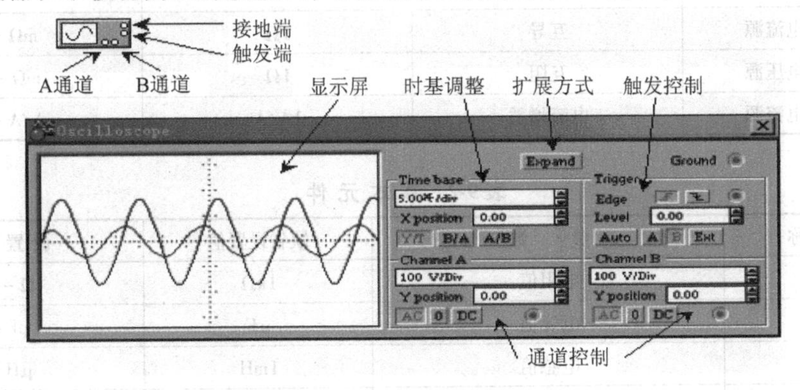

图9-8　示波器图标及面板

其中：

Expand——面板扩展按钮；可将示波器显示窗口最大化。

Time base——时基控制；

Trigger——触发控制

具体设置包括：

Edge——上（下）跳沿触发；

Level——触发电平；

触发信号选择按钮：Auto（自动触发按钮）；A、B（A、B通道触发按钮）；Ext（外触发按钮）；

X（Y）position——X（Y）轴偏置；

Y/T、B/A、A/B——显示方式选择按钮（幅度/时间、B通道/A通道、A通道/B通道）；

AC、0、DC——Y轴输入方式按钮（AC交流、0、DC直流）。

3）元件库中的常用元件：EWB带有丰富的元器件模型库，在电路分析软件实验中要用到的元件及其参数的意义见表9-1与表9-2。

表9-1　信　号　源

元件名称	参　　数	默认设置值	设置范围
直流电压源	电压	12V	μV～kV
直流电流源	电流	1A	μA～kA
交流电压源	电压	220V	μV～kV
	频率	50Hz	Hz～MHz
	相位	0	Deg
交流电流源	电流	1A	μA～kA
	频率	1Hz	Hz～MHz
	相位	0	Deg

（续）

元件名称	参　数	默认设置值	设置范围
电压控制电压源	电压增益	1V/V	mV/V ~ kV/V
电压控制电流源	互导	1Ω	mΩ ~ kΩ
电流控制电压源	互阻	1Ω	mΩ ~ MΩ
电流控制电流源	电流增益	1A/A	mA/A ~ kA/A

表 9-2　基本元件

元件名称	参　数	缺省设置值	设置范围
电阻	电阻值	1kΩ	Ω ~ MΩ
电容	电容值	μF	pF ~ F
电感	电感值	1mH	μH ~ H
线性变压器	匝数比（一次侧/二次侧）N，漏感 励磁电感 一次绕阻电阻 二次绕阻电阻	2 0.001H 5H 0 0	
开关	键	Space	A ~ Z，0 ~ 9，Enter，Space
延迟开关	导通时间 T_{on} 断开时间 T_{off}	0.5s 0s	ps ~ s ps ~ s

（3）子电路的生成与使用

为了使电路连接简洁，可以将一部分常用电路定义为子电路。方法如下：首先选中要定义为子电路的所有器件，然后单击工具栏上的生成子电路的按钮或选择 Circuit/Create Sub circuit 命令，在所弹出的对话框中填入子电路名称并根据需要单击其中的某个命令按钮，子电路的定义即告完成。所定义的子电路将存入自定义器件库中。

一般情况下，生成的子电路仅在本电路中有效。要应用到其他电路中，可使用剪贴板进行复制与粘贴操作，也可将其粘贴到（或直接编辑在）Default. ewb 文件的自定义器件库中。以后每次启动 EWB，自定义器件库中均自动包含该子电路供随时调用。

（4）EWB 的基本分析方法

Analysis 是 EWB 的一个重要菜单，该菜单可以实现对所编辑的电路进行电路分析类型设置、调用仿真运行程序等。图 9-9 所示为 Analysis 弹出菜单中所包含的各项命令。

下面简要介绍电路仿真实验中常用的几种分析方法。

1）直流工作点的分析：直流工作点的分析（DC Operating Point）是对电路进行进一步分析的基础。在分析直流工作点之前，要选定 Circuit/Schematic Option 中 Show nodes（显示节点）项，以把电路的节点号显示在电路图上。

2）交流频率分析：交流频率分析（AC Frequency…）即分析电路的频率特性。需先选定被分析的电路节点，在分析时，电路的直流源将自动置零，交流信号源、电容、电感等均处于交流模式，输入信号也设定为正弦波形式。图 9-10 所示为 AC Frequency 弹出分析的详细设置对话框。

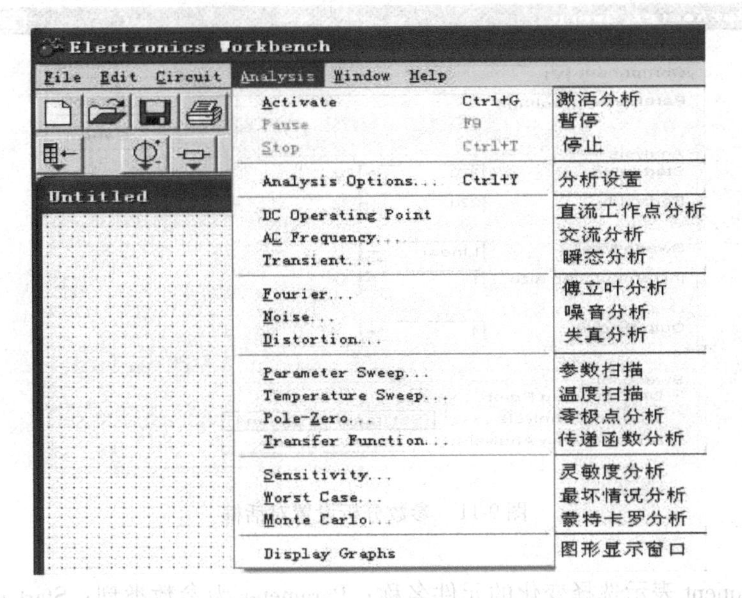

图9-9　Analysis 弹出菜单图

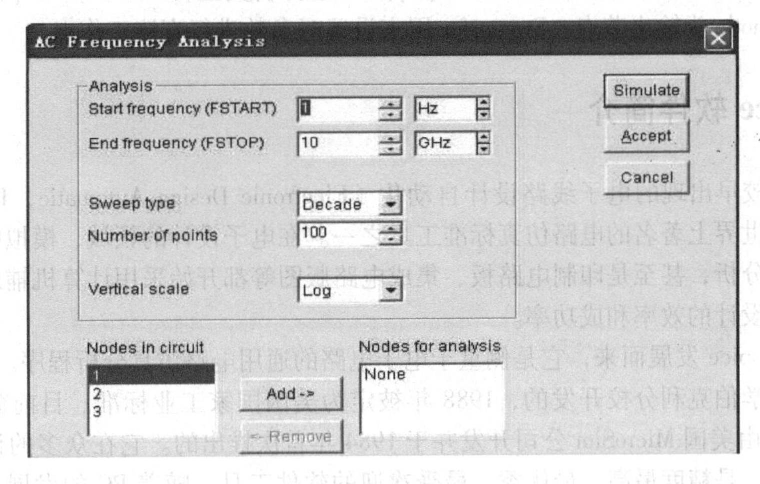

图9-10　AC Frequency 设置对话

其中 Sweep Type 提供三种不同的 AC 扫描方式，选中 Decade 表示十倍频扫描。Number of points 表示扫描点数，图中选定为 100 点；Start Freq、End Frequency 分别表示交流分析的开始频率和结束频率；Vertical scale 表示输出图形纵坐标标尺，图中显示为“对数”形式；在 Nodes for analysis 添加待分析的节点；选择 Simulate 即可进行分析。

3）瞬态分析：瞬态分析（Transient Sweep）即观察所选定的节点在整个显示周期中每一时刻的电压波形。在进行瞬态分析时，直流电源保持常数，交流信号源随着时间而改变，电容和电感都是能量储存模式元件。在对选定的节点作瞬态分析时，一般可先对该节点作直流工作点的分析，这样直流工作点的结果就可作为瞬态分析的初始条件。

4）参数分析：参数分析（Parameter Sweep）是指改变元件的参数变化范围，对元件的不同参数进行直流工作点、瞬态和交流分析，详细设置如图 9-11 所示。

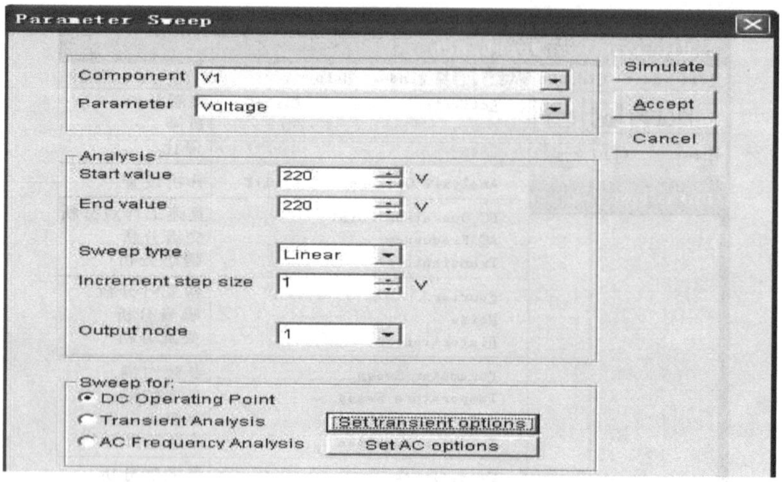

图 9-11　参数分析设置对话框

其中 Component 表示选择变化的元件名称；Parameter 为参数类型；Start value、End value 分别表示分析的开始和结束数值；Sweep type 设置分析类型；Increment step size 设置分析步长；Output node 为输出节点；Sweep for 用来设置对参数进行直流工作点。

9.2　PSpice 软件简介

PSpice 是较早出现的电子线路设计自动化（Electronic Design Automatic，EDA）软件之一，也是当今世界上著名的电路仿真标准工具之一。在电子设计的领域，模拟电路分析、数字电路的逻辑分析，甚至是印制电路板、集成电路版图等都开始采用计算机辅助工具来进行设计，提高了设计的效率和成功率。

PSpice 由 spice 发展而来，它是侧重于电子电路的通用电路仿真分析程序。spice 是 1972 年美国加州大学伯克利分校开发的，1988 年被定为美国国家工业标准。目前微机上广泛使用的 PSpice 是由美国 MicroSim 公司开发并于 1984 年首次推出的。它在众多的计算机辅助设计工具软件中，是精度最高、最优秀、最受欢迎的软件工具。随着 PC 的发展，PSpice 的功能不断完善，版本不断更新，从 6.0 以上的版本已经引入图形界面。目前已发展到版本 9.2 以上。它分为工业版和教学版。这些版本能在 PC 上完成中、大规模电路设计，进行模拟电路分析和数字电路分析和模拟—数字混合电路分析。由于 PSpice 的图形输入方式进行仿真分析，即使是不完全具备计算机专业知识的电路设计者也能很快速进入应用状态。它的主要优势在于：①友好的图形界面，易学好用，操作简单；②功能强大，具有强大的电路图绘制功能、电路模拟仿真功能、图形后续处理功能；③集成度高实用性强，仿真效果好，它的用途非常广泛。

1. PSpice 功能预览

（1）PSpice 的主窗口

这里以 PSpice Student Version Release 9.1. 版本予以介绍。

1）Schematics：PSpice 的主程序，单击  Schematics 它立刻显示图 9-12 的窗口。

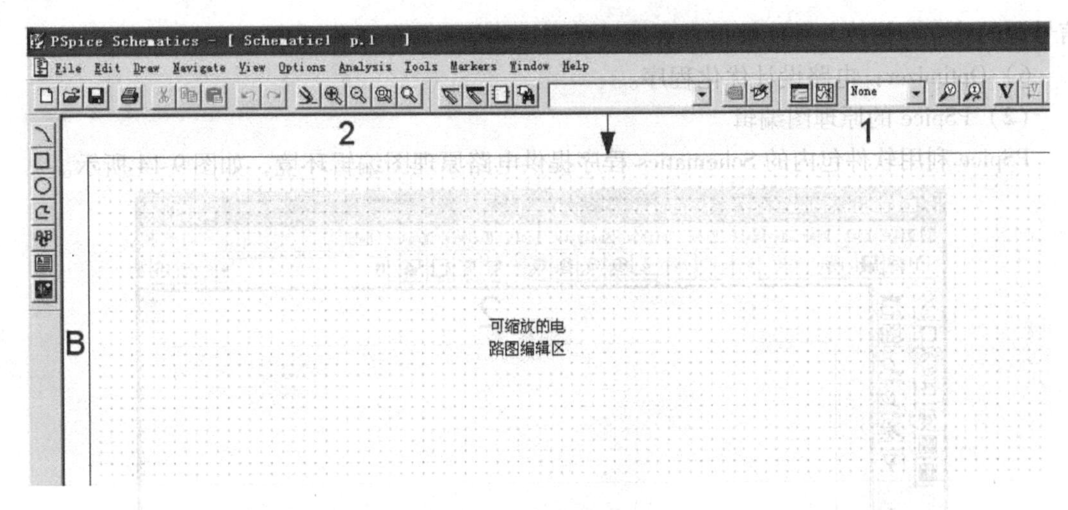

图 9-12　主窗口示意图

窗口的第一栏是标题信息栏，显示当前运行的程序和所编辑的文件名称；第二栏是主菜单栏，Schematics 的所有操作都可以选择菜单中的相应选项来完成；第三栏是图标工具栏，它包括了最常用操作选项的快捷按钮。它们的功能示意图如图 9-13 所示。

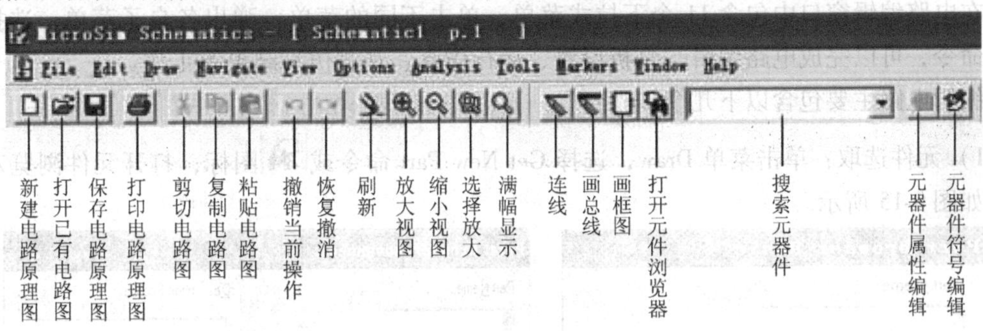

图 9-13　窗口栏功能示意图

PSpice 以图形方式输入，就是首先在可缩放的电路编辑区画出电路图。当然也可打开已保存过的电路图文件。之后通过主菜单 Analysis/Setup 中的相应选项或工具栏中的快捷键来完成将要进行的分析设置，包括直流分析、交流分析、瞬态分析等。

2）PSpiceA/D：数据处理程序，该程序是 PSpice 软件的核心部分。是对电路进行模拟计算的程序，它将用户输入文件的电路拓扑结构及元器件参数信息形成电路方程，求方程的数值解。

3）Probe：图形后续处理程序，这是一个很有效的程序，它可以将在 PSpice 运算的结果在屏幕或打印设备上显示出来，相当于一个示波器。并能进行坐标变换、图形颜色、频率特性曲线、频普分析等。

4）Parts：模型参数提取程序，Parts 程序可以根据市场产品手册所给出的元件特性参数和用户自定义的器件数据转换为用于 PSpice 分析的器件模型优化参数。其中包括：二极管、晶体三极管、场效应晶体管、运算放大器等。

5）Stimulus Editor：信号源编辑程序。该程序可以帮助用户快速完成模拟信号源和数字信号源的建立与修改，并能够很直观地显示出这些信号源的工作波形。

6）Optimizer：电路设计优化程序。

（2）PSpice 的原理图编辑

PSpice 利用软件包内的 Schematics 程序提供电路原理图编辑环境，如图 9-14 所示。

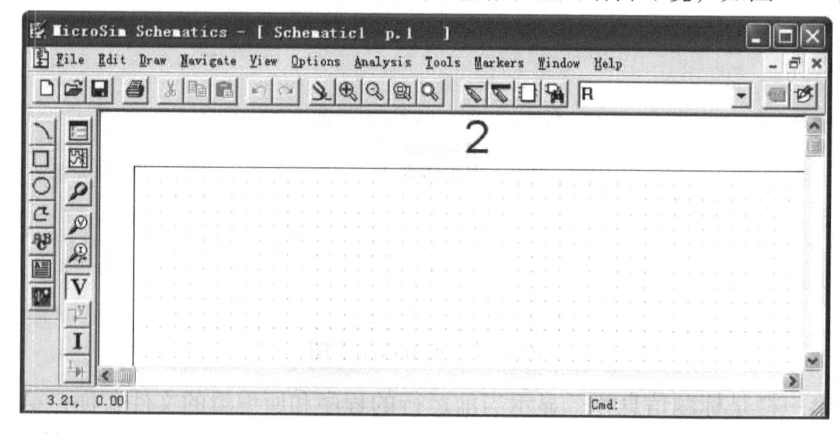

图 9-14　电路原理编辑窗口

在电路编辑窗口中包含 11 个下拉式菜单，单击不同的菜单，弹出各自子菜单，选择相应子命令，可以完成电路编辑、分析设置、运行仿真、观测仿真结果等工作。

编辑电路主要包含以下几个步骤：

1）元件选取：单击菜单 Draw，选择 Get New Part 命令或图标，打开元件浏览对话框，如图 9-15 所示。

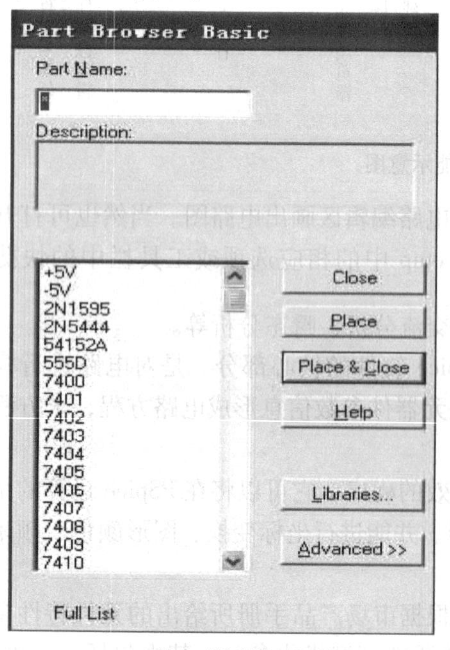

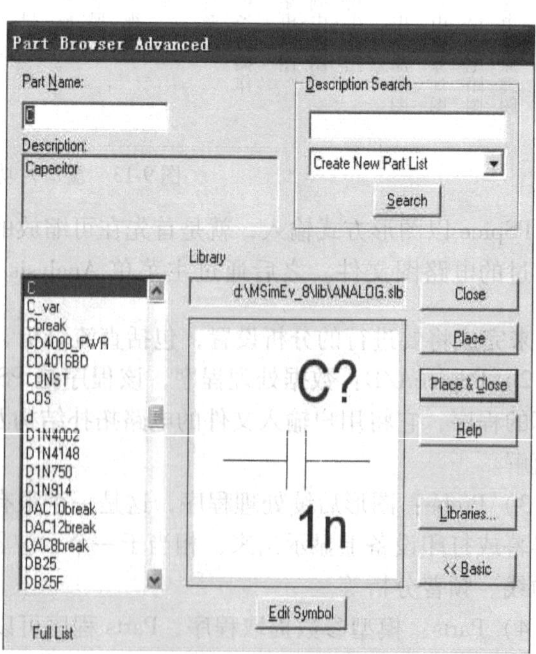

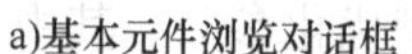
a)基本元件浏览对话框　　b)基本元件符号信息浏览对话框

图 9-15　基本元件符号信息浏览对话框

2）元件的基本代号规定：表9-3给出了常用元件的基本代号。

表9-3　常用元件的基本代号

名　称	代号	名　称	代号	名　称	代号	名　称	代号
电阻	R	电感	L	电容	C	磁心（变压器）	K
独立电压源	V	独立电流源	I	电压控制电压源	E	电流控制电压值	H
电压控制电流值	G	电流控制电流源	F	电压控制开关	S	电流控制开关	W
二极管	D	晶体管	Q	砷化镓场效应晶体管	B	结型场效应管	J
MOS场效应晶体管	M	数字器件	U	数字输入	N	数字输出	O
传输线	T	子电路调用属性符号	X				

3）信号源及电源的描述：在电路中，电源（或称信号源）是必不可少的。在PSpice中，电源分独立源和受控源。基本代号在表9-4中已经给出，在基本代号后面还有后缀来描述其类型，如表9-4所示。

表9-4　信号源基本代号表

类型名	电 源 类 型	在元件浏览框中的表示	应 用 场 合
DC	固定直流源	VDC　IDC	直流电源、直流特性分析
AC	固定交流源	VAC　IAC	正弦稳态频率响应
SIN	正弦信号源	VSIN　ISIN	瞬态分析、正弦稳态频率响应
PULSE	脉冲源	VPULSE　IPULSE	瞬态分析
PWL	分段线性源	VPWL　IPWL	瞬态分析
SRC	简单源	VSRC　ISRC	可当作AC、DC或瞬态源

4）元件的移动和旋转：在元件符号图形上左键单击，则颜色变红，此时可用鼠标拖放到任何地方。选中元件颜色变红，单击Ctrl + R则元件旋转90°。

2. PSpice功能预览的基本操作

（1）连接元件，形成完整电路原理图

左键单击工具栏的画线图标，移动鼠标至原理图编辑区，出现笔形鼠标，移动笔尖到欲画连线的起点，单击左键后，拖动鼠标画线，单击左键，出现一条实线，继续拖动鼠标，在刚画的实线结束点开始画下一条实线。双击左键或单击右键结束画线。若画了多余的连接线，可单击左键选中多余连线，使之变红后按“Del”删除连线。

（2）标志元件符号，设置元件参数

当从元件库中选取元件到原理图编辑区时，各元件都有一个默认的元件标志符号，双击默认的元件标志符号，弹出元件符号的属性对话框（见图9-16）可改变对话框内默认的元件符号为自定义的元件符号。例如图9-16中用C1来标志一个电容，我们可以将其改为C2或其他符号。修改时注意原理

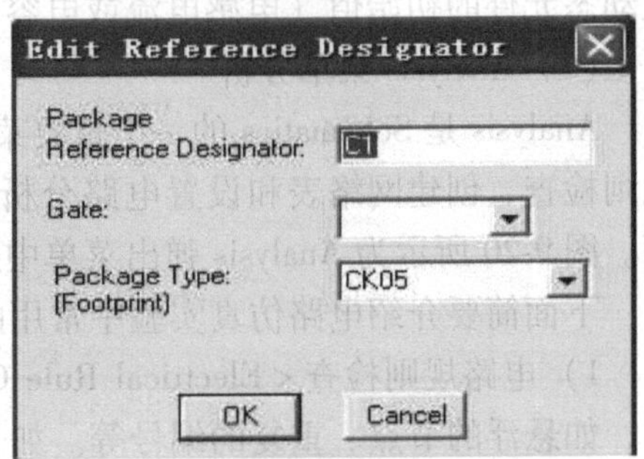

图9-16　元件标识符号属性对话框

图的易读性。

修改电路元件的参数值的方法是：左键双击该元件旁默认的数值，弹出修改元件参数属性对话框（见图9-17），改变默认值为拟定值。

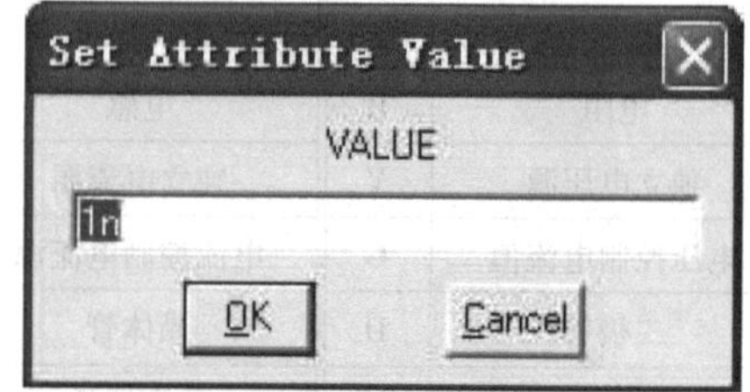

图 9-17　元件参数设置对话框

受控源控制系数的输入方法是双击受控源，弹出属性编辑对话框（见图9-18），改变默认控制系数GAIN = 1 为拟定值，如令 GAIN = 10。单击Save Attr按钮确认修改。

交流电源参数的输入是双击电源符号，弹出其属性编辑对话框（见图9-19）填入拟定的幅值和初相位。单击Save Attr按钮确认修改。

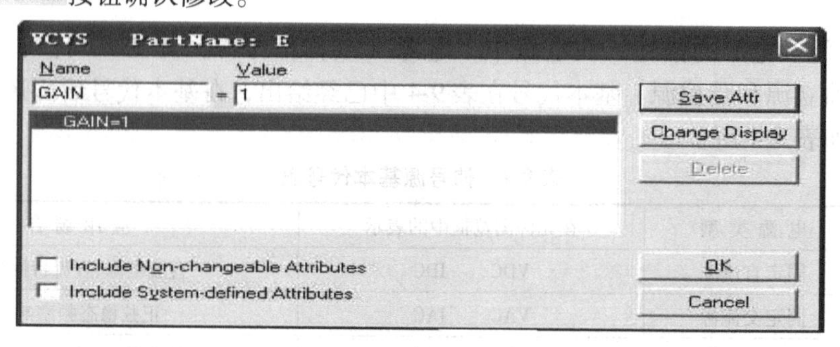

图 9-18　受控源属性编辑对话框

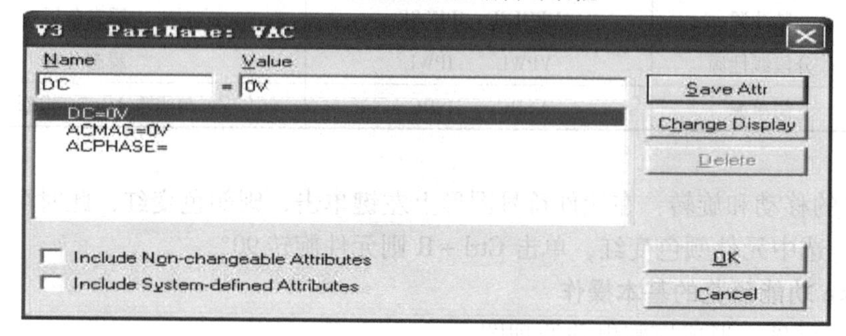

图 9-19　交流电源属性编辑对话框

动态分析时，双击动态元件，弹出动态元件属性编辑对话框，在“ACMAG”的位置输入动态元件的初始值（电感电流或电容电压），单击Save Attr按钮确认修改。

（3）Analysis 菜单分析

Analysis 是 Schematics 的一个重要菜单，通过该菜单可以实现对所编辑的电路进行电路规则检查、创建网络表和设置电路分析的类型、调用仿真运行程序和输出图形后处理程序等。图 9-20 所示为 Analysis 弹出菜单中所包含的各项命令。

下面简要介绍电路仿真实验中常用的命令。

1）电路规则检查 <Electrical Rule Check>：检查当前编辑完成的电路是否违反电路规则，如悬浮的节点、重复的编号等。如若无错误，在编辑窗口下方显示“REC complete”字样；否则弹出错误信息表。

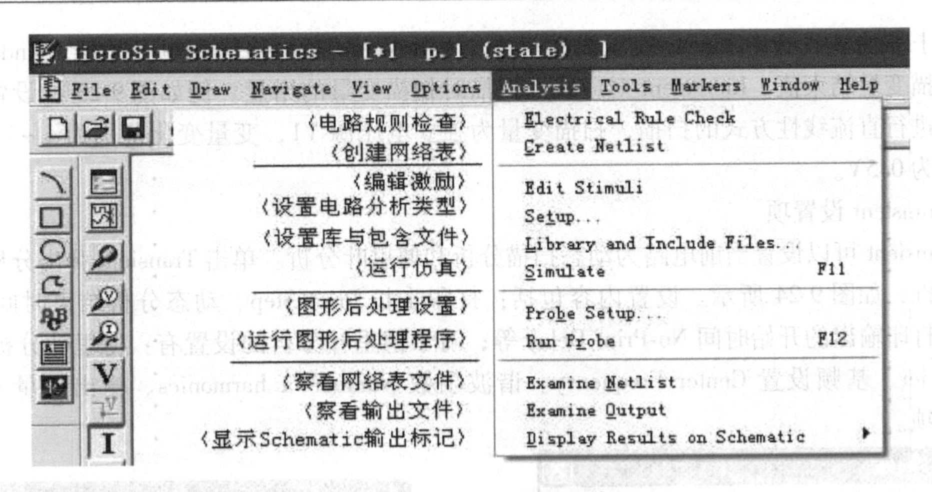

图 9-20　Analysis 弹出菜单

2）设置电路分析类型 < Setup >：这是仿真运算前最重要的一项工作，包含很多内容。单击 Setup 弹出对话框如图 9-21 所示。本节只介绍与电路仿真实验有关的几项。

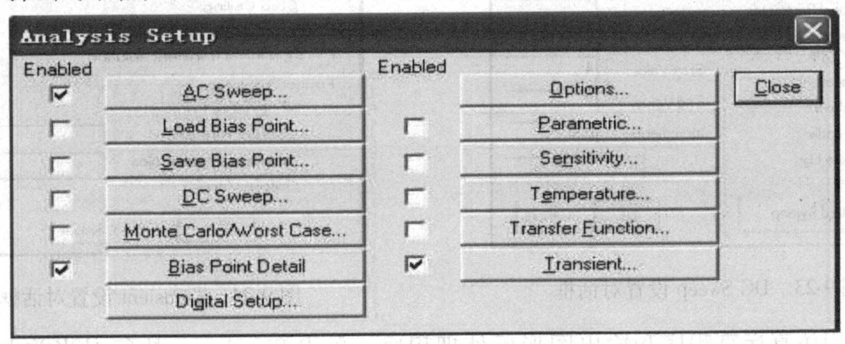

图 9-21　setup 设置对话框

. AC Sweep 设置项

AC Sweep 设置当前电路为交流扫描分析。单击 AC Sweep 弹出分析的详细设置对话框，如图 9-22 所示。

其中 AC Sweep Type 提供三种不同的 AC 扫描方式，选中 Linear 表示线性扫描。Sweep Parmeters 要求设置扫描参数，Total Pts 表示扫描点数，图中选定为 101 点；Start Freq、End Freq 分别表示交流分析的开始频率和结束频率，单位默认为“Hz”。在进行单频率正弦稳态分析时，Start Freq 和 End Freq 需设置为同一个频率，扫描点数设为 1。

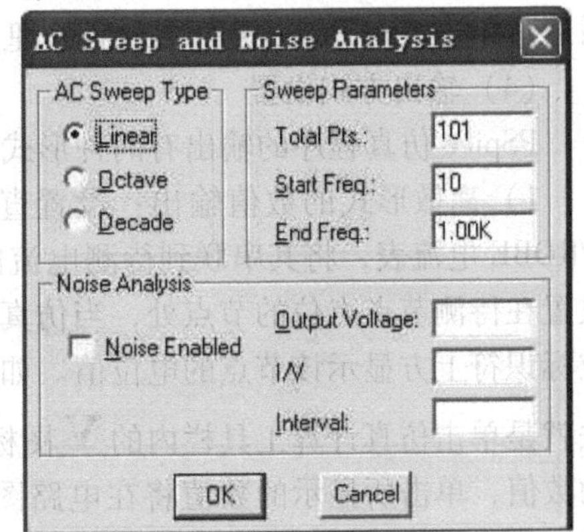

图 9-22　AC Sweep 设置对话框

. DC Sweep 设置项

DC Sweep 设置当前电路为直流扫描分析，表示在一定范围内，对电压源、电流源、模型参数等进行扫描。单击 DC Sweep 弹出分析的详细设置对话框，如图 9-23 所示。其中 Sweet Var. Type 要求选定扫描变量类型；Name 要求输入扫描变量名；Sweep

Type 为扫描方式；选中 Linear 表示线性扫描。Start Value 表示扫描变量开始值，End Value 表示扫描变量结束值。Increment 对应线性扫描时扫描变量的增量。例如图 9-23 的设置表示对电路进行直流线性方式的扫描，扫描变量为独立电压源 V1，变量变化范围为 4 ~ 7V，扫描增量为 0.5V。

. Transient 设置项

Transient 可以设置当前电路为动态扫描分析和傅里叶分析。单击 Transient 弹出分析设置的对话框，如图 9-24 所示。设置内容包括：打印步长 Print Step、动态分析结束时间 Final Time、打印输出的开始时间 No-Print Delay 等；对于傅里叶分析的设置有：傅里叶分析 Enable Fourier、基频设置 Center Frequenvy、谐波项数 Number of harmonics、输出变量 Output Vars 等项。

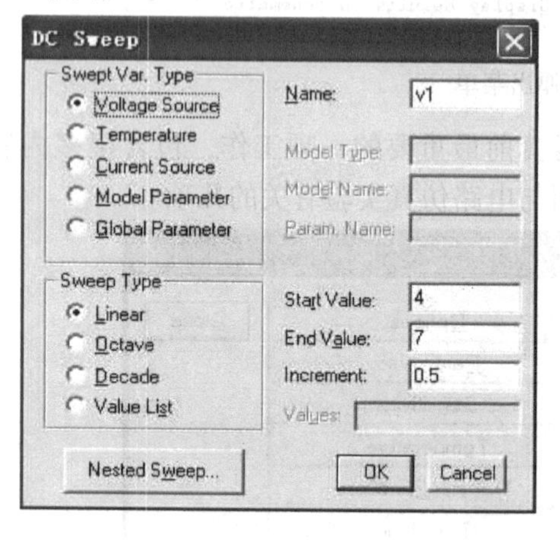

图 9-23　DC Sweep 设置对话框

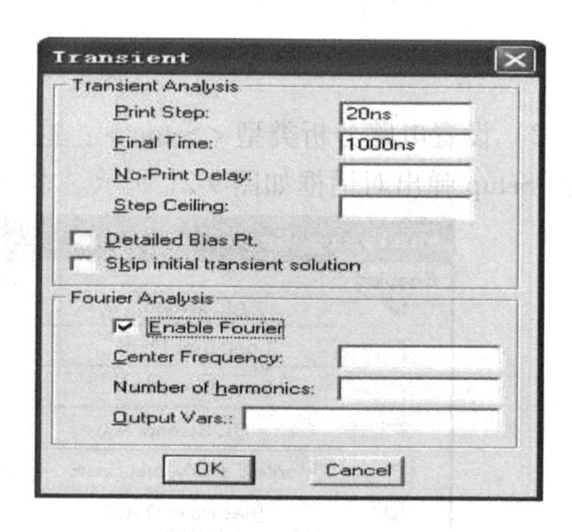

图 9-24　Transient 设置对话框

3）调用仿真运算程序和输出图形后处理程序：单击 Simulate，执行对当前电路图的仿真计算。如果在此之前没有作电路规则检查、创建网表，调用 Simulate 后，则自动进行这些分析和创建工作。分析中如遇到错误自动停止分析，给出错误信息或提示查看输出文件。

调用输出图形后处理程序，可采用两种方式：一种是仿真程序运行完毕后，自动进行图形后处理（通过单击 Analysis-Probe Setup 弹出对话框，设定 Automatically run Probe after Simulation 实现。）；另一种方式是在 Probe Setup 对话框中设定 Do not Auto-Prol，仿真计算结束后通过单击 Run Probe 进行图形后处理工作。

（4）输出方式设置

PSpice 仿真程序的输出有两种形式：离散形式的数值输出和图形方式的波形输出。

1）离散形式的数值输出：设置直流电路量的输出，可以在库文件 Special. slb 中取出 IPROBE 电流表，将其串联到待测电流的支路中；取出 VIEWPOINT 节点电位标识符，将其放置在待测节点点位的节点处，当仿真程序运行后，电流表即出现该支路的电流值，节点电位标识符上方显示该节点的电位值。如观察电路中所有节点的电位和支路电流，最简洁的方法就是单击仿真计算工具栏内的 **V** 图标和 **I** 图标，图标按下时，显示节点电位或支路电流的数值，单击所显示的数值将在电路图中明确对应节点或支路电流的实际方向。图标抬起时，显示的数据消失。

设置交流稳态电路和动态电路数据输出，必须在仿真计算之前完成。可以从库文件 Special. slb 中取出具有不同功能的输出标志符。如 VPRINT1 标志符用于获取节点电位，需将其放置到待测点上；VPRINT2 标志符用于获取支路电压，与待测支路并联；IPRINT 用于获取支路电流，与待测支路串联。按如上不同功能，设置不同的输出标志符，确定各标志符的输出属性。当仿真程序运行后，单击 Analysis-Examine Output 命令，即可获得数据形式的输出文件。

2）图形方式的波形输出：图形形式的波形输出是由 Probe 图形后处理程序实现。有两种设定输出方式。一种是在编辑电路的同时，单击仿真计算工具栏内的图标在相应的节点设定节点电压标志，图标设置元件端子电流标志，也可以单击 Markers 下拉菜单设置支路电压标志符等。一旦调用 Probe 程序，凡设置了标志的电压、电流均给出相应的波形输出；另一种是在调用 Probe 程序，进入其图形输出编辑环境（见图 9-25）以后，单击 Add Trace 图标弹出添加仿真曲线对话框（见图 9-26）。

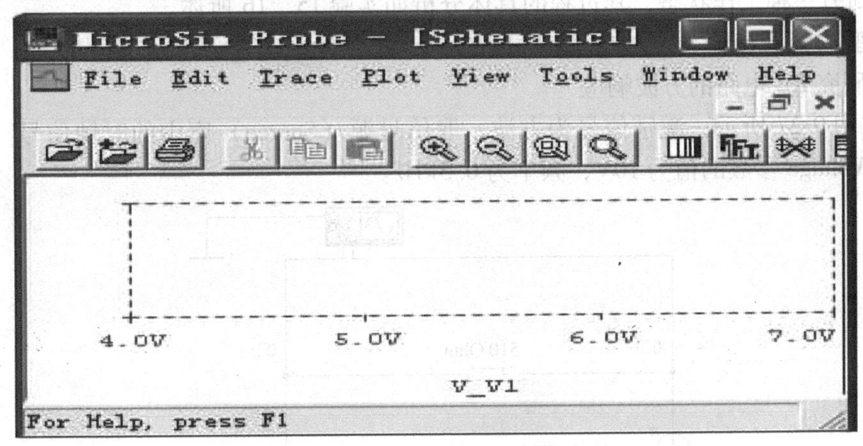

图 9-25　Probe 编辑窗口

该对话框中的左边是仿真输出列表框，右边是对输出变量可进行各种运算的运算符列表框。选中要输出的仿真波形变量，单击 OK 键，即可在图 9-26 的编辑窗口内显示出所选中变量或经过运算的输出波形。

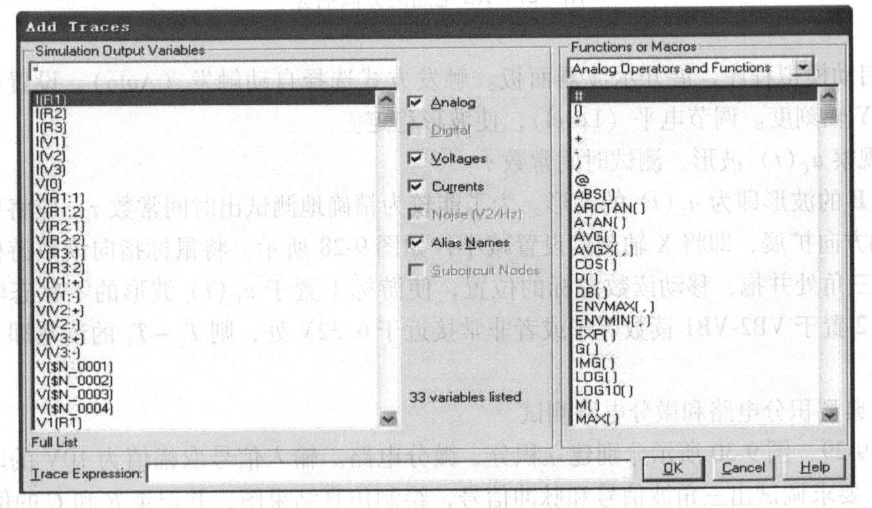

图 9-26　添加图形输出变量对话框

9.3　用 EWB 工具进行电路的时域分析

1. 实验目的

1）掌握用 WORKBENCH 中虚拟示波器测试电路时域特性的方法。

2）研究一阶电路和二阶电路的方波响应，以及电路参数对响应的影响。

2. 实验仪器及设备

PC 一台，已安装或 WindowsXP 操作系统及 Workbench7.0 软件。

3. 实验原理

由动态电路（储能元件 L、C）组成的电路，当其结构或元件的参数发生改变时，如电路中电源或无源元件的断开或接入、信号的突然接入等，都可能使电路改变原来的工作状态，而变到另一种工作状态，其过程的具体分析如实验 15、16 所述。

4. 实验内容及步骤

（1）研究 *RC* 电路的方波响应

1）如图 9-27 所示，激励信号为方波，取信号源（Source）库中的时钟信号（Clock），其幅值即 Voltage 参数的值为 10V，频率为 0.5kHz。

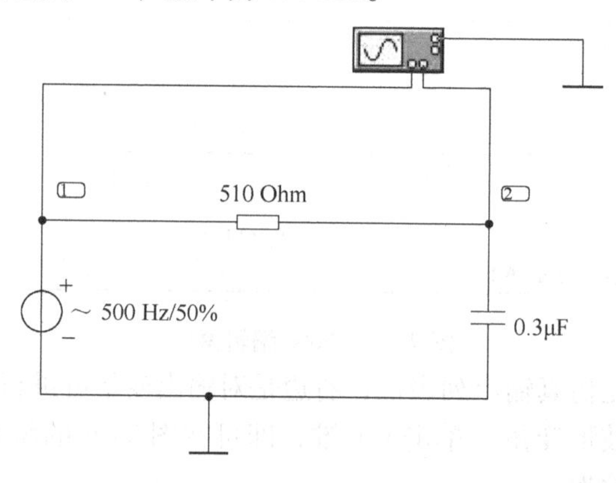

图 9-27　*RC* 电路的方波响应

2）启动模拟程序，展开示波器面板。触发方式选择自动触发（Auto），设置合适的 X 轴刻度、Y 轴刻度。调节电平（Level），使波形稳定。

3）观察 $u_C(t)$ 波形，测试时间常数 τ。

通道 B 的波形即为 $u_C(t)$ 的波形。为了能较为精确地测试出时间常数 τ，应将要显示波形的 X 轴方向扩展，即将 X 轴刻度设置减小，如图 9-28 所示。将鼠标指向读数游标的带数字标号的三角处并拖，移动读数游标的位置，使游标 1 置于 $u_C(t)$ 波形的零状态响应的起点，游标 2 置于 VB2-VB1 读数等于或者非常接近于 6.32V 处，则 T_2-T_1 的读数即为时间常数 τ 的值。

（2）典型积分电路和微分电路测试

按图 9-29、图 9-30 所示分别建立积分、微分电路。输入信号取幅值为 10V 的时钟信号（Clock），要求调试出三角波信号和脉冲信号，绘制仿真结果图，并记录 *R* 和 *C* 的值。

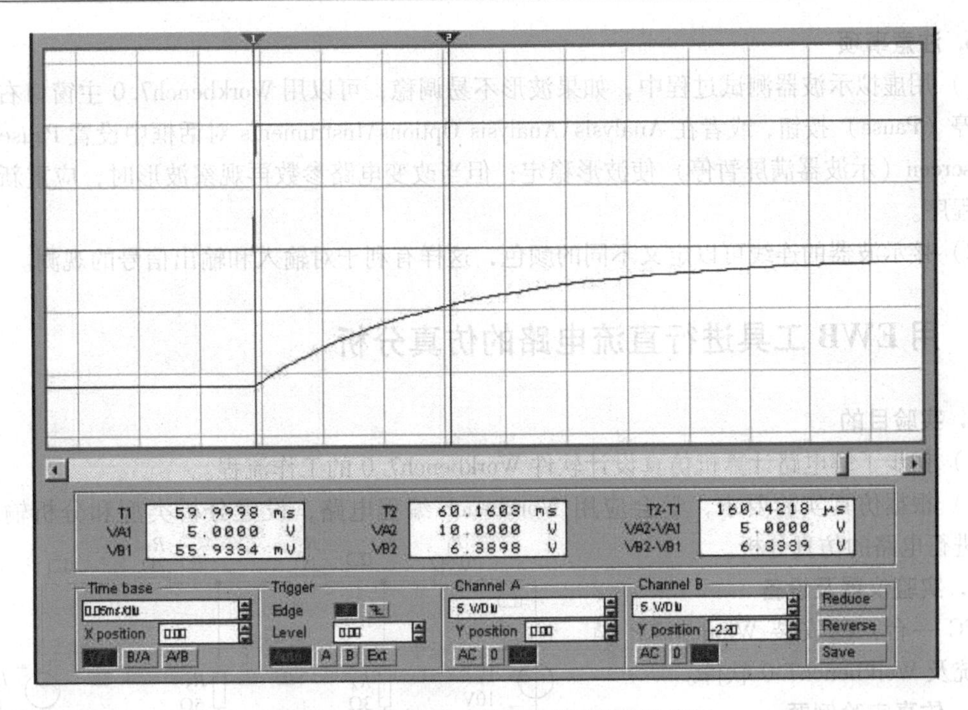

图9-28　提高测量 τ 的精度所对应的波形图

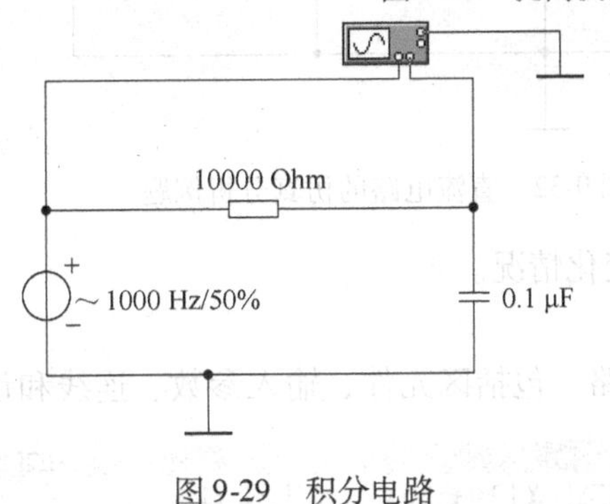

图9-29　积分电路

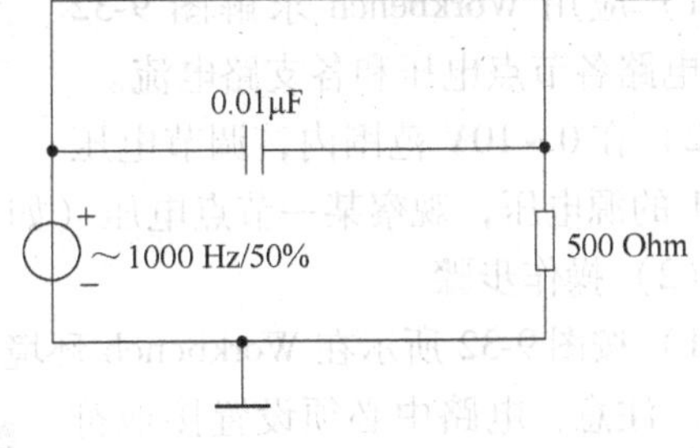

图9-30　微分电路

（3）研究二阶 *RLC* 串联电路的方波响应

1）按图9-31所示建立电路。激励信号取频率为1kHz的时钟信号（Clock）。

2）启动模拟程序，分别敲击R键或Shift + R键调节电位器R的值，用示波器（Oscilloscope）观察过阻尼、临界阻尼和欠阻尼三种情况下的方波响应 $u_C(t)$，并记录下临界阻尼时的电位器R的值。

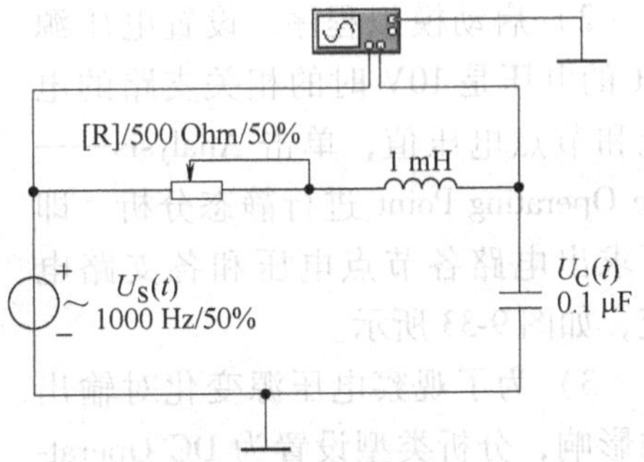

图9-31　*RLC* 串联电路

5. 实验报告要求

1）复习与本实验有关的理论，预习Workbench7.0元件库的使用。

2）完成实验内容及其步骤。

3）阐述选择微分电路和积分电路参数的条件，以实验结果证明之，并说明这两种电路有何作用。

6. 注意事项

1）用虚拟示波器测试过程中，如果波形不易调稳，可以用 Workbench7.0 主窗口右上角的暂停（Pause）按钮，或者在 Analysis\Analysis Options\Instruments 对话框中设置 Pause after each screen（示波器满屏暂停）使波形稳定；但当改变电路参数再观察波形时，应重新启动模拟程序。

2）接示波器的连线可以定义不同的颜色，这样有利于对输入和输出信号的观测。

9.4 用 EWB 工具进行直流电路的仿真分析

1. 实验目的

1）初步了解电路计算机仿真设计软件 Workbench7.0 的工作流程。

2）根据仿真实验要求，学会应用 Workbench 编程电路，设置分析类型和分析输出方式，进行电路的仿真分析。

2. 实验仪器及设备

PC 一台，已安装 WindowsXP 操作系统及 Workbench7.0 软件。

3. 仿真实验例题

（1）任务

1）应用 Workbench 求解图 9-32 所示电路各节点电压和各支路电流。

2）在 0～10V 范围内，调节电压源 V1 的源电压，观察某一节点电压（如 U_{n2}）的变化情况。

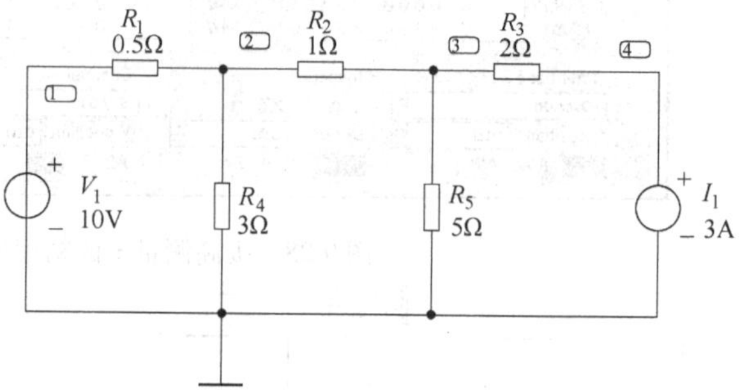

图 9-32　直流电路的仿真分析例题

（2）操作步骤

1）按图 9-32 所示在 Workbench 环境下编辑电路。包括区元件、输入参数、连线和设置节点。注意：电路中必须设置接地符表示零节点。

2）启动模拟程序，设置电压源 V1 的电压是 10V 时的相关支路的电流和节点电压值，单击 Analysis——Dc Operating Point 进行静态分析，即可求出电路各节点电压和各支路电流，如图 9-33 所示。

3）为了观察电压源变化对输出的影响，分析类型设置为 DC Operating Point，设置节点电压标志符获取输出曲线。单击 Analysis——Parameter Sweep——Simulate，观察某一节点电压如 U_{n2}，仿真设置如图 9-34 所示。仿真结果如图 9-35 所示。

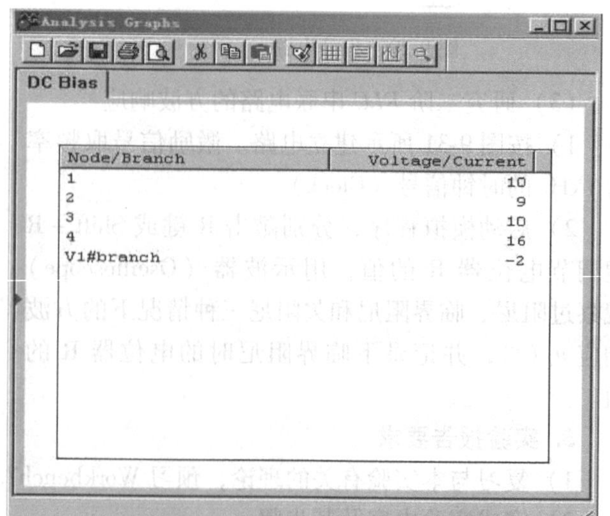

Node/Branch	Voltage/Current
1	10
2	9
3	10
4	16
V1#branch	-2

图 9-33　各节点电压和各支路电流直流分析结果

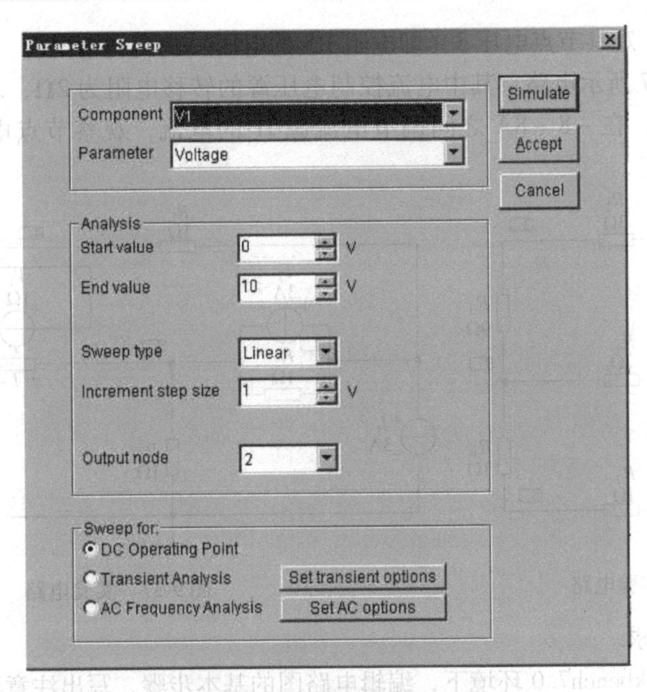

图 9-34　直流电路仿真例题

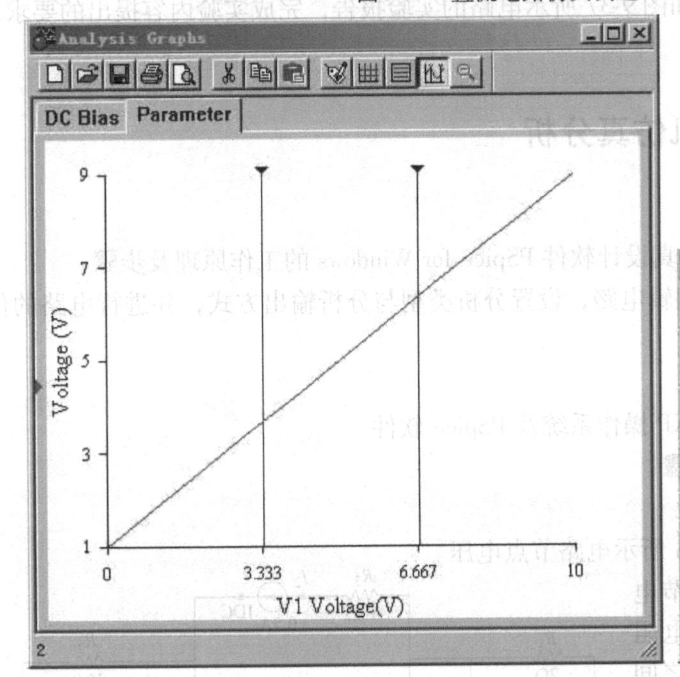

Voltage (V)

x1	3.3333
y1	3.6667
x2	6.6970
y2	6.3576
dx	3.3636
dy	2.6909
1/dx	297.2973 m
1/dy	371.6216 m
min x	0.0000
max x	10.0000
min y	1000.0000 m
max y	9.0000

图 9-35　例题电路中电压 U_{n2} 的变化情况

4. 实验内容及步骤

1）参照实验例题图 9-32 ~ 图 9-35 的操作步骤，仿真计算例题电路，验证图 9-32 节点 2 的结论。

2）仿真计算如图 9-36 所示电路各节点电压和各支路电流；在 12 ~ 36V 范围内，调节电压源 V1 的源电压，观察节点电压 3（即电阻 R5 的电压）的变化情况。

3）分析图 9-37 所示电路，其中电流控制电压源的转移电阻为 2Ω，求出电路中各节点电压和各支路电流；在 -8 ~ 8A 之间调节电流源 I1 的电流，观察节点电压 3 的变化情况（即电阻 R3 的电压）。

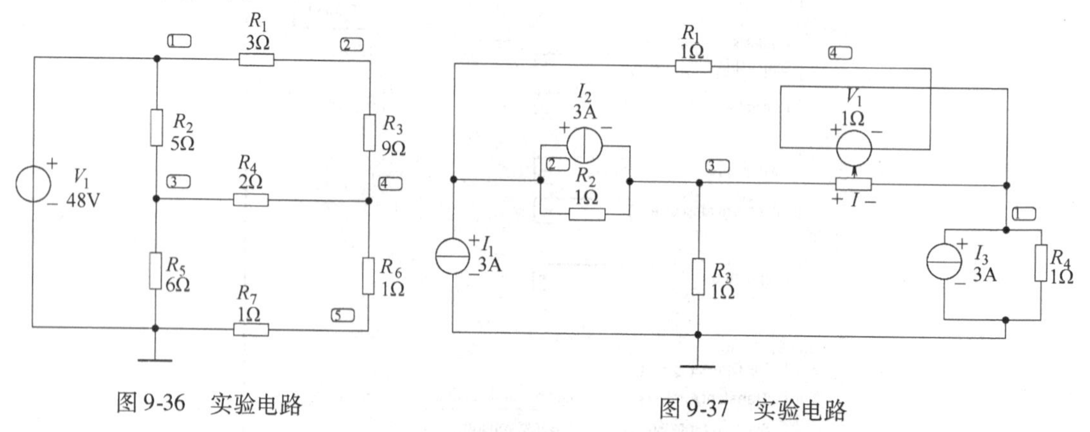

图 9-36　实验电路　　图 9-37　实验电路

5. 实验报告要求

1）总结在 Workbench7.0 环境下，编辑电路图的基本步骤，写出注意事项。

2）做出仿真计算图 9-36 和图 9-37 所示电路的实验报告，完成实验内容提出的要求。

3）总结实验体会。

9.5　直流电路的计算机仿真分析

1. 实验目的

1）初步了解电路计算机仿真设计软件 PSpice for Windows 的工作原理及步骤。

2）初步掌握应用 PSpice 编辑电路，设置分析类型与分析输出方式，并进行电路的仿真分析。

2. 实验仪器及设备

PC 一台，已安装 WindowsXP 操作系统及 PSpice 软件

3. 仿真实验例题及操作步骤

（1）任务

1）应用 PSpice 求解图 9-38 所示电路节点电压。

2）在 0 ~ 20V 范围内，调节电压源 V_1 的源电压，观察负载电阻 R_6 的电压变化。总结 R_6 与 V_1 之间的关系。

（2）操作步骤

1）按图 9-38 所示在 PSpice 的 Schematics 环境下编辑电路。包括区元件、输入参数、连线和设置节点。注意：电路中必须设置接地符

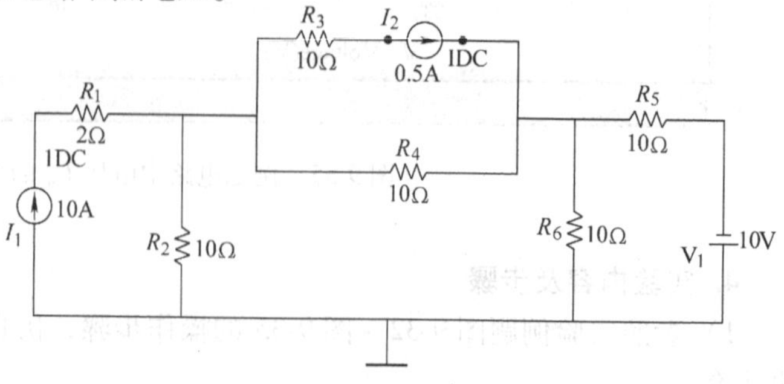

图 9-38　直流电路电路例题

表示零节点。编辑完成后存盘。

2）单击 Analysis——Electrical Rule Check 对电路做电路规则检查。常见的错误有：节点重复编号、元件名称属性重复、出现零电阻回路、有悬浮节点和无零参考点等。若出现电路规则错误，将给出错误信息，并告知不能成功创建电路网表。如在图 9-38 所示电路的编辑中错将 I_2 命名为 I_1，则在电路规则检查时，将给出图 9-39 所示的错误信息。如果没有错误，即可进行仿真计算工作。

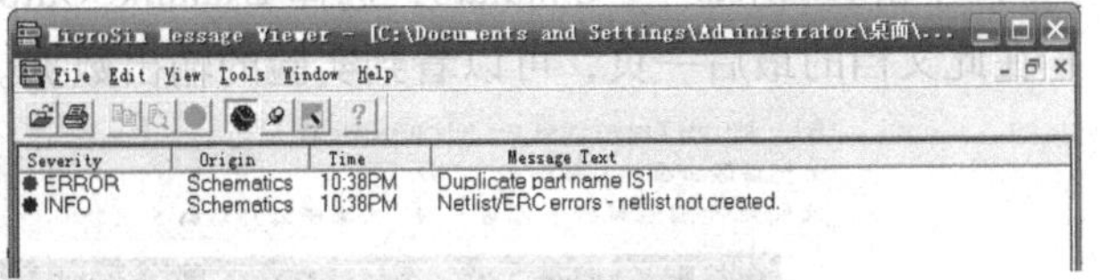

图 9-39　电路规则检查错误信息

3）单击 Analysis——Simulate 或图标，调用 PspeceA/D 程序对当前电路仿真计算。在直流分析中，观察各节点电压，可单击**V**图标；观察各支路电流可单击**I**图标。本题仿真计算的结果如图 9-40 所示。

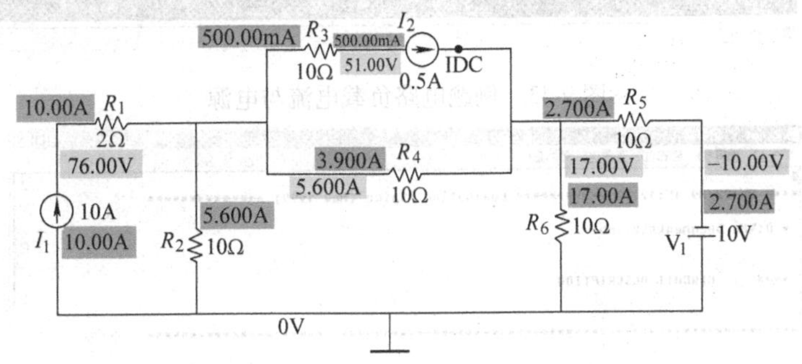

图 9-40　例题电路的节点电压和支路电流

4）为完成实验任务 2），需对步骤 1）所编辑的电路作直流分析设置。单击 Analysis——Setup，选择 DC Sweep，如图 9-41 所示。其中扫描变量为电压源，扫描变量名为 V_1，起始扫描点为 0，终止扫描点为 20，扫描变量增量为 0.5，扫描类型为线性。

5）设置输出方式，单击图标，拖动节点电压标志符，并将其放置在图 9-38 所示电路的 R_6 支路，以获取电阻 R_6 的电压与电压源 V_1 的关系曲线。放置输出标志如图 9-42 所示。

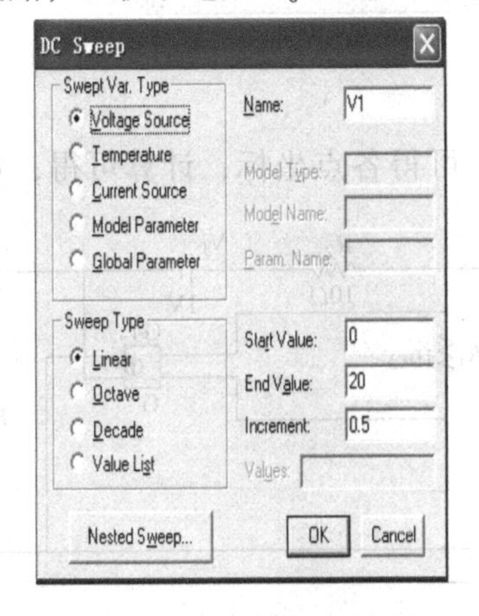

图 9-41　DC 扫描设置

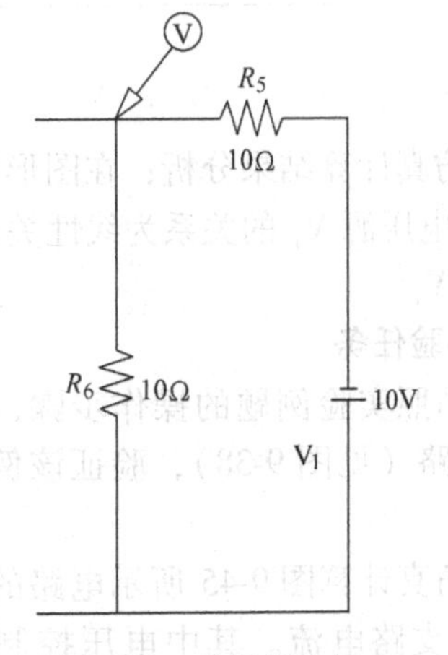

图 9-42　放置输出标志

6）设置后，单击▣，可得输出图形，如图 9-43。

7）单击 Analysis——Simulate，选择 Examine Output，可得到数据输出文档，如图 9-44。在此文档的最后一页，可以看到实验的输出数据。

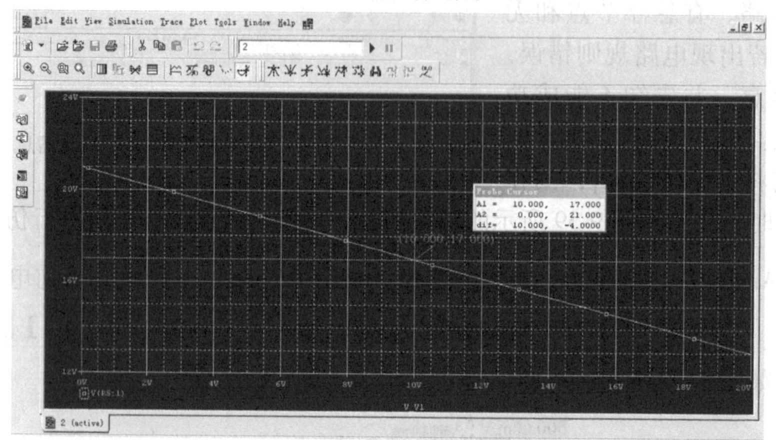

图 9-43　例题电路负载电流与电源

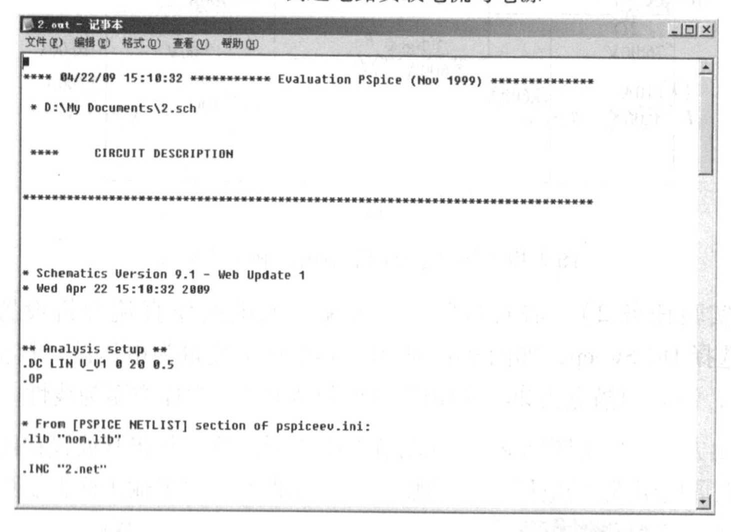

2.out - 记事本

文件(F)　编辑(E)　格式(O)　查看(V)　帮助(H)

```
**** 04/22/09 15:10:32 *********** Evaluation PSpice (Nov 1999) **************

 * D:\My Documents\2.sch


 ****     CIRCUIT DESCRIPTION


******************************************************************************



* Schematics Version 9.1 - Web Update 1
* Wed Apr 22 15:10:32 2009


** Analysis setup **
.DC LIN V_V1 0 20 0.5
.OP


* From [PSPICE NETLIST] section of pspiceev.ini:
.lib "nom.lib"

.INC "2.net"
```

图 9-44　数据输出

8）仿真计算结果分析：在图形对话框中单击▣，可得各点坐标，计算可得，负载 R_6 的电压与电压源 V_1 的关系为线性关系 $V_{R6}=21V-0.4V_1$。

4. 实验任务

1）仿照实验例题的操作步骤，仿真计算例题电路（见图 9-38），验证该例题的结论。

2）仿真计算图 9-45 所示电路的各节点电压和各支路电流。其中电压控制电流源 VCCS 中的控制系数 $g=0.2s$。

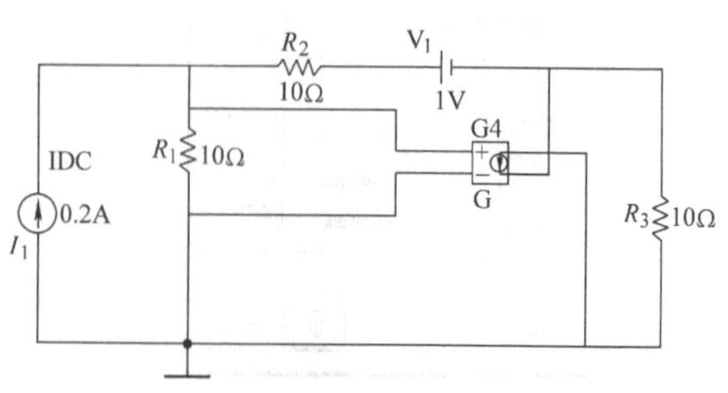

图 9-45　电路

3）分析图9-46所示电路，其中电压控制电压源的控制系数$\mu=2$。求出各节点电压和支路电流；在$-3\sim3$A之间调节电流源I_1的电流，观察电阻R_1的电流，分别给出波形输出和数值输出。总结电阻R_1的电流与I_1的关系。

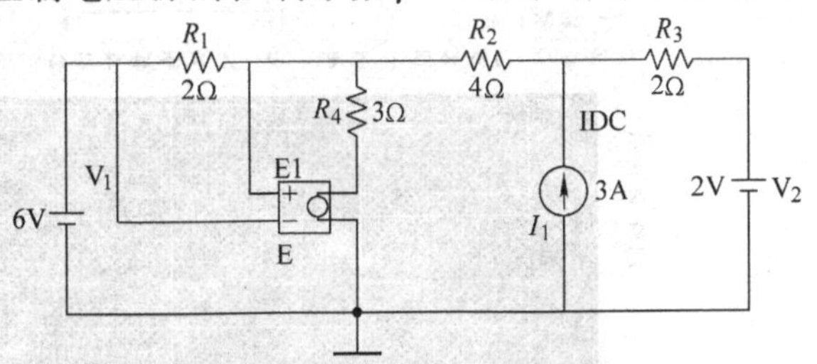

图9-46　电路

5. 实验报告要求

1）总结在Schematics环境下，编辑电路图的基本步骤。

2）做出仿真计算图9-45和图9-46所示电路的实验报告，完成实验任务提出的要求。

3）理论计算图9-45、图9-46电路的支路电流和节点电压。

4）理论分析图9-46所示电路电阻R_1的电流与I_1的关系。

6. 注意事项

练习电路图的编辑，注意受控电源的设置。

9.6　正弦稳态电流电路的计算机仿真

1. 实验目的

掌握应用PSpice编辑正弦稳态电流电路、设置分析类型及有关仿真实验的方法。

2. 实验仪器及设备

PC一台，已安装Windows2000或WindowsXP操作系统及PSpice软件

3. 仿真实验例题及操作步骤

例题1：仿真例题电路如图9-47所示，其中V_1是可调频、调幅的正弦电压源。

电路分析设为AC Sweep类型，各参数设置如图9-48所示。

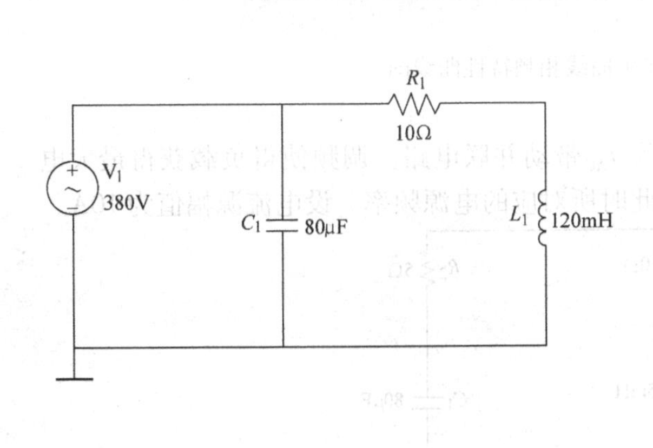

图9-47　仿真例题电路

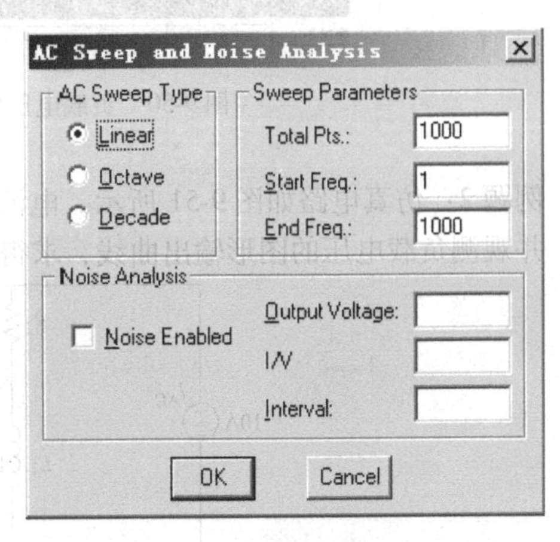

图9-48　电路参数设置

调频求得负载（即电感）获取最大电压幅值时所对应的电源频率。要求出现负载电压的幅频和相频特性曲线图、负载电压的幅频和相频特性曲线图，如图9-49和图9-50所示。

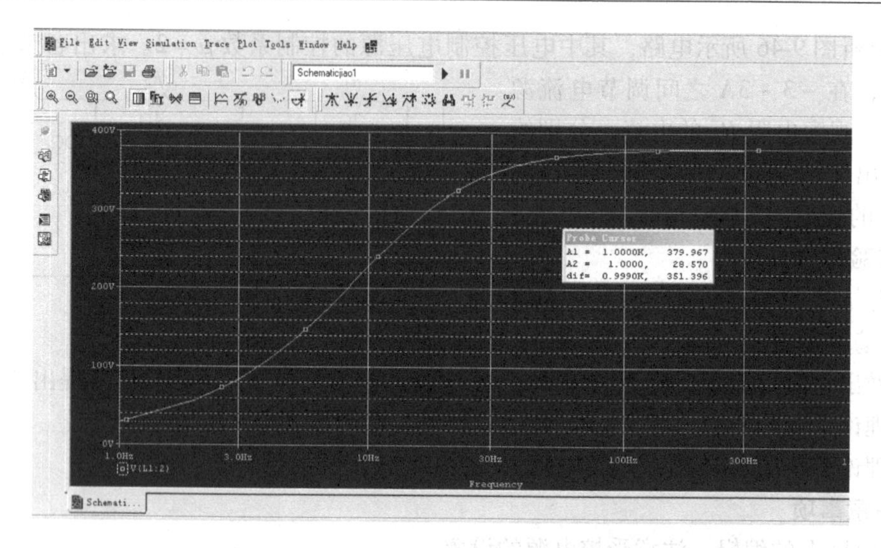

图 9-49　负载电压输出曲线幅频特性曲线图

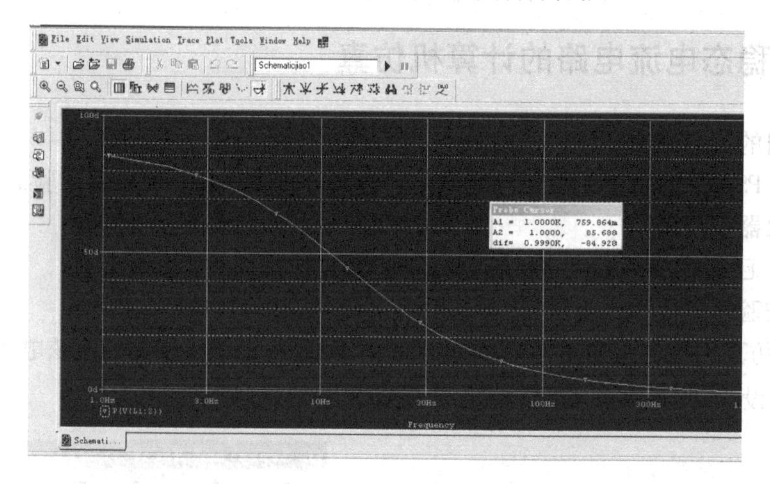

图 9-50　负载电压输出曲线相频特性曲线图

例题 2：仿真电路如图 9-51 所示。电流源 I_{AC} 带动并联电路。调频使得负载获得最大电压，并观测负载电压的图形输出曲线，求得此时所对应的电源频率。设电流源幅值为 10A。

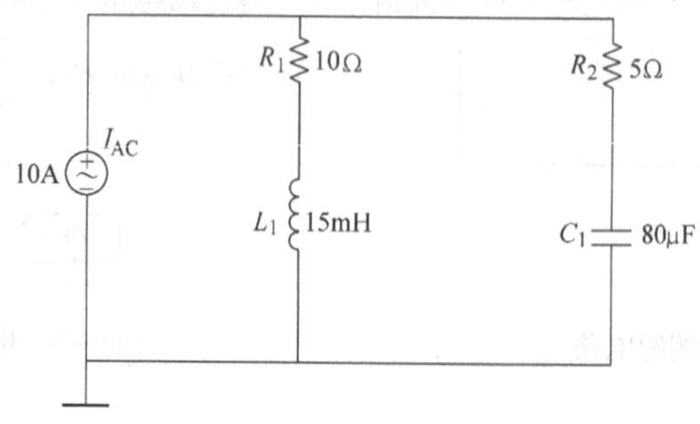

图 9-51　仿真电路

实验步骤如下：

1）调节参数，如图 9-52 所示。

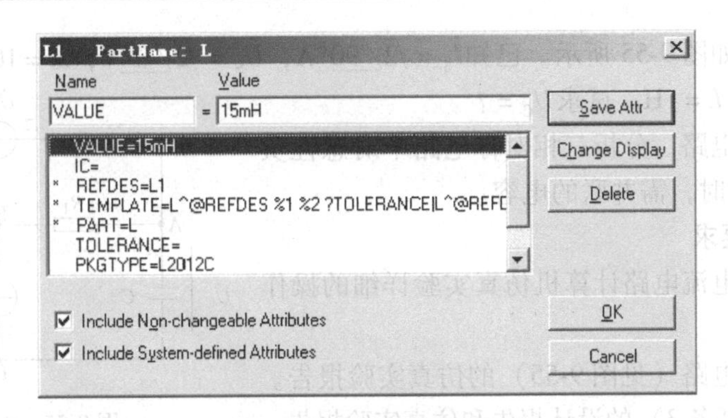

图 9-52　电路参数调节

2）设置 AC Sweep，参数设置如图 9-53 的 a、b 所示。

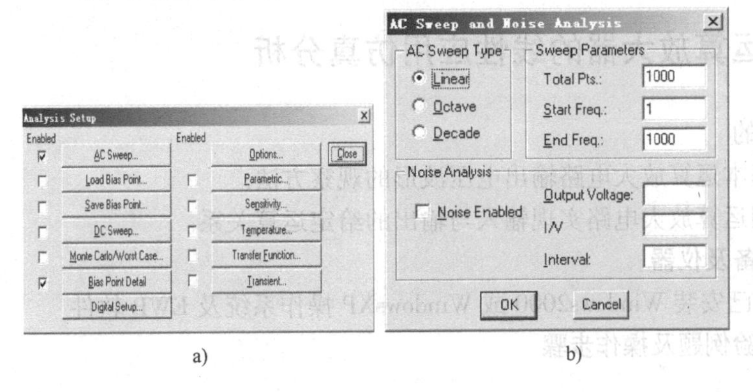

图 9-53　电路参数设置

3）运行可得图形，如图 9-54 所示，观察或由输出的数据可得最大值。

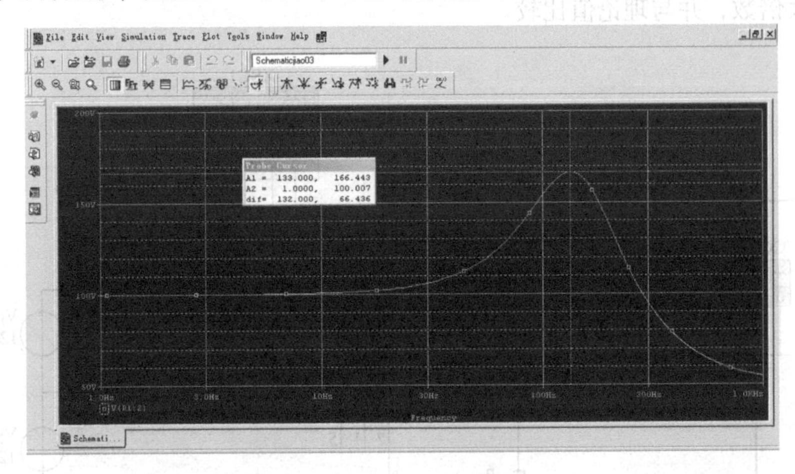

图 9-54　负载输出的幅频特性

4. 实验任务

1）参照仿真实验例题，分析其中各电路的工作情况。

2）实验电路如图9-55所示。已知$\dot{I}_S=\sqrt{2}\angle 90°$A，$\dot{U}_S=\sqrt{2}\angle 0°$V，$\omega=1000$rad/s，$R_1=R_2=1\mathrm{k}\Omega$，$C=1\mu$F，$L=1$H。试求$\dot{U}_C=$？

3）自拟实验电路，分析三相对称电路中对感性负载作无功功率补偿时，需并联的电容。

5. 实验报告要求

1）写出正弦电流电路计算机仿真实验详细的操作步骤。

2）写出实验电路（见图9-55）的仿真实验报告。

3）写出实验任务3）的设计报告和仿真实验报告。

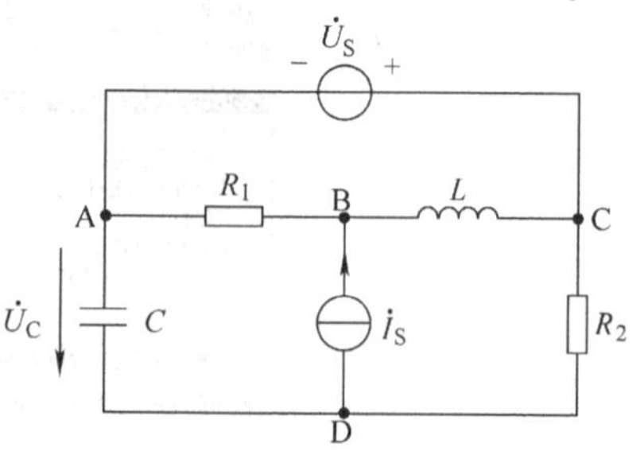

图9-55　实验电路

6. 注意事项

练习电路图的编辑，注意交流电源的设置。

9.7　集成运算放大器的线性应用仿真分析

1. 实验目的

1）熟悉基本运算放大电路输出电压波形的观察方法。

2）熟悉用运算放大电路实现输入与输出的给定运算关系。

2. 实验设备及仪器

PC一台，已安装Windows2000或WindowsXP操作系统及EWB软件

3. 仿真实验例题及操作步骤

（1）任务

应用EWB仿真分析反相比例运算电路，电路如图9-56所示。输入信号为输入幅度是峰峰值电压等于1V、频率是500Hz的正弦交流信号。用示波器XSCI观察输入、输出波形，计算其电压放大倍数，并与理论值比较。

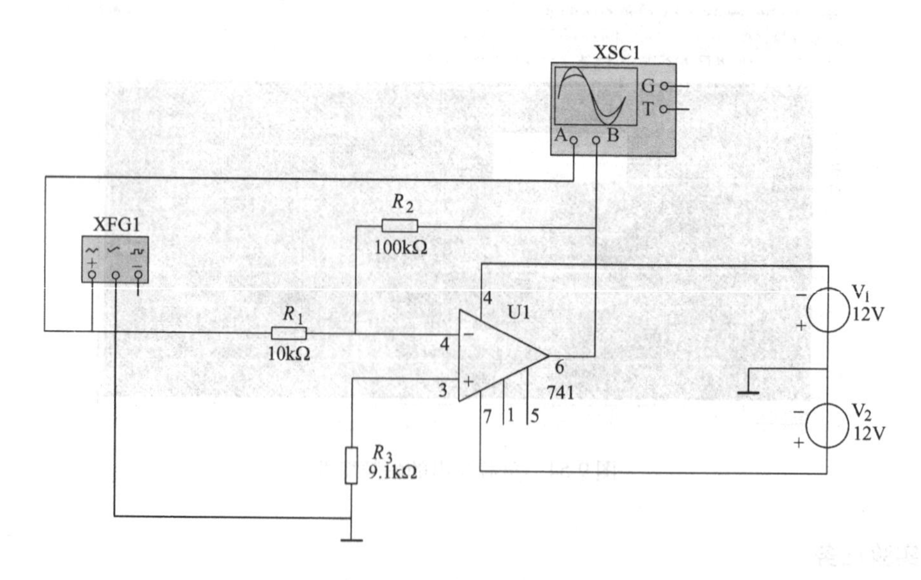

图9-56　反相比例运算电路

（2）操作步骤

1）按图9-57所示在EWB的Circuit环境下编辑电路。包括输入元件、改变参数、连线和设置节点。注意：电路中必须设置接地符表示零节点。编辑完成后存盘。

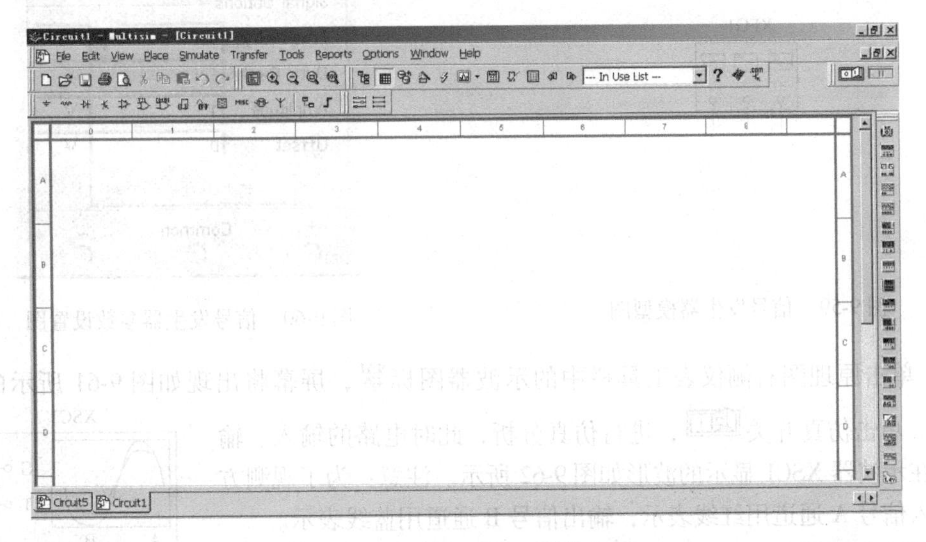

图9-57　Circuit环境下编辑电路

2）运算放大器元件采用μA741，其在元件库的位置是：Component\Analog\Opamp\741。单击图标屏幕会得到如图9-58所示的元件选取界面图。

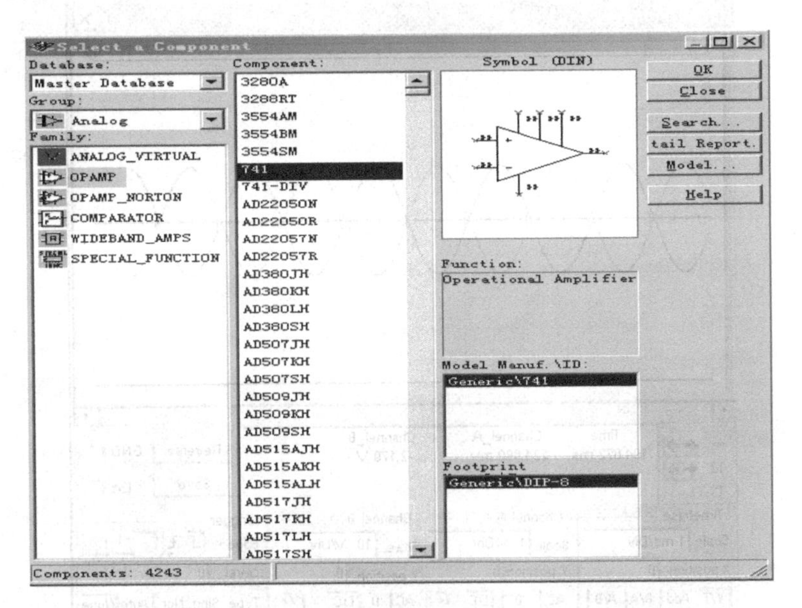

图9-58　元件选取界面图

同理，单击原理图右侧仪表工具栏中的信号发生器图标，屏幕将出现如图9-59所示的信号发生器模型。双击模型，打开信号发生器，设置相关参数如图9-60所示。

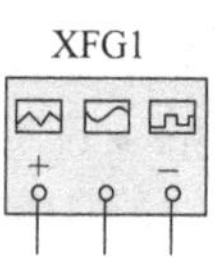

图 9-59　信号发生器模型图

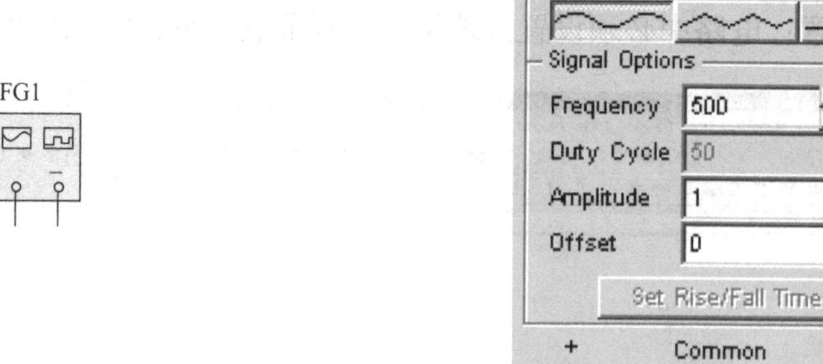

图 9-60　信号发生器参数设置图

3）单击原理图右侧仪表工具栏中的示波器图标，屏幕将出现如图 9-61 所示的示波器模型。单击仿真开关，进行仿真分析，此时电路的输入、输出波形在示波器 XSC1 显示的波形如图 9-62 所示。注意：为了观测方便，输入信号 A 通道用红线表示，输出信号 B 通道用蓝线表示。

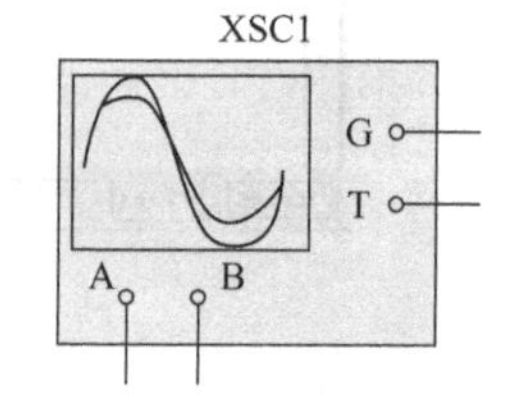

图 9-61　示波器模型图

由理论分析可知：

$$U_o = -\frac{R_2}{R_1}U_i = -10U_i$$

与仿真实验结果图对照可知，理论分析与实验仿真完全吻合。

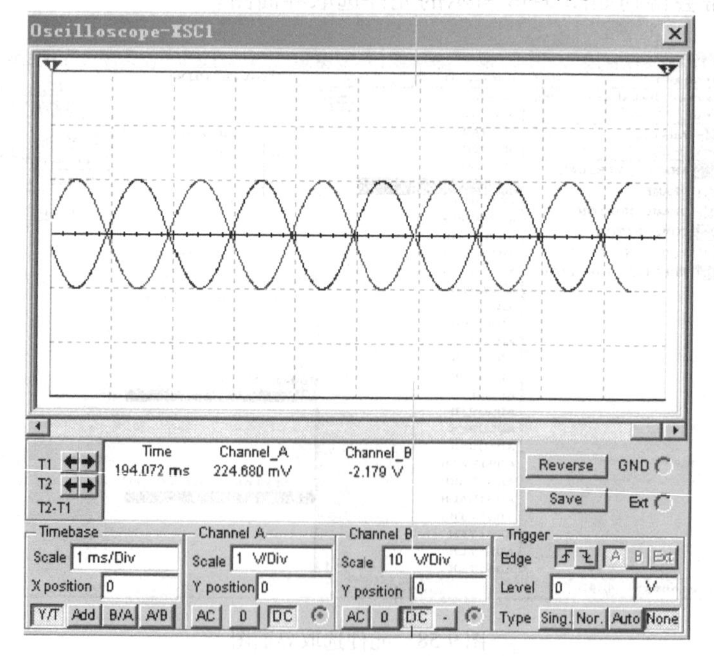

图 9-62　仿真结果图

4. 实验任务

1）仿照实验例题的操作步骤，仿真计算同相比例运算电路（见图 9-63），输入峰峰值为1V、频率为500Hz的正弦交流信号。观测电路的输出波形，比较实验值与理论计算值。

理论分析：

$$U_o = \left(1 + \frac{R_3}{R_1}\right)U_i = 11U_i$$

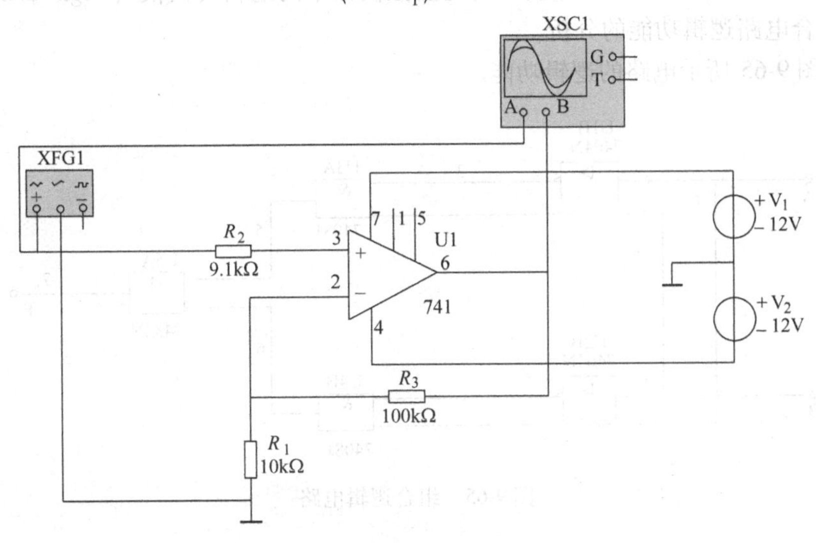

图9-63　同相比例运算电路

2）反相加法运算电路的仿真，电路如图9-64所示，输出电压与输入电压之间的关系为：$U_o = -\left(\frac{R_3}{R_1}U_{i1} + \frac{R_3}{R_2}U_{i2}\right)$。测量当 $R_1 = R_2 = R_3 = 10\text{k}\Omega$ 时，输入信号为直流 $U_{i1} = 0.5\text{V}$、$U_{i2} = 0.3\text{V}$ 的输出电压。

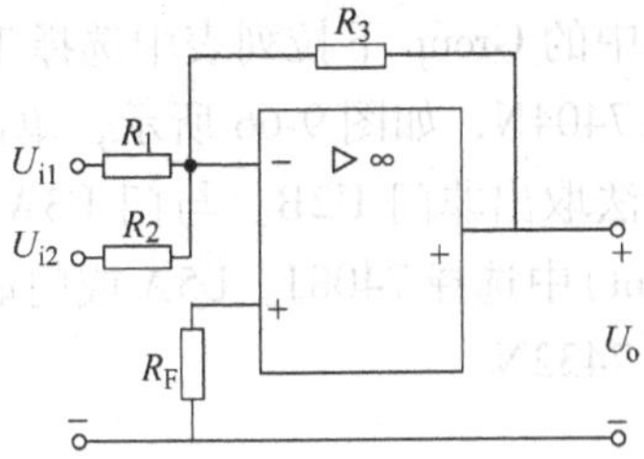

图9-64　反相加法运算电路

5. 实验报告要求

1）总结在EWB的Circuit环境下，编辑电路图的基本步骤。

2）理论计算图9-64电路的输出电压与输入电压之间的关系。

3）做出仿真计算图9-63和图9-64所示电路的实验报告，完成实验任务提出的要求。

4）总结实验体会。

6. 注意事项

练习电路图的编辑，注意信号发生器的设置。

9.8　组合逻辑电路的仿真分析

1. 实验目的

1）熟悉组合逻辑电路的分析和设计方法。

2）熟悉用门电路实现逻辑函数。

2. 实验设备及仪器

PC一台，已安装Windows2000或WindowsXP操作系统及EWB软件

3. 仿真实验例题及操作步骤

在组合逻辑电路分析与设计过程中，经常将逻辑函数的几种表示方法（真值表、逻辑表达式、逻辑电路图等）相互转换，用 EWB 可以非常方便地完成这些过程，尤其对于多变量的逻辑函数显得更为实用。具体使用的是虚拟仪器中的逻辑转换仪（Logic Converter）。

（1）组合电路逻辑功能的分析

分析如图 9-65 所示电路的逻辑功能。

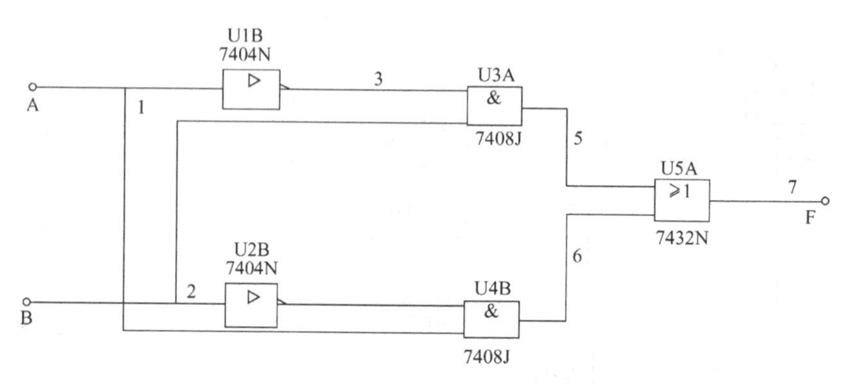

图 9-65　组合逻辑电路

（2）操作步骤

1）测试电路的创建：本例中创建的测试电路如图 9-65 所示，具体步骤如下：在元器件库中的 Group 下拉列表中选择 TTL，在 Family 列表中选择 74STD，在 Component 列表框中选择 7404N，如图 9-66 所示，单击 OK 按钮，确认后选择 A 模块取出非门 U1A，使用同样的方法取出非门 U2B。与门 U3A、U4B 取用方法是(Group) TTL→(Family) 74STD→(Component)中选择 7408J。U5A 或门取用方法是(Group) TTL→(Family) 74STD→(Component) 中选择 7432N。

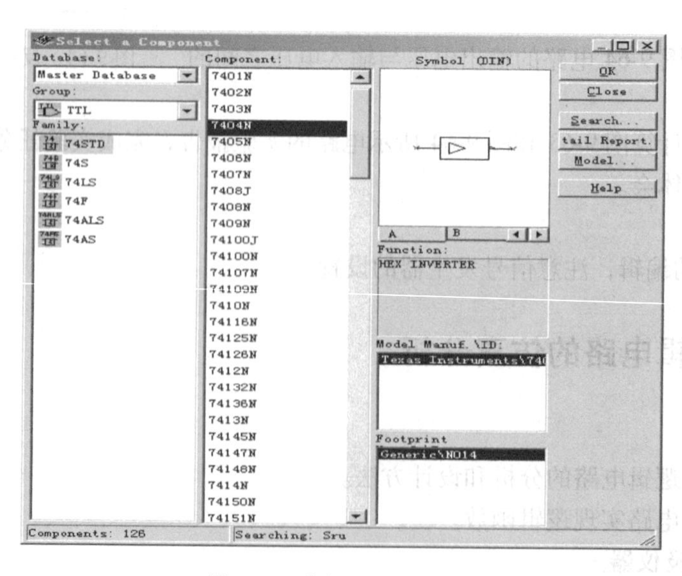

图 9-66　非门 U1A 选取图

2）测试方法说明：本例测试主要围绕逻辑转换仪展开，因此就必须熟悉逻辑转换仪的操作。具体使用方法是：单击原理图右侧仪表工具栏中逻辑转换仪（Logic Converter）的图标，取出一个逻辑转换仪放到工作区中，将电路的输入端 A、B 接到逻辑转换仪的 A、B 输入端，电路的输出端 F 接到逻辑转换仪的 OUT 输出端，如图 9-67 所示。双击打开逻辑转换仪参数设置对话框，开始如下各种转换操作。按下“将逻辑电路图转换为真值表”按钮，即可得到该逻辑电路图的真值表，如图 9-68 所示。按下“将真值表转换为最简表达式”按钮，即可得到该逻辑电路图的最简表达式，如图 9-69 所示。按下“将逻辑表达式转换为由与非门构成的逻辑电路图”按钮 AIB → NAND，即可得到由与非门构成的逻辑电路图，如图 9-70 所示。

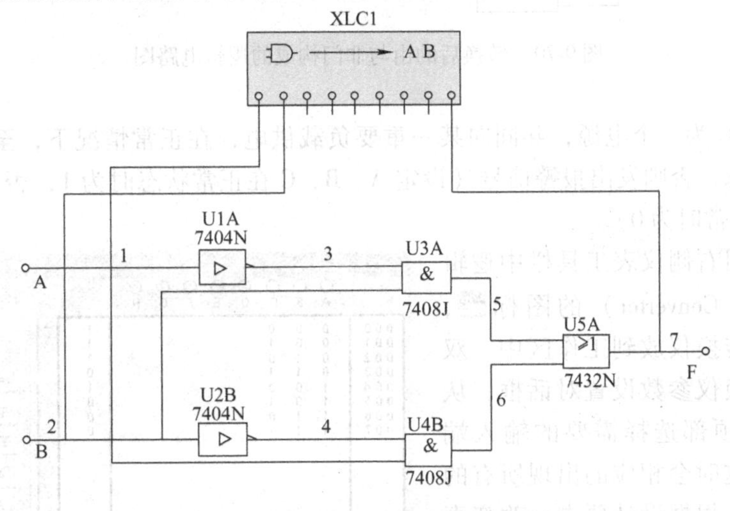

图 9-67　逻辑电路和逻辑转换仪连接图

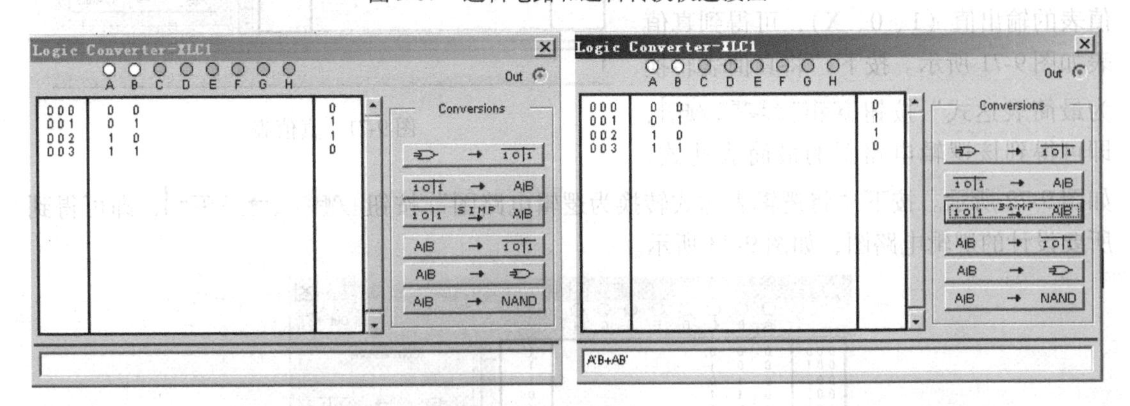

图 9-68　将逻辑电路图转换为真值表　　　　图 9-69　用逻辑转换器求最简表达式

测试结果分析，因此该逻辑电路的表达式为 $F = A'B + AB' = A \oplus B$，由真值表或表达式可知，该电路实现的是异或逻辑关系。将逻辑表达式转换为由与非门构成的逻辑电路图，如图 9-70 所示。

（3）组合逻辑电路的设计

设计的任务是根据给定的逻辑要求，画出最简单的逻辑电路图。一般步骤如下：①根据逻辑要求列出真值表；②由真值表写出逻辑表达式；③由最简表达式画出逻辑图。这里以供电系统检测控制逻辑电路的设计为例，说明如何运用 EWB 完成设计。

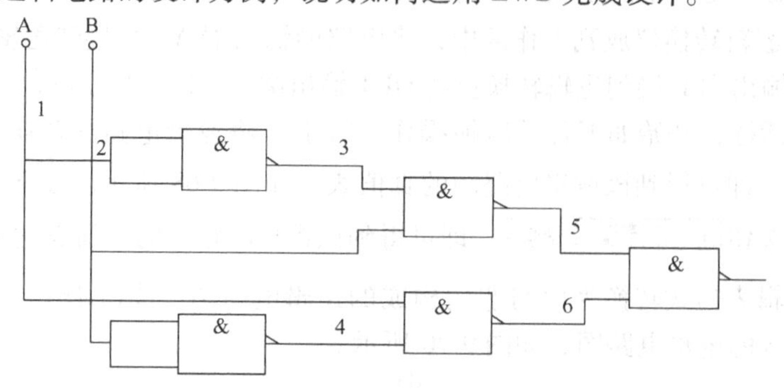

图 9-70　转换后的由与非门构成的逻辑电路图

设 A、B、C 为三个电源，共同向某一重要负载供电，在正常情况下，至少要有两个电源处在正常状态，否则发出报警信号（设定 A、B、C 在正常状态时为 1，否则为 0，输出 F 报警时为 1，正常时为 0）。

单击原理图右侧仪表工具栏中逻辑转换仪（Logic Converter）的图标，取出一个逻辑转换仪放到工作区中。双击打开逻辑转换仪参数设置对话框，从逻辑转换仪的顶部选择需要的输入端（A、B、C），这时会相应的出现所有的输入信号组合。根据设计要求，改变真值表的输出值（1、0、X），可得到真值表如图 9-71 所示。按下“将真值表转换为最简表达式”按钮 101 SIMP→ A|B，即可得到该逻辑电路图的最简表达式，如图 9-72 所示。按下“将逻辑表达式转换为逻辑电路图”按钮 A|B → ，即可得到所要设计的逻辑电路图，如图 9-73 所示。

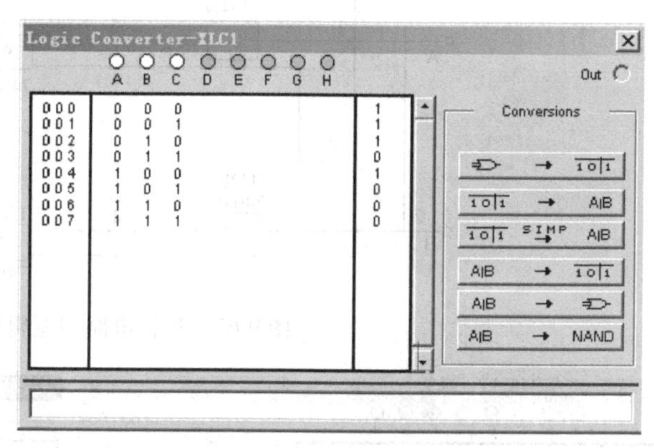

图 9-71　真值表

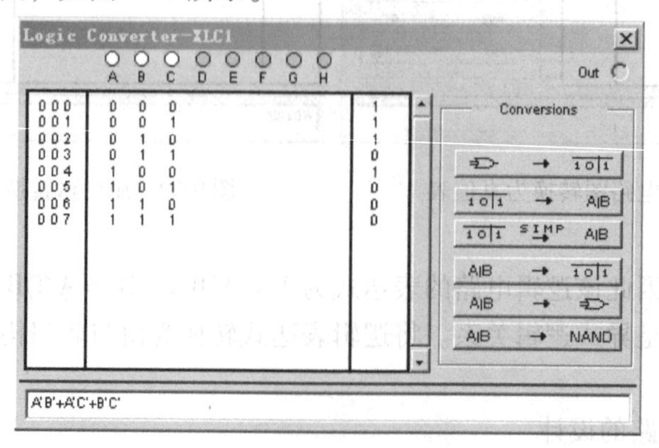

图 9-72　最简表达式

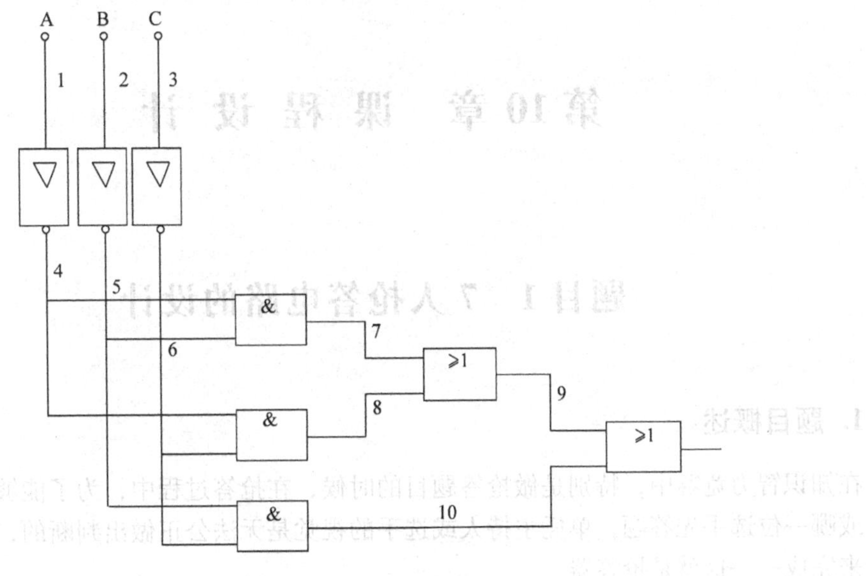

图 9-73　逻辑电路图

4. 实验任务

1）设计一个用两片 74LS183 组成的 4 位二进制加法器。

2）设有 3 台电动机 A、B、C，要求 A 开机，C 必须开机，B 开机 C 也必须开机，C 可单独开机，如不满足上述要求发出报警信号（电动机开机及输出报警均用 1 表示）。试设计该报警电路。

5. 实验报告要求

1）做出实验任务 1 和 2 的实验报告，完成实验任务提出的要求。

2）总结实验体会。

6. 注意事项

1）练习电路图的编辑，注意逻辑转换仪的设置。

2）逻辑表达式在 EWB 中的显示，A′代表$\overline{A}$。

第10章 课程设计

题目1 7人抢答电路的设计

1. 题目概述

在知识智力竞赛中，特别是做抢答题目的时候，在抢答过程中，为了能够准确判断出哪一组或哪一位选手先答题，单凭主持人或选手的视觉是无法公正做出判断的，必须依靠仪器设备来完成——这就是抢答器。

2. 设计任务

设计一台可供7名选手参加比赛的智力竞赛抢答器。选手抢答时，数码显示选手组号。具体要求如下：

1）7名选手编号为：1，2，3，4，5，6，7。各用一个抢答按钮。

2）设计一个主持人操作的开关，有“复位”和“开始”功能，“复位”时不能抢答。

3）抢答器具有数据锁存和显示的功能。抢答开始后，若有选手按动抢答按钮，该选手编号立即锁存，并显示该编号。

4）抢答选手的编号一直保持到主持人将系统清零为止。

5）在上述电路中加一个计时功能，使计时电路时间显示到秒，最多限制到10s，一旦超出时限，则取消失抢答权。

3. 设计要求

1）调研，查找并收集相关资料。

2）总体设计，画出框图。

3）单元电路设计。

4）电气原理设计——绘制原理图。

5）列出元器件明细表。

6）写设计说明书。

7）总结数字系统的设计及调试方法。

题目2 数字频率计的设计

1. 题目概述

数字频率计是一种基本的测量仪器，是用数字显示被测信号频率的仪器，被测信号可以是正弦波，方波或其他周期性变化的信号。如配以适当的传感器，可以对多种物理量进行测试，比如机械振动的频率、转速、声音的频率以及产品的计件等。因此，它被广泛应用与航天、电子、测控等领域。本课题是数字电路中逻辑电路的综合应用。

2. 设计任务

设计一个数字频率计。具体要求如下：

1）输入信号为矩形脉冲，频率范围为0～10MHz。

2）用5位LED数码管显示，只显示最后结果，不显示计数过程。

3）单位为Hz与kHz两挡，自动切换。

3. 设计要求

1）调研、查找并收集相关资料。

2）总体设计，画出框图。

3）单元电路设计。

4）电气原理设计——绘制原理图。

5）列出元器件明细表。

6）写设计说明书。

7）总结数字系统的设计及调试方法。

题目 3　数字秒表的设计

1. 题目概述

数字秒表的逻辑结构较简单，它主要由分频器、十进制计数器、六进制计数器、数据选择器、报警器和显示译码器等组成。通过设计与学习，要求掌握多功能数字秒表电路的设计。

2. 设计任务

设计一个数字秒表。具体要求如下：

1）用 6 个数码管分别显示小时、秒和分钟。

2）具有暂停/启动功能。

3）具有重新开始功能。

3. 设计要求

1）调研、查找并收集相关资料。

2）总体设计，画出框图。

3）单元电路设计。

4）电气原理设计——绘制原理图。

5）列出元器件明细表。

6）写设计说明书。

7）总结数字系统的设计及调试方法。

题目4 数字电压表的设计

1. 题目概述

数字电压表（数字面板表）是当前电子、电工、仪器、仪表和测量领域大量使用的一种基本测量工具有关数字电压表的书籍和应用已经非常普及了，要求掌握数字电压表的设计方法。

2. 设计任务

设计一个数字电压表。具体要求如下：

1）输入电压0～5V。

2）用LED数码管显示，精确到毫伏；有小数点的显示；显示小数后两位数，如0.01；只显示最后结果，不显示中间结果。

3）具有重新开始功能。

3. 设计要求

1）调研、查找并收集相关资料。

2）总体设计，画出框图。

3）单元电路设计。

4）电气原理设计——绘制原理图。

5）列出元器件明细表。

6）写设计说明书。

7）总结数字系统的设计及调试方法。

题目5 数字电子钟的设计

1. 题目概述

本课题是数字电路中计数、分频、译码、显示及时钟脉冲振荡器等逻辑电路的综合应用。通过设计与学习，要求掌握多数字电子钟电路的设计方法。

2. 设计任务

设计一个数字电子钟。具体要求如下：

1）设计一个能直接显示时、分、秒的数字电子钟。

2）设计校“时”、校“分”控制电路。

3）能校正时间。

3. 设计要求

1）调研、查找并收集相关资料。

2）总体设计，画出框图。

3）单元电路设计。

4）电气原理设计——绘制原理图。

5）列出元器件明细表。

6）写设计说明书。

7）总结数字系统的设计及调试方法。

题目6 交通灯控制电路设计

1. 题目概述

十字交通路口的红绿灯指挥着行人和各种车辆安全运行，对十字路口的交通灯进行自动控制是城市交通管理的重要课题。

2. 设计任务

设计十字路口交通灯控制电路，要求甲乙两条车道上的车辆交替行驶，每条车道车辆的通行时间为45s；每次交换行驶车道时，要求黄灯先亮10s，每秒闪亮一次。

3. 设计要求

1）调研、查找并收集相关资料。
2）总体设计，画出框图。
3）单元电路设计。
4）电气原理设计——绘制原理图。
5）列出元器件明细表。
6）写设计说明书。
7）总结数字系统的设计及调试方法。

题目7 声光控开关设计

1. 题目概述

在学校、机关、厂矿企业等单位的公共场所以及居民区的公共楼道，长明灯现象十分普遍，这造成了能源的极大浪费。另外，由于频繁开关或者人为因素，墙壁开关的损坏率很高，增大了维修量、浪费了资金。通过设计声光控开关，可以使学生对电子电路的设计有一定的了解，锻炼学生综合运用所学的知识进行设计的能力。

2. 设计任务

设计声光控开关。要求在白天或光线较亮时，声光控开关呈关闭状态；夜间或光线较暗时，开关呈预备工作状态，当有人经过该开关附近时，发出脚步声或其他声音时把开关起动，提供照明，延时1min后开关自动关闭。在光线较强时，开关始终处于关闭状态。

3. 设计要求

1）调研、查找并收集相关资料。
2）总体设计，画出框图。
3）单元电路设计。
4）电气原理设计——绘制原理图。
5）列出元器件明细表。
6）写设计说明书。
7）总结数字系统的设计及调试方法。

题目8 数字温度计电路的设计

1. 题目概述

测量体温的传统方法是采用玻璃管式水银体温表。这种体温表一般测量时间比较长，测量时间不好控制，刻度又不很精确，读数也不太方便，本课题要求设计数字的测量体温的电路，解决存在的问题。

2. 设计任务

用集成芯片设计数字温度计，要求：

1）测量范围0～100℃；

2）测量精度0.1℃；

3）4位LED数码管显示；

4）具有温度超过某一数值报警功能。

3. 设计要求

1）调研、查找并收集相关资料。

2）总体设计，画出框图。

3）单元电路设计。

4）电气原理设计——绘制原理图。

5）列出元器件明细表。

6）写设计说明书。

7）总结数字系统的设计及调试方法。

题目9　数字动态扫描显示电路

1. 题目概述

数码管静态显示时，每个数码管都需要相应的驱动电路。采用动态显示，则只需要一个驱动电路，通过动态扫描的方法，分别在不同的数码管上显示不同的数字。

2. 设计任务

1）设计一个动态扫描显示电路能够使各数码管按一定的顺序轮流的发光显示。
2）设计振荡器电路，采用门电路构成的多谐振荡器。
3）设计节拍发生器电路。具体电路由具有8个译码输出端的八进制计数器4022实现。
4）设计译码器电路。译码器使用的是共阴极译码器74LS49。

3. 设计要求

1）调研、查找并收集相关资料。
2）总体设计，画出框图。
3）单元电路设计。
4）电气原理设计——绘制原理图。
5）列出元器件明细表。
6）写设计说明书。
7）总结数字系统的设计及调试方法。

题目10 数字脉冲宽度测量仪

1. 题目概述

在工程及科学实验中，通常需要测量数字脉冲的宽度。本课题要求设计数字脉冲宽度测量仪，能够准确地测量数字脉冲的宽度。

2. 设计任务

1）设计数字脉冲宽度测量仪。测量时间范围：1～9999ms，测量单个正脉冲或负脉冲宽度时间。测量误差为±1个数字，手动测量，手动清零。

2）石英晶体振荡器电路设计，分频电路设计，控制电路设计，控制门设计，主控门设计，计数器、译码器和显示器电路设计。

3. 设计要求

1）调研、查找并收集相关资料。

2）总体设计，画出框图。

3）单元电路设计。

4）电气原理设计——绘制原理图。

5）列出元器件明细表。

6）写设计说明书。

7）总结数字系统的设计及调试方法。

题目 11　数字脉冲周期测量仪

1. 题目概述

在工程及科学实验中，通常需要测量数字脉冲的周期。本课题要求设计数字脉冲周期测量仪，能够准确地测量数字脉冲的周期。

2. 设计任务

1）设计数字脉冲周期测量仪。两位数字显示，测量脉冲周期范围为 1 ~ 99ms，可进行脉冲周期时间的测量和累加，测量灵敏度为 1V，手动清零、手动测量，测量误差为 ± 1ms。

2）设计时标脉冲信号生成电路，采用 1MHz 石英晶体振荡器经分频产生时标脉冲信号，得到频率为 1000Hz 的标准脉冲。

3）设计门控电路。门控信号是被测信号经门控电路生成的，被测信号经门控电路生成一个宽度为被测信号周期的脉冲信号。

4）设计计数器和译码器电路。

3. 设计要求

1）调研、查找并收集相关资料。

2）总体设计，画出框图。

3）单元电路设计。

4）电气原理设计——绘制原理图。

5）列出元器件明细表。

6）写设计说明书。

7）总结数字系统的设计及调试方法。

题目12 简易数字电容测试仪

1. 题目概述

在工程及科学实验中，通常需要各种测量仪器。本课题要求设计简易数字电容测试仪，测量电容的容值。

2. 设计任务

1）设计一个数字电容测试仪，测量范围为1000pF ~ 999 F，测量结果用3位数字显示。

2）实现各部分电路设计，时钟脉冲发生器和控制脉冲电路设计，单稳态触发器电路设计，计数、译码和显示电路设计。

3. 设计要求

1）调研、查找并收集相关资料。

2）总体设计，画出框图。

3）单元电路设计。

4）电气原理设计——绘制原理图。

5）列出元器件明细表。

6）写设计说明书。

7）总结数字系统的设计及调试方法。

题目 13　简易数字电感测试仪

1. 题目概述

在工程及科学实验中，通常需要各种测量仪器。本课题要求设计简易数字电感测试仪，测量电感的值。

2. 设计任务

1）设计一个数字电感测试仪，测量范围为 100μF ~ 10mH，测量结果用 5 位数字显示。

2）实现各部分电路设计，时钟脉冲发生器和控制脉冲电路设计，单稳态触发器电路设计，计数、译码和显示电路设计。

3. 设计要求

1）调研、查找并收集相关资料。

2）总体设计，画出框图。

3）单元电路设计。

4）电气原理设计——绘制原理图。

5）列出元器件明细表。

6）写设计说明书。

7）总结数字系统的设计及调试方法

题目14 30s定时器

1. 题目概述

在工程及科学实验中，通常需要定时功能。本课题要求设计30s定时器，锻炼学生综合应用所学的知识进行设计的能力。

2. 设计任务

1）设计30s定时器，有30s计时功能，两位数字显示，计时间隔为1s。进行30s减计时，每次减计时结束后，发光二极管点亮，显示器显示00。设计外部开关，可使定时器直接清零，启动计时、暂停/连续计时。

2）实现秒脉冲电路设计，控制电路设计，计数器设计，译码显示电路设计，时序控制电路设计。

3. 设计要求

1）调研、查找并收集相关资料。

2）总体设计，画出框图。

3）单元电路设计。

4）电气原理设计——绘制原理图。

5）列出元器件明细表。

6）写设计说明书。

7）总结数字系统的设计及调试方法。

附　　录

附录 A　电子元器件简介

电子元器件在各类电子产品中占有重要的地位，尤其是一些通用的电子元器件，更是电子产品中必不可少的基本材料。熟悉和掌握常用电子元器件的种类、结构、性能及使用范围，对电路的设计、调试有着十分重要的作用。电子元器件发展迅速，其品种规格十分繁杂，本章主要介绍一些常用的电子元器件。

A.1　电阻器和电位器

在电子线路中，具有电阻性能的实体元件称为电阻器，习惯上称电阻。电阻器可分为固定电阻器（含特种电阻器）和可变电阻器（电位器）两大类。几类常见电阻器的图形符号如图 A-1 所示。

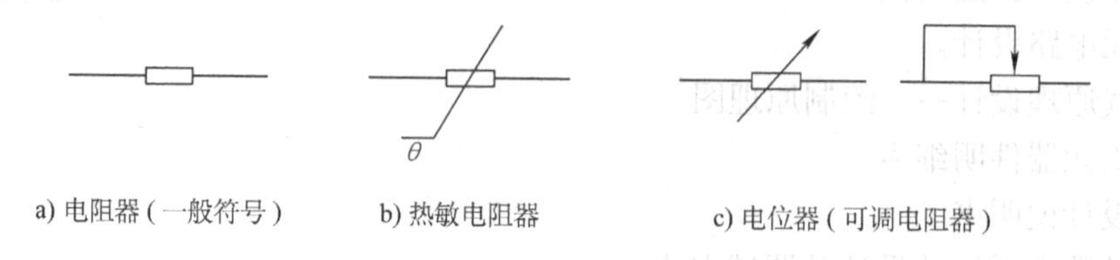

图 A-1　常见电阻器的图形符号

A.1.1　电阻器

1. 电阻器的主要参数

电阻器的主要参数有标称阻值、容许误差（精度等级）、额定功率这三项指标。另外还有温度系数、极限工作电压、稳定性、噪声电动势、最高工作温度、温度特性、高频特性等，使用中一般考虑标称阻值、容许误差、额定功率等参数。

（1）标称值和容许误差

1）标称阻值：电阻器的标称值是指在电阻器上所标注的阻值。电阻器的阻值单位为欧姆，简称欧，用 Ω 表示。电阻上的标称值是国家标准规定的电阻值。不同精度的电阻器，其阻值系列不同。称为标准值系列，如表 A-1 所示。

表 A-1　电阻器的标称系列

系列	容许误差(%)	精度等级	电阻的标称值
E24	±5	I	1.0;1.1;1.2;1.3;1.5;1.6;1.8;2.0;2.2;2.4;2.7;3.0;3.3;3.6;3.9;4.3;4.7;5.1;5.6;6.2;6.8;7.5;8.2;9.1

（续）

系列	容许误差(%)	精度等级	电阻的标称值
E12	±10	Ⅱ	1.0;1.2;1.5;1.8;2.2;2.7;3.3;3.9;4.7;5.6;6.8;8.2
E6	±20	Ⅲ	1.0;1.5;2.2;3.3;4.7;6.8

2）容许误差：电阻器的容许误差是指电阻器实际阻值对于标称阻值的最大允许误差，它表示产品的精度。对应于不同的数列，容许误差值也不同，数值分布越疏，误差越大。常用E6，E12，E24对应的偏差为±20%、±10%、±5%。

（2）电阻器的标志方法

电阻器的标称值和偏差一般都标志在电阻体上，这样无论如何安装，都能看清楚，以便于自动化生产装配。常用的标志方法有以下几种：

1）直标法：直标法是用数值和电阻单位在电阻器的表面直接标出标称阻值和允许误差。如10kΩ±5%。若电阻器表面未标出允许误差，则表示允许误差为±20%；若未标出阻值单位，则其单位为Ω。

2）文字符号法：文字符号法是用数字和文字符号有规律的组合来表示阻值和允许误差的方法。其规律是：电阻值的单位用文字符号表示，如用R表示欧姆，用k表示千欧等；电阻值的整数部分大小写在阻值单位符号前面，电阻值的小数部分写在阻值单位符号后面。例如5.1Ω可标为5R1，0.33Ω可标为Ω33，3.3kΩ可标为3k3。

3）数码法：数码法是指用三位数字表示电阻值的方法。其方法为从左至右，前两位数表示有效数，第三位为零的个数，单位为Ω。例如，103表示该电阻的阻值为10000Ω。缺点是数码法不能表示允许误差。

4）色码法：色码法是用各种不同颜色的环来表示标称电阻值和允许误差的方法。表A-2表示各种颜色所代表的意义。

表A-2　色环的表示意义

颜色	有效数字	乘数	允许偏差(%)	颜色	有效数字	乘数	允许偏差(%)
棕色	1	10^1	±1	灰色	8	10^8	—
红色	2	10^2	±2	白色	9	10^9	+50～−20
橙色	3	10^3	—	黑色	0	10^0	—
黄色	4	10^4	—	银色	—	10^{-2}	±10
绿色	5	10^5	±0.5	金色	—	10^{-1}	±5
蓝色	6	10^6	±0.2	无色	—		±20
紫色	7	10^7	±0.1				

色码法常见有四色环法和五色环法两种。四色环法一般用于普通电阻器标注，五色环法一般用于精密电阻器标注，图A-2给出了两种色环法中各环的意义。

在四道色环电阻上，第一道色环表示电阻值的第一位数，第二道色环表示电阻值的第二位数，第三道包环表示电阻值中尾数零的个数（即倍乘），第四道色环表示误差。在五道色环电阻上，前三道色环分别表示阻值的第一、二、三位数，后两道色环与四色环电阻后两道的含义一样。其中四道色环电阻的允许误差只有 ±20%、±10%、±5% 三种。

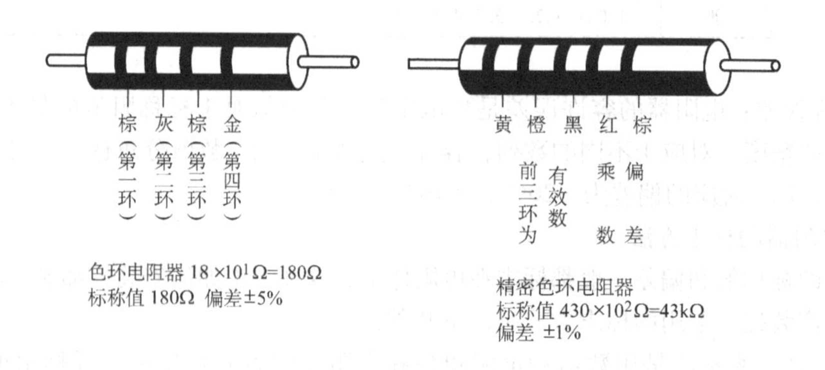

图 A-2　常用电阻器的色码法

采用色码法标识的电阻器颜色醒目、标志清晰、不易褪色，从各方向上都能看清标识，是目前最常用的标识方法。

（3）额定功率

电阻器的额定功率是在规定的环境温度和湿度等条件下，在电路中长期稳定工作所允许消耗的最大功率称。在实际选择电阻功率，应使额定值高于在电路中的实际值 1.5～2 倍以上。

此外，在实际电路图中有时也采用一定的符号来标识电阻的功率，如图 A-3 所示。

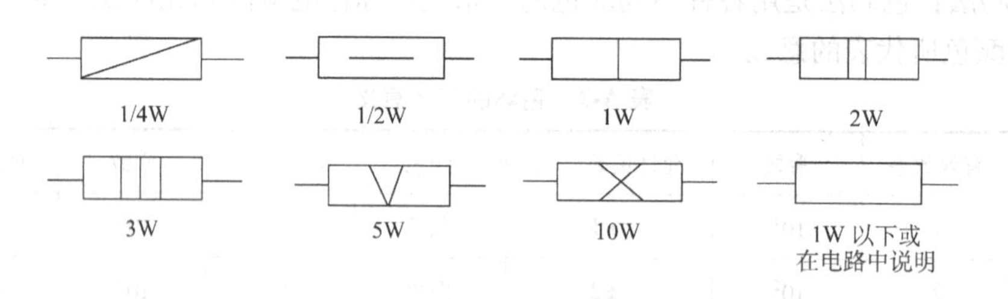

图 A-3　电阻器额定功率表示符号

2. 特殊电阻

上面介绍的是一般电阻器，除此之外还有一些具有特殊性能的电阻器，即敏感电阻器和熔断电阻器。

（1）敏感电阻器

敏感电阻器也称为半导体电阻器。所谓敏感，是指其特性（如电阻率）对温度、光照度、湿度、压力、磁通量、气体浓度等物理量的变化非常敏感。常见有热敏、压敏、光敏、温敏、磁敏、气敏、力敏等不同类型的敏感电阻器。

（2）熔断电阻器

熔断电阻器又叫温断器，是近几年来才采用的一种新型双功能元件，它集电阻器与熔断器（亦称保险丝）于一身，正常情况下使用时具有电阻器的功能，一旦电路出现异常过电流时，它立即熔断，从而切断电源，保护了电路中的其他重要元器件。它的表示符号如图A-4所示。

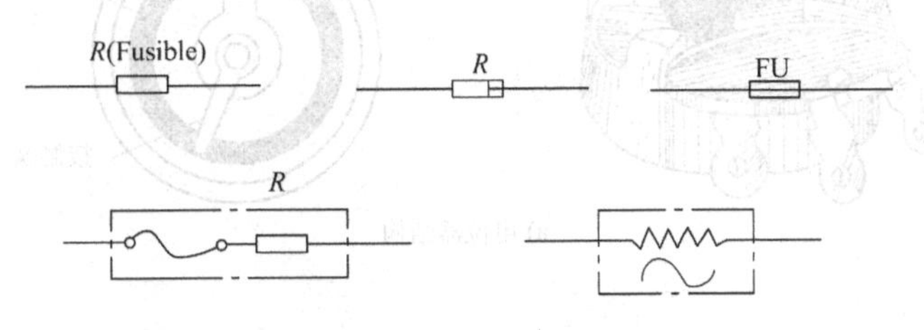

图 A-4　熔断电阻器的符号

3. 电阻器质量判断

一般来说，在对电阻器的质量好坏进行判断时可以先从电阻器的外表上进行检查，看其表面色环颜色是否清晰，保护漆层是否完好，有无烧焦痕迹，外形是否端正。在检查完其外表后，可借助于万用表进行检测。此时应注意用万用电表测量电路中的电阻时，一定要把电阻器的一端与电路断开，否则会因为电路元件的并联而影响测量的准确性。

另外，当测量大阻值（例如1MΩ以上）电阻器时，不能用两只手同时接触表笔两端，否则人体电阻将和被测电阻器并联而影响测量的准确性。当对某些仪表的电阻值需要精确测量时可以考虑用电阻电桥进行测量。

A.1.2　电位器

1. 电位器的结构与接法

电位器实质上是电阻器的一种，它是一个可变电阻器，所以许多参数与电阻器相同，例如标称阻值、容许误差、额定功率等，这里的标称阻值是指两固定端之间的电阻值。典型的电位器结构如图A-5a所示。它有三个引出端，其中1、3两端电阻值最大，2~3或1~2间的电阻值可以通过与轴相连的簧片（一般轴与簧片之间是绝缘的）位置不同而加以改变。电位器通常有三种接法，如图A-5b所示。

电位器和一般可变电阻不同之处，是它用于电路中经常改变电阻的位置，如收录机的音量控制，电视机中的亮度、对比度调节等就是通过电位器来完成的。因此对它的要求主要是阻值符合要求，中心滑动端与电阻体之间接触良好，其动噪声和静噪声应尽量小；对带开关的电位器，其开关部分应动作准确可靠。

2. 电位器质量判断

在具体判断电位器的质量好坏时，首先用适当的欧姆挡测量电位器两固定端之间的总阻值，看其是否在标称阻值范围之内；然后再测量它的活动端与电阻体的接触情况。此时万用表仍工作在电阻挡上，将一只表笔接电位器的活动端，另一支表笔接其余两端中的任意一个，反复慢慢地旋动电位器轴，看示值是否连续、均匀的变化。如变化不连续，则说明接触不良。最后测量电位器各端子与外壳及旋转轴之间的绝缘，看其绝缘电阻是否够大。另外，在慢慢旋动电位器的转柄时，应感觉平滑。

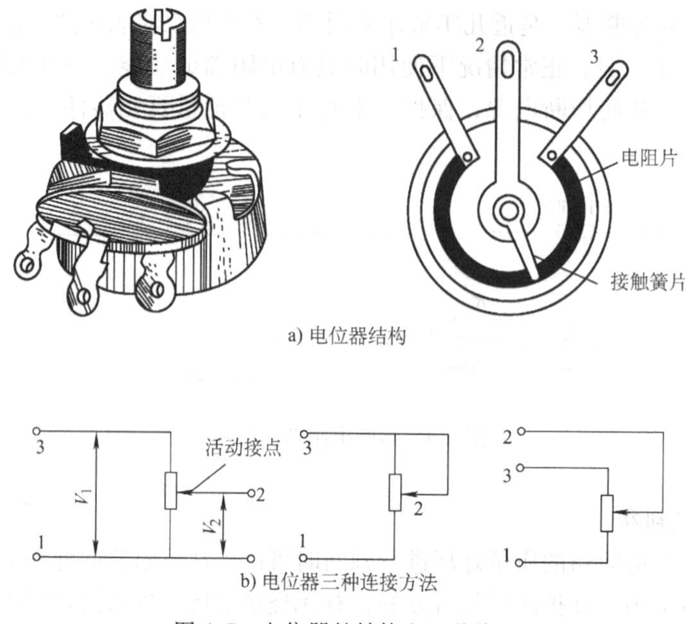

图 A-5　电位器的结构和三种接法

A.2　电容器

电容器是中间夹有电解质的两个导体所组成的元器件，这两个导体称为电容器的电极或极板。电容器通常简称为电容，用符合 C 表示，它是一种储能元件，在电路中作隔直流、旁路和耦合交流等用。电容器按照不同的分类方法可以分为不同的种类。若按工作中电容量的变化情况可分为固定电容器、半可调和可变电容器；若按介质材料的不同，则可分为瓷介、涤纶等种类电容器。几种电容器的符号如图 A-6 所示。

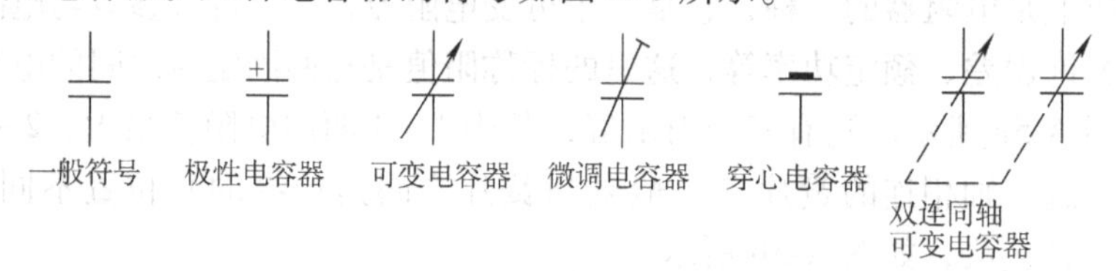

图 A-6　常见电容器的电路符号

A.2.1　电容器的主要参数

1. 电容器的标称容量和容许误差

（1）标称容量

电容器绝缘介质材料不同时，其标称容量系列也不同。当标称容量在 100pF ~ 1μF 时，采用 E6 系列。当标称容量范围在 1 ~ 100μF 时，采用 1、2、4、6、8、10、15、20、30、50、100 系列。对于高频有机薄膜介质、瓷介、玻璃釉、云母电容器的标称容量系列采用 E24、E12、E6 系列。其中标称容量在 4.7pF 以上的电容器，标称系列采用 E24 系列，标称容量小于或等于 4.7pF 的电容器采用 E12 系列。电解电容器采用 E6 系列。

电容器单位为法拉，用 F 表示。常用单位有微法（μF），纳法（nF），皮法或微微法

(pF)，它们之间的换算关系为：$1F=10^6\mu F=10^9 nF=10^{12} pF$。

（2）容许误差

标称容量与实际电容量有一定的容许误差，容许误差用百分数或误差等级表示。电容器误差一般分为三级，即Ⅰ级，±5%；Ⅱ级，±10%；Ⅲ级，±20%。另外，对部分电容器，用J表示为±5%；K表示误差为±10%；M表示误差为±20%；Z表示误差为+80%、-20%。有的电解电容器的容量误差范围较大，误差允许达+100%、-30%。

2. 电容器的容量表示法

（1）直接表示法

直接表示方法是用表示数量的字母m（10^{-3}），u（10^{-6}），n（10^{-9}）和p（10^{-12}）加上数字组合表示的方法。将标称容量及容许误差值直接标注在电容器上，如图A-7所示为0.047μF电容器。有时用无单位的数字表示无极性电容器容量，方法为：当数字大于1时，其容量单位为pF，例如4700表示容量为4700pF；当数字小于1时，其容量单位为μF，如0.01表示容量为0.01μF。凡有极性电容器，容量单位是μF，如10表示容量为10μF。

（2）文字符号法

使用文字符号法时，容量的整数部分写在容量单位符号前面，容量小数部分写在容量单位符号后面，容量单位符号所占位置就是小数部分的位置。例如4n7表示容量为4.7nF(4700pF)，如图A-8所示。若在数字前标注有R字样，则容量为零点几微法。如R47就表示容量为0.47μF。10pF以下的电容器的容许误差标志符号是：±0.1pF用B标志，±0.2pF用C标志，±0.5pF用D标志。

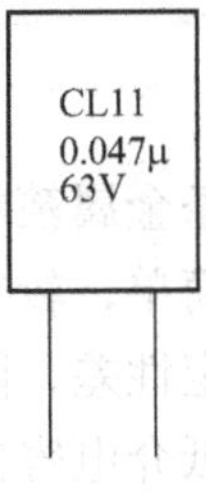

图A-7　电容器的直标法 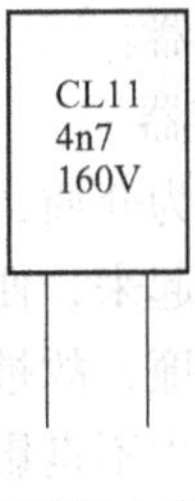　　　图A-8　电容器的文字符号表示法

（3）数码表示法

数码表示法是用三位数字表示电容器容量大小。前两位为有效数字，后一位表示位率，即乘以10^i，i为第三位数字，单位是pF。如103就表示容量为10×10^3pF，如图A-9所示。若最后一位为9，则乘以10^{-1}来表示，如229就表示容量为22×10^{-1}pF。

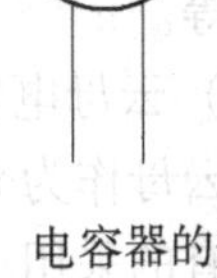

（4）色码法

电容器色码法原则上与电阻器色码法相同。标识的颜色符合级与电阻器采用的基本相同，其容量单位为pF，如图A-10所示。电解电容的工作电压有时也采用颜色标志，例如6.3V用棕色，10V用红色，16V用灰色，色点标识在正极。

图A-9　电容器的数码法

3. 额定电压

电容器在规定温度范围内能够连续可靠工作的最大工作电压称为额定电压，习惯也叫耐压。耐压通常指直流工作电压，但也有部分专用于交流电路中的电容器标有交流电压。若电容器工作于脉动电压下，则交直流分量的总和需小于额定电压。在交流分量较大的电路中（例如滤波电路），电容器的耐压应有充分的裕量。但也不是越大越好，因为高耐压电容用于低电压电路，额定电容量会减小。如果工作电压超过电容器的耐压，电容器的电介质漏电击穿而造成电容器不可修复的永久损坏。

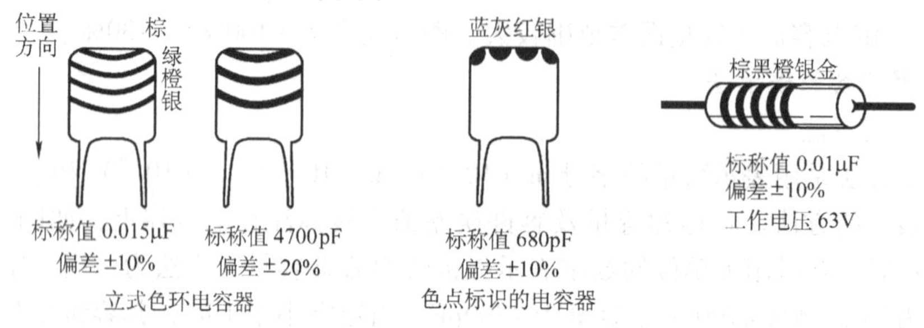

图 A-10　电容器的色码标志法

A. 2. 2　常用电容器

常用电容器分为有机介质电容器、无机介质电容器、电解电容器和可变电容器等几大类。

1. 有机介质电容器

有机介质电容器包括传统的纸介、金属化纸介电容器和常见的涤纶、聚苯乙烯、聚丙烯等有机薄膜类电容器。

（1）纸质电容器

以电容器纸作为介质，用几层电容器纸重叠起来，并夹着两条金属箔卷成一个圆柱体或扁柱体，然后封存起来，便构成纸质电容器。其优点是制造工艺简单，较容易做出大容量的电容器，且价格低廉，故被广泛地应用；缺点是介质损耗大，稳定性差，附加电感较大，这在高频电路中将产生不良影响。为改善质量指标，出现了金属化纸介电容器，它的极板不是一般的金属箔，而是被覆在电容器纸上的金属薄膜，改善了电容器的质量指标。

（2）有机薄膜电容器

它是以有机薄膜为介质的电容器，结构和纸介电容器相似。优点是绝缘电阻大、损耗小、稳定性好。

2. 无机介质电容器

无机介质电容器包括用云母、陶瓷等无机介质材料制成的电容器，即云母电容器、陶瓷电容器等。

（1）云母电容器

用云母作为介质，以铝或铜等金属箔片作为极板，并交替叠置压塑在塑料外壳中而制成，也有的采用在云母上烧渗银层的工艺制造。其优点是介质损耗小、稳定性高。同时云母电容也比较容易满足耐高压的要求。但是，由于云母价格较贵，所以云母电容的容量一般较小。

（2）陶瓷电容器

用陶瓷作为介质，在陶瓷板的两面各烧渗一层银作为极板而制成的。其外形结构有圆盘形、圆管形等。优点是介质损耗小、稳定性好、耐高压、价格低廉等；缺点是该类电容器容量不易做的很大，一般为小容量。

3. 电解电容器

电解电容器分有极性和无极性两种。目前无极性的产品较少，用的最多的是铝质有极性电解电容器，它的介质是一层极薄的氧化膜，在容量和耐压相同的情况下，与其他类型电容器相比，其体积要小几个数量级，因此，电解电容器用在要求大容量的场合中。但其频率特性差，温度特性也较差，绝缘电阻低，漏电电流大，长久不用会变质失效。因此，除比容大的优势外，电解电容器的性能不如其他类型电容器。常见的电解电容器除了铝电解电容器外，还有钽电解电容器和铌电解电容器等，但它们的价格相对较贵。

4. 可变电容器和微调电容器

可变电容器是一种电容量能在一定范围内变化的元件。可变电容器按介质分为空气介质和薄膜介质两种。以其结构可分为单联、双联或三联、四联等。空气介质的稳定性高，损耗小，精度高。薄膜介质的体积小，制造简单，但稳定性和精度较低，损耗也大。

微调电容器对电容量作微量调节，其容量调节范围只有几皮法到几十皮法。在电路中通常作补偿、校正等作用。

A.2.3　电容器的质量判别

电容器常见故障有开路、短路、漏电或容量减小等，除了准确的容量要用专用仪表测量外，其他电容器的故障用指针式万用表都能很容易地检测出来，下面介绍用指针式万用表检测电容器的方法。

1. 5000pF 以上非电解电容器的检测

测量时先对电容器短路放电，再用万用表 $R\times10\text{k}\Omega$ 或 $R\times1\text{k}\Omega$ 挡测量电容器两引线，表头指针应向阻值为零的方向摆去，然后向电阻无穷大退回（充电）。若指针没有任何变动，则说明电容器已开路，若指针最后不能返回无穷大，则说明电容漏电较严重，若为 0Ω，则说明电容器已击穿。电容器容量越大，指针摆动幅度就越大。可以根据指针摆动最大幅度值来判断电容器容量的大小，以确定电容器容量是否减小了。测量时必须记录好测量不同容量的电容器时万用表指针摆动的最大幅度，才能作出准确判断。若因容量太小看不清指针的摆动，则可调转电容两极再测一次，这次指针摆动幅度会更大。

对于 5000pF 以下电容器用万用表 $R\times10\text{k}\Omega$ 挡测量时，基本看不出指针摆动，所以，若指针指向无穷大则只能说明电容没有漏电，是否有容量只能用专用仪器才能测量出来。

2. 检测带极性电解电容器

测量时，指针式万用表中黑表笔接电容器正极，红表笔接电容器负极。此时指针摆动一定幅度（对于同一电阻挡，容量越大，摆幅越大）后返回，但并不是所有的电容器万用表指针都返回至无穷大，有些会慢慢地稳定在某一位置上。此时的阻值便是电容器的正向漏电阻，此值略大于反向漏电阻。漏电电阻越大，其绝缘性越高。测试中，若表针不动，则说明容量消失或内部短路；若所测阻值很小或为零，说明电容漏电大或已击穿损坏，不能再使用。一般情况下，电解电容器的漏电电阻大于 500kΩ 时性能较好，在 200 ~ 500kΩ 时电容器性能一般，而小于 200kΩ 时漏电较为严重。

测量电解电容器时要注意以下几点：

1）每次测量电容器前都必须先放电后测量（无极性电容器也一样）。

2）测量电解电容器时一般选用 $R \times 1\text{k}\Omega$ 或 $R \times 10\text{k}\Omega$ 挡，但 47μF 以上的电容器一般不再用 $R \times 10\text{k}\Omega$ 挡。

3）选用电阻挡时要注意万用表内电池（一般最高电阻挡使用 6～22.5V 的电池，其余的使用 1.5V 或 3V 电池）电压不应高于电容器额定直流工作电压，否则，测量出来结果是不准确的。

4）当电容器容量大于 470μF 时，可先用 $R \times 1\Omega$ 挡测量，电容器充满电后（指针指向无穷大时）再调至 $R \times 1\text{k}\Omega$ 挡，待指针再次稳定后，就可以读出其漏电电阻值，这样可以大大缩短电容器的充电时间。

3. 可变电容器检测

首先，观察可变电容动片和定片有没有松动，然后再用万用表最高电阻挡测量动片和定片的管脚电阻，并且调整电容器的旋钮。若发现旋转到某些位置时指针发生偏转，甚至指向 0Ω 时，说明电容器有漏电或碰片情况。电容器旋动不灵活或动片不能完全旋入和完全旋出，都必须修理或更换。对于四联可调电容器，必须对四组可调电容分别测量。

A.3 电感器

电感器一般由线圈组成，又称电感线圈，是利用自感作用的元件，它也是一种储能元件，在电路中起扼流、退耦、滤波、调谐、延迟、补偿等作用。与电阻器、电容器不同的是电感线圈没有品种齐全的标准产品，特别是一些高频小电感，通常需要根据要求自行设计制作，这里主要简单介绍标准商品电感线圈。

A.3.1 电感器的电感量及容许误差

1. 电感量

线圈的电感量也称为自感系数，是表示线圈自感应能力的一个物理量。在没有非线性导体物质存在的条件下，一个载流线圈的磁通与线圈中电流成正比。其中比例常数称自感系数，用 L 表示，简称电感。

即

$$L = \frac{\psi}{I}$$

电感量的单位有亨利（H）、毫亨（mH）、微亨（μH）、纳亨（nH）。其换算关系为：$1\text{H} = 10^3\text{mH} \quad 1\text{mH} = 10^3\mu\text{H}$。

电感线圈电感量的大小与线圈匝数、线圈线径、绕制方法以及芯子介质材料有关。

2. 容许误差

同电阻器、电容器一样，电感器的标称电感量与实际电感量有一定的容许误差，容许误差用百分数或误差等级表示。常用电感器误差为Ⅰ级、Ⅱ级、Ⅲ级，分别表示误差为 ±5%、±10%、±20%。精度要求较高的振荡线圈，其误差为 ±0.2%～±0.5%。

3. 额定电流

是指电感器中允许通过的最大电流，主要对高频扼流圈和大功率的谐振线圈而言。通常用字母 A、B、C、D、E 分别表示标称电流值为 50mA、150mA、300mA、700mA、1600mA。额定电流大小与绕制线圈的线径粗细有关。

4. 分布电容

电感器线圈匝与匝之间存在电容，线圈与地、线圈与屏蔽壳之间也存在电容，这些电容称为分布电容。由于分布电容的存在，会使电感器工作频率受到限制。为了减小电感线圈的分布电容，可采用分段绕法或蜂房绕法等方法来解决。

5. 品质因数（Q 值）

品质因数常用 Q 值表示，它反映了电感线圈损耗的大小。Q 值越大，损耗越小；反之，Q 值越小，损耗越大。品质因数 Q 值等于其感抗与其电阻的比值。Q 值的大小与绕制线圈的导线线径粗细、绕法、绕制线圈的股数等因素有关。

A.3.2 电感器的质量判别

在确定电感线圈有无松动、发霉、烧焦等现象后，可用万用表测量电感线圈电阻来大致判断其好坏。一般电感线圈的直流电阻值应很小（为零点几欧至几欧），低频扼流圈的直流电阻最多也只有几百至几千欧。当量得线圈电阻无穷大时，表明线圈内部或引出端已经开路。另外为避免外电路对检测结果的影响，在检测时一定让线圈应与外电路断开。

A.4 晶体二极管、三极管介绍

晶体管是常用的半导体器件。常用的晶体二极管有检波、整流、开关、混频二极管。常用的晶体三极管有低频小功率管、低频大功率管、高频小功率管和高频大功率管。

A.4.1 二极管

1. 二极管的种类及特点

二极管按材料分为硅二极管、锗二极管、砷二极管等；按结构不同分为点接触二极管和面接触二极管；按封装分为玻璃外壳二极管、金属外壳二极管、塑料外壳二极管、环氧树脂外壳二极管等；按用途分为普通二极管（检波）、整流二极管、稳压二极管、开关二极管、隧道二极管、磁敏二极管、变容二极管、发光二极管、光敏二极管等。

不管构成二极管的材料如何，结构如何，特性如何，二极管均具有单向导电性和非线性的特点。

2. 二极管的极性判别及性能检测

（1）普通二极管极性判别及性能检测

二极管的极性一般都标注在二极管管壳上。若管壳上没有标志或标志不清，就需要用万用表进行检测。

1）用指针万用表

首先用万用表 R×100Ω 或 R×1kΩ 挡测量二极管的正向电阻和反向阻值，正向电阻值一般在几百欧至几千欧之间；反向电阻值一般在几百千欧以上。其中数值较小的一次二极管导通（正向导通），黑表笔所接的是二极管阳极（使用电阻档时黑表笔是高电位），红表笔所接的是二极管阴极（红表笔是低电位）。

一般说，性能好的二极管，其反向电阻值比正向电阻值大几百倍以上。若测得的正、反向电阻值均很小或接近于零，则说明管子内部已击穿；若正、反向电阻值均很大或接近于无穷大，则说明管子内部断路；若正、反向电阻值相差不大，则说明管子性能变坏或失效。

2）用数字万用表

用数字万用表的二极管档，测量的是二极管的电压降，正常二极管正向压降约为0.1～0.3V（锗管）和0.5～0.7V（硅管），红表笔（表内电池的正极）接的是二极管阳极；若显示“0000”，说明二极管短路；若显示“1——”，说明二极管开路或处于反向状态，此时可调换表笔再测。

（2）发光二极管极性判别及性能检测

1）用指针万用表：发光二极管因其工作电压低，用R×1Ω档接触发光二极管两端，若发光二极管不点亮，而将其调换极性后再次接触时，发光二极管会被点亮，那么证明该管性能良好，同时可以判断点亮时，黑表笔所碰接的引脚为发光二极管阳极。若R×1Ω档不能使发光二极管点亮，则可以使用R×10kΩ档测量其正、反向阻值，看其是否具有二极管特性，据此可判断其好坏。

2）用数字万用表：将LED两个极分别插入数字万用表h_{FE}档NPN型的C、E孔，若LED发光（注意，由于电流较大，点亮时间不要太长），则C孔插入的是发光二极管的阳极，E孔插入的是阴极。若LED不发光，交换两个极的位置再进行测量；若LED仍不发光，则可以判断发光二极管已损坏。

A.4.2　三极管

晶体三极管由于其具有电流放大和开关作用这两个特殊本领，它被广泛应用于电信号的放大、振荡、脉冲技术和数字技术中等。

1. 三极管的种类

三极管的种类很多，一般有以下几种分类：按PN结类型分为PNP型和NPN型三极管。（目前国产的硅三极管多为PNP型，锗三极管多为NPN型）；按所用半导体的材料分为硅三极管和锗三极管（由于硅管温度稳定性好，所以在自控设备中常用硅管）；按允许耗散的功率大小分为大功率管（耗散功率大于几十瓦）和小功率管（耗散功率小于1W）；按工作频率不同分为高频管（$f \geqslant 3$MHz且高频管的工作频率可以达到几百兆赫）和低频管（$f<3$MHz）；按用途分为普通三极管和开关三极管等。常见三极管如图A-11所示。

2. 三极管的极性判断及性能检测

（1）三极管的极性判断

1）根据引脚分布规律识别三极管的极性

①等腰三角形识别：如图A-12a所示，若三极管管壳边缘外突时，把三极管3个极引脚面朝自己以三极管边缘突点起顺时针旋转依次为发射极、基极、集电极；若三极管管壳边缘无外突时有两种情况：一种是三极管的顶点是基极，有红色点的一边是集电极，剩下的便为发射极；另一种是靠不同的色点进行识别，顶点与管壳上红点标记相对应的为集电极，与白点对应的为基极，与绿点对应的为发射极。

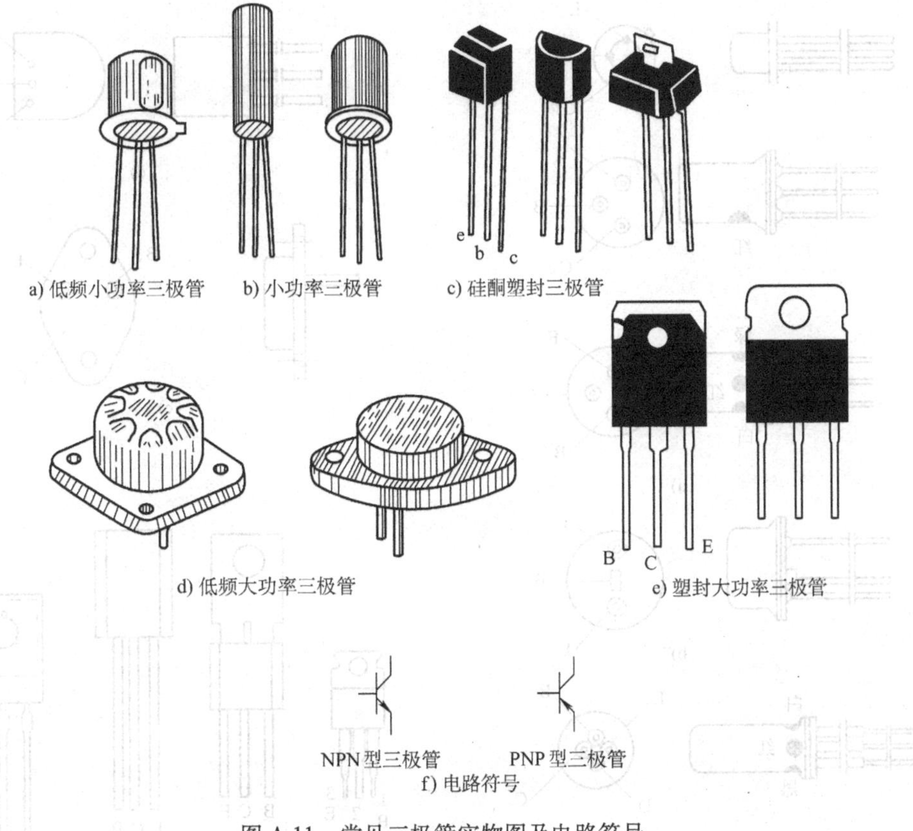

图 A-11　常见三极管实物图及电路符号

②一字排列识别：如图 A-12b 所示，某些三极管电极排列成一条直线但不等距，这时把三极管三个极引脚正对自己面孔，从两个引脚间距离最近起始，依次为发射极、基极、集电极；若三极管管壳上有型号，则把有型号面朝向自己，引脚向下，从左向右依次为发射极、基极、集电极。

③有 4 个电极时三极管极性识别：如图 A-12c 所示，若晶体管为 4 个电极，将三极管 4 个电极引脚面朝向自己以三极管边缘突点起顺时针旋转依次为发射级、基极、集电极、接地电极；若三极管上有 4 个色点，则红色点对应集电极，白色点对应基极，绿色点对应发射极，黑色点对应接地电极。

④塑封小功率三极管极性识别：如图 A-12d 所示，识别时将剖去一平面或去掉一角的标志朝向自己，从左至右依次为发射极、基极、集电极。

⑤金属壳封装大功率三极管极性识别：如图 A-12e 所示，识别时将电极面朝自己，且距离电极较远的管壳一端向下，则左端电极为基极，右端电极为发射极，管壳为集电极。

⑥进口三极管极性识别：进口塑封三极管的电极排列顺序与国产三极管的电极排列顺序有一定差别。如塑封小功率三极管，其识别方法为：将三极管剖面朝向自己，从左至右依次为基极、集电极、发射极，如图 A-12f 所示；大、中功率塑封三极管识别方法为：将标志面朝向自己，从左至右依次为发射极、集电极、基极，如图 A-12g、h 所示。

以上介绍的仅仅是三极管极性判断的一般规律，但也有不符合上述规律的特例，特殊情况下需经过检测才能确定。

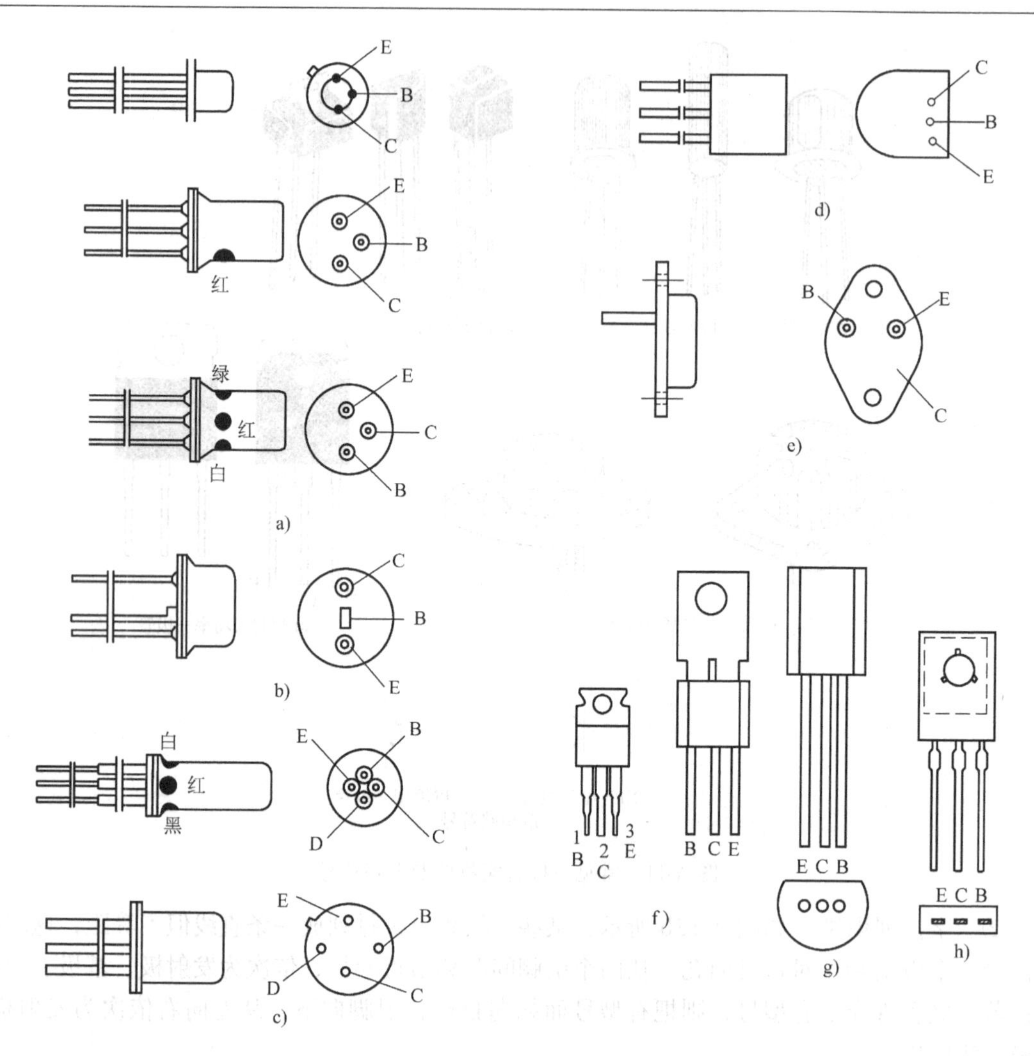

图 A-12　三极管的电极分布规律及识别

2）用万用表检测三极管各电极极性

①用指针万用表检测

基极判断：将万用表置于 R×100Ω 或 R×1kΩ 档，大功率管选用 R×10Ω 档；用黑表笔接三极管的某一个引脚，再用红表笔分别接触另两引脚，用此方法几次试探，如表头电阻读数都很小，并且相近似，则与黑表笔接触的引脚是基极，同时可确定为 NPN 型三极管；若用红表笔接触某一引脚，用黑表笔分别接触另两个引脚，如表头读数都很小，并且相近似时，则与红表笔接触的引脚是基极，同时可确定为 PNP 型三极管。

发射极和集电极判断：以 NPN 型三极管为例操作如下：将万用表置于 R×1kΩ 或 R×10kΩ 挡，用红、黑表笔接除基极以外的其余两引脚，用稍潮湿的手捏在基极和黑表笔所接电极（注意：两电极不要短路），记下此时表针偏转角度；然后调换表笔，用同样的方法测试并计下这次表针偏转角度；在这两次偏转角度中偏转角度大的一次所对应的黑表笔所接引脚是集电极，剩下的引脚则是发射极。判别 PNP 型三极管方法同上，但必须把上述表笔极性对调一下测试，检测时要注意两点：一是万用表的档位用 R×100Ω 或 R×1kΩ 档；二是用手捏在基极和红表笔所接引脚，此时表针偏转角度大的一次红表笔所接引脚是集电极，剩下的引脚是发射极。

②用数字万用表检测

基极判断：用数字万用表的红表笔接三极管的某一个引脚，再用黑表笔分别接其余两个引脚，直到出现两个电压同为0.7V（硅管）或0.3V（锗管）为止，则该管为NPN型三极管，且红表笔接的是基极；若用黑表笔接某一引脚，用红表笔分别接触另两个引脚，直到出现两个电压同为0.7V或0.3V为止，则该管为PNP型三极管，且黑表笔接的是基极。

发射极和集电极判断：在确定了基极及管型后，分别假定另外两引脚后直接将三极管插入三极管测量孔，读出其放大倍数值。若假设正确时其放大倍数大，错误时放大倍数小。

（2）三极管的性能检测

1）三极管击穿和断路故障的检测：选用指针万用表R×1kΩ或R×100Ω档。测量集电极与基极、基极与发射极、集电极与发射极之间的正向电阻及反向电阻值的大小。若测得的阻值为零或很小，则说明三极管被击穿或发生短路；若测得的阻值为无穷大，则说明三极管内部断路；若测量时表针一直在摆动，用手触摸外壳时所测阻值逐渐减小，减小越多，说明管子稳定性越差。

2）穿透电流I_{CEO}大小的判断：选指针万用表R×1kΩ档，黑表笔接集电极，红表笔接发射极，基极悬空，表针左偏越大（阻值越大），说明该三极管穿透电流I_{CEO}越小，管子的性能越稳定。若所测得阻值接近零，则说明三极管严重漏电或已经击穿。测量时，可用手紧捏管子使管温升高，如果这时电阻值明显减小，说明管子温度特性差，性能不稳定。测PNP型三极管穿透电流I_{CEO}时，选R×100Ω档，万用表的红、黑表笔对调即可。

3）电流放大系数β的估计：以测量NPN型三极管为例，用指针万用表R×1kΩ档，红表笔接发射极，黑表笔接集电极，此时电阻值读数应较大，然后，再在集电极和基极之间跨接一个50～100kΩ的电阻，这时，万用表指示值应明显减小，表针摆动幅度越大，β值越大；偏转角度小或不偏转，说明管子的放大性能差或者已经损坏。检测PNP管时，只需将万用表两表笔对调即可。

附录B 通用示波器简介

示波器是电子测量中一种最常用的仪器，它可以将人们无法直接看到的电信号的变化过程转换成肉眼可以直接观察的波形，即示波器是一种能够直接显示电压（或电流）变化波形的电子仪器。使用示波器不仅可以直观地观察被测电信号随时间变化的全过程，而且还可以通过它显示的波形测量电压（或电流）的幅度、周期、频率和相位等有关参数，以及进行频率和相位的比较、描绘特性曲线等。借助于其他各种转换器还可以用来测量各种非电量，如温度、压力、振动、流量、密度、生物信号、磁效应等变化过程，其用途十分广泛。

示波器的种类很多，根据用途和结构的不同，分类方法不同。根据所用示波管的不同可分为单线示波器、多宗示波器、记忆示波器等；根据示波器功能不同可分为通用示波器、多用示波器、高压示波器等。示波器和其他电子测量仪器相比较具有以下几点优点：

1）示波器不仅能显示信号的波形特征，而且还可以测量瞬时值。

2）测量灵敏度高，具有较强的过载能力。

3）输入阻抗高，对被测系统的影响较小。

4）具有较宽的工作频率范围，便于观察信号的变化细节。

5）结合其他转换器，可以进行各种非电量测量。

示波器作为多功能的仪器，其应用范围很广，这里重点介绍通用示波器的工作原理和使用注意事项。

B.1　示波器的组成

通用示波器是示波器中应用最为广泛的一种，图 B-1 所示是通用示波器的电路组成框图。

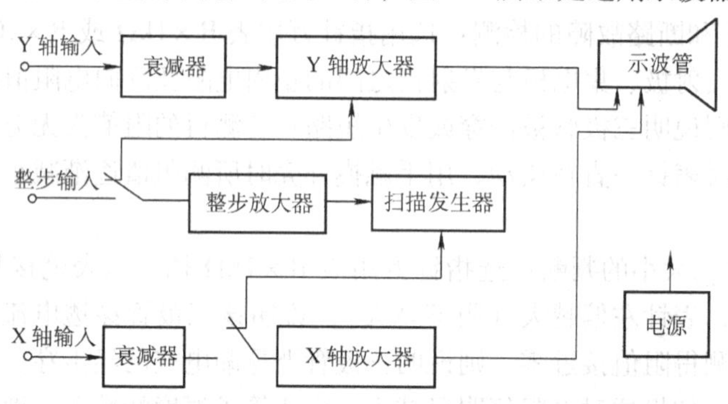

图 B-1　通用示波器的电路组成框图

它主要由示波管、Y 轴偏转系统、X 轴偏转系统、扫描及整步系统、电源等五部分组成，各部分的作用如下：

B.1.1　示波管

它是示波器的核心，其作用是把所需观测的电信号变换成发光的图形。

B.1.2　Y 轴偏转系统

由衰减器和 Y 轴放大器组成，其作用是放大被测信号。衰减器先将不同的被测电压衰减成能够被 Y 轴放大器接受的微小电压信号，然后经 Y 轴放大器放大后提供给 Y 轴偏转板，以控制电子束在垂直方向按外加信号的规律的运动。

B.1.3　X 轴偏转系统

由衰减器和 X 轴放大器组成，其作用是放大锯齿形扫描信号或外加电压信号。衰减器主要用来衰减由 X 轴输入的被测信号，衰减倍数由 “X 轴衰减” 开关进行切换决定。当此开关置于 “扫描” 位置时，由扫描发生器送来的扫描信号经 X 轴放大器放大后送到 X 轴偏转板，以控制电子束在水平方向的运动。

B.1.4　扫描及整步系统

扫描发生器的作用是产生频率可调的锯齿波电压，作为 X 轴偏转板的扫描电压。整步系统的作用是引入一个幅度可调的电压，来控制扫描电压与被测信号电压保持同步，使屏幕上显示出稳定的波形。

B.1.5　电源

电源由变压器、整流及滤波等电路组成，作用是向示波器供电。

B.2　示波器的显示原理

B.2.1　示波管

示波管又称为阴极射线管，它是示波器的核心元件。示波管由电子枪、荧光屏和偏转系统三大部分组成，这三部分都密封在由真空玻璃壳内，其结构如图 B-2 所示。电子枪产生的高速电子束向内壁涂有荧光物质的荧光屏发射，荧光物质被电子束击中的部位会发出荧光而显示出电子束的打击位置。而偏转系统则在被测信号的作用下控制电子束上下左右的移动，从而控制了电子束打击到荧光屏上的位置，反映了电子束的运动轨迹，显示出了被测信号的特征。

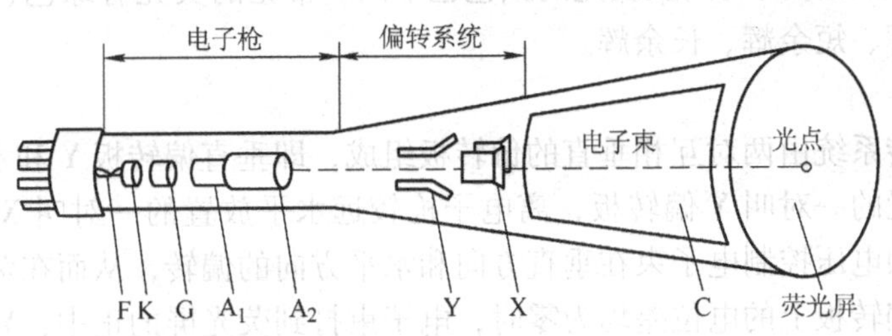

图 B-2　示波管的基本结构

F—灯丝　K—阴极　G—控制栅极　A_1—第一阳极　A_2—第二阳极

Y—Y 偏转板　X—X 偏转板　C—导电层

1. 电子枪

电子枪的主要作用是连续发射电子并形成很细的高速电子束，打击荧光屏使之发光。电子枪由灯丝 F、阴极 K、控制栅极 G、第一阳极 A_1 和第二阳极 A_2 组成。

(1) 灯丝

灯丝用于加热阴极，使阴极发射电子。

(2) 阴极

阴极是一个表面涂有氧化物的金属圆筒，能在灯丝加热作用下发射大量的电子。

(3) 控制栅极

控制栅极是一个顶部开有小孔的金属圆筒，其上加有比阴极低的负电压，所以能对阴极发射来的电子有排斥作用。通过调节控制栅极的负电压高低，可以控制通过小孔的电子束强弱，从而可以改变荧光屏上光点的亮度。调节控制栅极电位的电位器对应在示波器面板上的“辉度”旋钮。

(4) 第一阳极 A_1 和第二阳极 A_2

它们是两个圆形金属筒，其上加有对阴极来说为正的电压（一般 A_2 上为 800 ~ 3000V，A_1 为 A_2 的 0.2 ~ 0.5）。它们的作用有：一是吸引由阴极发射来的电子，使之加速；二是使电子束聚焦。这是由于阴极发射的电子束受到阳极正电压的吸引，一方面产生加速运动，另一方面各电子之间要相互排斥而散开，使得电子束在荧光屏上不能聚成焦点，造成图像模糊不清。第一阳极与第二阳极之间形成的空间电场区，可以把电子束聚焦成一个细束，使荧光屏上电子束所到之处呈现一细小清晰的亮点，这个过程叫“聚焦”。改变 A_1、A_2 之间的电位差，则空间电场分布会发生变化，也就能够改变聚焦的效果。第一阳极和第二阳极的电压都可以通过电位器来进行调节，调节这两个电位器的旋钮分别对应于示波器面板上的“聚焦旋钮”和“辅助聚焦旋钮”。

2. 荧光屏

荧光屏的作用是显示被测信号的波形。荧光屏位于示波管的前端，在玻璃内壁上涂有一层荧光物质，它在受到高速电子束的撞击下能发光。发光的强弱与激发它的电子数量多少和速度快慢有关。电子数量越多，速度越快，产生的光点越亮，否则反之。当电子束随信号偏转时，这个亮点的移动轨迹就形成信号的波形。

荧光粉在电子束停止撞击后，光点仍能在荧光屏上保持一定的时间才能消失，这种现象叫“余辉”。荧光粉的余辉时间及发光的颜色也不同。常见的荧光有绿色、蓝色和白色。余辉时间分为中余辉、短余辉、长余辉。

3. 偏转系统

示波器的偏转系统由两对互相垂直的偏转板组成，即垂直偏转板 Y 和水平偏转板 X，靠近电子枪上下放置的一对叫 Y 偏转板，离电子枪较远水平放置的一对叫 X 偏转板。其作用是用偏转板上所加电压控制电子束在垂直方向和水平方向的偏转，从而在荧光屏上显示出被测波形。当两对偏转板上的电位差均为零时，电子束打到荧光屏的正中，Y 偏转板上电位的相对变化只能影响电子在垂直方向的运动，所以 Y 偏转板只影响光点在荧光屏上的垂直位置，而 X 偏转板则只影响光点的水平位置，只有两对偏转板共同作用才能决定任一瞬间光点在荧光屏上的位置。

B. 2. 2　波形显示原理

电子束从电子枪中发射出来后，受到阳极正电压的吸引，经偏转系统向荧光屏方向加速前进。如果在 Y 偏转板上加一直流电压，如图 B-3 所示，则在两块 Y 偏转板之间就会产生一个由上向下的电场。当电子束向荧光屏方向加速运动穿过该电场时，受到电场力的作用产生向上的偏转；如果所加偏转电压的极性改变，则电子束将向下偏转。X 轴偏转的原理与 Y 轴偏转的原理相同，可使电子束向左或向右偏转。在 X 偏转板和 Y 偏转板上同时施加电压后，在两个电场力的共同作用下，电子束就可以上下左右的移动，也就能够在荧光屏上看到亮点所描绘出的各种波形。

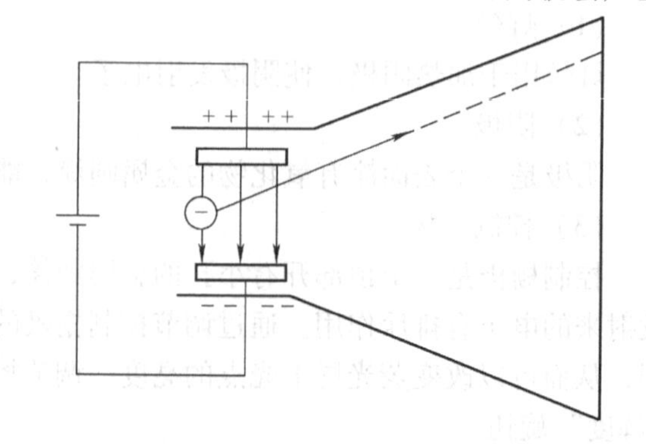

图 B-3　Y 偏转板加直流电压后使电子束发生偏转

一般情况下，被测电压加在 Y 轴偏转板上，而 X 轴偏转板上加随时间线性变化的锯齿波扫描电压。此时电子束在作垂直运动的同时，又以匀速沿水平方向移动，因而在荧光屏上扫描出被测电压随时间变化的波形。如果锯齿波扫描电压的周期与被测电压的周期完全相等，扫描电压每变化一次，荧光屏上就出现一个完整的被测波形。每一个周期出现的波形都重叠在一起，荧光屏上就能看到一个稳定清晰的波形，如图 B-4 所示。如果锯齿波扫描电压周期是被测信号周期的整数倍，荧光屏上也会稳定地显示出若干个被测信号的波形。为实现上述目的，可以通过调节扫描电压的频率来实现，扫描电压的频率可以通过调节示波器面板上的“扫描范围”和“扫描微调”旋钮来实现。

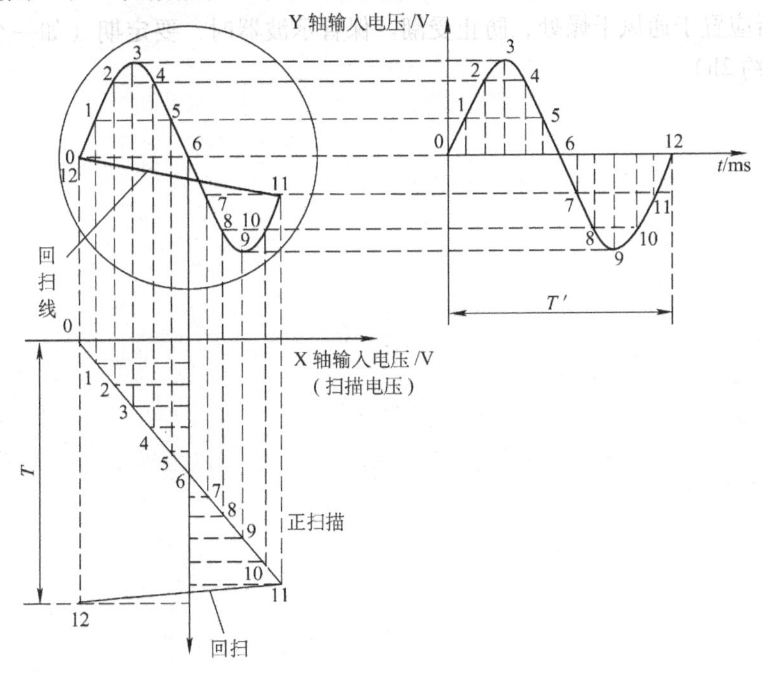

图 B-4 波形显示原理

实际上，由于锯齿波扫描电压和被测电压来自两个电源，两个电压周期的整数倍关系很难长时间保持绝对稳定，因此，需要利用整步作用来保持上述整数倍的关系。整步作用是把信号电压送入扫描发生器，使锯齿波扫描电压的频率受到被测信号的控制而使两者同步。这个起整步作用的信号电压叫“整步电压”，整步电压越大，整步作用越强。整步电压除了可取自被测信号外，还可取自示波器内部的正、负电源。整步电压的选择和大小调节可由示波器面板上的“整步选择”和“整步调节”旋钮来实现。

B. 2. 3 使用示波器时应注意的问题

1）使用之前要先检查仪器面板上各旋钮有无损坏，转动是否灵活。

2）在接通电源前，应检查电源电压是否与示波器额定电源电压相一致。接通电源后，需预热 5min 左右，等示波器内元件工作稳定后，再进行调试使用。

3）光点不宜太亮，也不要长时间地停留在某一点上，以免影响荧光屏的寿命。在使用过程中，若暂时不用示波器时，应将“辉度”调小，但此时不要关闭示波器的电源，因为频繁开关电源容易损坏示波器内的示波管等器件。

4）Y 轴输入的“接地”端与 X 轴输入的“接地”端在示波器内是相连的，当同时使用 Y 轴和 X 轴两路输入时，要避免被测电路的短路现象发生。

5）测量衰减开关要由大到小进行调节，原则上尽量不让波形扩大到荧光屏外，以免示波器内元件因过载而发生损坏。

6）在旋转旋钮时，不能用力过猛，以免损坏旋钮或示波器内零件。

7）示波器要注意防震、防尘，荧光屏不要受到阳光的直接照射，以防止荧光粉加速老化。

8）示波器应置于通风干燥处，防止受潮。保管示波器时，要定期（如一个月）通电工作一段时间（约 2h）。

参 考 文 献

[1] 毕满清．电子技术实验与课程设计［M］．3 版．北京：机械工业出版社，2006.

[2] 杨茂宇，王俐，等．电工电子技术基础实验［M］．上海：华东理工大学出版社，2005.

[3] 杜清珍．电工、电子实验技术［M］．3 版．西安：西北工业大学出版社，2005.

[4] 孙君曼，马司伟，等．电工电子技术实验教程［M］．北京：北京航空航天大学出版社，2004.

[5] 刘志军．模拟电路基础实验教程［M］．北京：清华大学出版社，2005.

[6] 毕满清．电子工艺实习教程［M］．2 版．北京：国防工业出版社，2009.

[7] 清华大学电机系电工学教研组．电工技术与电子技术实验指导［M］．北京：清华大学出版社 2004.

[8] 蒋黎红，黄培根，朱维婷．模电数电基础及 Multisim 仿真［M］．杭州：浙江大学出版社，2007.

[9] 刘全忠．电子技术［M］．2 版．北京：高等教育出版社，2004.

[10] 杨风．大学基础电路实验［M］．北京：国防工业出版社，2006.

[11] 徐国华．电路实验教程［M］．北京：国防工业出版社，2005.